MANUEL
DU MINÉRALOGISTE,
OU
SCIAGRAPHIE
DU RÈGNE MINÉRAL,
DISTRIBUÉ
D'APRÈS L'ANALYSE CHIMIQUE.

PAR M. TORBERN BERGMAN,

Chevalier de l'Ordre de Wafa, Profeffeur de Chimie à Upfal, des Académies d'Upfal, de Stockolm, de Londres, de Goettingue, de Berlin, Correfpondant de celle de Paris.

Mife au jour par M. FERBER, Profeffeur de Chimie à Mittaw.

ET TRADUITE ET AUGMENTÉE DE NOTES

Par M. MONGEZ le jeune, Chanoine Régulier de Sainte-Geneviève, Auteur du Journal de Phyfique, & Membre de plufieurs Académies.

A PARIS,

Chez CUCHET, Libraire, rue & hôtel Serpente.

M. DCC. LXXXIV.

Sous le Privilège de l'Académie Royale des Sciences.

A

MONSEIGNEUR

LE COMTE

DE VERGENNES,

CONSEILLER D'ÉTAT ORDINAIRE,

Ministre et Secrétaire d'Etat,

et Chef du Conseil royal des

Finances.

Monseigneur,

Occupé depuis plusieurs années
de la rédaction du Journal de Phy-

fique & du soin de fournir des maté-
riaux au Dictionnaire d'Agriculture,
pour la partie de la Physiologie végétale, voici la Traduction du Syſtême
minéralogique d'un des plus ſavans
Chimiſtes de Suède, & peut-être de
l'Europe entière, que je préſente au
Public, comme mon premier Ouvrage;
car la forme que je lui ai donnée, mes
idées ſur pluſieurs points de Minéralogie, des expériences nombreuſes,
quelques découvertes même, ſemblent
me permettre de le regarder comme une
production qui m'eſt propre.

Une Épître dédicatoire eſt donc
un travail abſolument neuf pour moi.

Je sais que c'est une place que l'Auteur se ménage pour essayer d'y prévenir en faveur de son Livre, & célébrer le Mécène auquel il l'offre ; mais je sens qu'il faut être aguerri par l'usage, afin de remplir cette tâche avec honneur.

Mon heureux destin est venu au secours de mon incapacité. En paroissant sous vos auspices, mon Livre est suffisamment recommandé ; & la voix des deux Mondes, qui s'élève pour rendre justice à vos talens & hommage à vos vertus, me dispense d'éloge à votre égard : tout ce qu'on ajoutera désormais de louange après

vous avoir nommé, sera toujours su-
perflu, & ne pourra être que foible ;
à côté de ce que vous avez mérité
& obtenu.

Je fuis avec le plus profond respect,

MONSEIGNEUR,

DE VOTRE GRANDEUR,

Le très-humble & très-obéiffant ferviteur,
MONGEZ le jeune, Chanoine Régulier
de Sainte-Geneviève.

INTRODUCTION.

LA partie de l'Histoire naturelle qui regarde les productions mortes de la terre, celles qui font enfouies dans fon fein, & que l'on a défignées fous les noms de *foſſiles* & de *minéraux*, eſt devenue depuis quelque temps l'objet de la curiofité & de l'étude d'un très-grand nombre de perfonnes. Ces richeſſes, puifque l'homme en tire tant d'avantages réels, fe font multipliées, au point que leur connoiſſance forme une fcience particulière, dont les bornes s'étendent & fe reculent tous les jours. L'intérêt, cet agent fi puiſſant, s'en eſt occupé directement; la Minéralogie & la Lithologie lui offroient les moyens de fubvenir à fes befoins, & de fatisfaire même fes caprices : la curiofité, d'un autre côté, cette paſſion active & le germe de prefque toutes nos découvertes, trouvant mille productions qui lui préfentoient à chaque pas des objets auſſi nouveaux qu'intéreſſans, a fixé toute fon attention fur cette partie de l'étude de la nature. Si l'on voit un plus grand nombre de perfonnes cultiver cette fcience, en comparaifon de ceux qui s'appliquent au règne végétal & au règne animal, c'eſt qu'en général la Minéralogie paroît plus facile à apprendre, plus aifée à compléter : former un cabinet d'Hiſtoire naturelle, n'eſt pas une entreprife très-difpendieufe; & ce dépôt précieux, fans ceſſe fous les yeux, ne craint prefque rien des caprices du temps; un jardin de plantes, une collection d'ani-

maux, foit vivans, foit empaillés, au contraire ;
foit des objets de luxe, que l'opulence feule peut
entretenir.

Mais en même temps que les cabinets de Minéralogie fe font multipliés, cette fcience a-t-elle
gagné & s'eft-elle perfectionnée ? En accumulant
des échantillons, la fomme des connoiffances a-t-elle
été augmentée ? Non, pas autant qu'elle devroit
l'être. La principale caufe vient de ce qu'on s'eft
contenté jufqu'à préfent de ramaffer des morceaux
brillans & nombreux, de les claffer à peu près
comme ils fe préfentoient, fans aucune méthode
raifonnée, tel qu'un jardinier plante fes arbres,
fuivant la diftribution de fon jardin, fans faire
attention à leur genre & à leurs efpèces.

Quelques Auteurs, frappés des variétés infinies
que la nature fembloit prodiguer dans les diverfes
fubftances du règne minéral, ont voulu fe frayer
une route fûre & chercher des points fixes, qui fer-
viffent à les guider dans cette fcience. Le grand
nombre d'objets qui fe préfentoient à chaque pas,
ne pouvoit que les embarraffer & ralentir leur
marche ; ils ont eu recours à une diftribution méthodique, qui, claffant à peu près chaque fubftance
par des caractères particuliers, fervît & à les reconnoître & à indiquer la place des nouvelles que
l'on trouveroit : quantité de minéraux paroiffant
avoir des caractères communs, fe rangeoient naturellement par familles. A mefure que les connoiffances fe font étendues, le nombre des invidus s'eft
multiplié, les familles ont été augmentées ; cette
augmentation même de richeffes eft ce qui a jeté
le plus de confufion, parce qu'on n'avoit point de
principes fixes & diftincts, & de ligne de fépara-

tion invariable. Il eût été à défirer que la nature elle-même eût tracé un plan général, eût établi les claffes, les genres, les variétés, d'une manière fi apparente, qu'il eût été impoffible de ne les pas reconnoître; mais tout femble nous perfuader que dans le règne minéral il exifte une efpèce de confufion, de mélange de principes, qui s'oppofera toujours à l'établiffement d'une bonne méthode naturelle : peut-être ce défaut n'eft-il qu'apparent, & ne tire-t-il fon origine que de nôtre ignorance & du peu de vrais progrès que nous avons faits dans cette partie. Nous rencontrons prefque par-tout, en général, une terre, un fel, de l'eau, de l'air, du phlogiftique; voilà la bafe de toutes les fubftances minérales terreufes, falines, inflammables & métalliques : par-tout des analogies frappantes, par-tout des rapports apparens, par-tout des rapprochemens qui paroiffent fondés fur la nature, & cependant que d'obfcurités, que d'incertitudes dans les fyftêmes minéralogiques les plus accrédités ! Plus on les médite, plus on les étudie, le grand livre de la nature à la main, & plus on en eft convaincu.

La méthode naturelle, telle qu'on la conçoit, telle qu'elle feroit réellement, fi nous connoiffions exactement toutes les productions du règne minéral & leurs divifions, feroit un tableau fidèle, dans lequel l'œil le moins exercé découvriroit facilement la progreffion graduelle que la nature a fuivie dans leur formation. Quel eft le génie qui, embraffant toutes fes parties, pourra le tracer ? Au défaut de cette méthode naturelle, les Auteurs minéralogiftes ont eu recours aux méthodes artificielles, fondées fur les caractères extérieurs de ces fubftances & fur quelques propriétés particulières & intérieures, fi l'on peut fe fervir de cette expreffion : ces caractères frappans ont établi des divifions & des fous-divifions, qui ont conftitué des fyftêmes.

D'après ces principes, on peut donc diftinguer deux efpèces de fyftêmes généraux en Minéralogie; l'un fondé uniquement fur les caractères extérieurs & fenfibles, indépendamment des principes qui conftituent le corps que l'on cherche à claffer ; l'autre, pouffant plus loin fes recherches, trouve dans ces mêmes principes conftituans la bafe de fes divifions & de fes claffifications. Les fyftêmes minéralogiques ne font pas fufceptibles d'autant de divifions que les fyftêmes inventés pour les règnes végétal & animal; car fuivant M. Daubenton, il n'y a point d'individus, & par conféquent point d'efpèces parmi les minéraux, mais feulement des variétés, dont la collection peut compofer différentes fortes de minéraux : ainfi dans une bonne méthode de Minéralogie, on ne peut avoir que, 1°. des *claffes* ou familles générales, qui contiennent les premières divifions & les plus apparentes, telles que fubftances falines, terreufes, inflammables & métalliques; 2°. des *genres*, qui, divifant les claffes, ifolent davantage les fubftances, en même temps qu'ils les rapprochent fous certains rapports : c'eft d'après ce principe que l'on divife les fubftances falines en acides, alkalines & neutres; 3°. des *efpèces*, non pas dans le fens qu'on l'entend dans les deux autres règnes, d'une réproduction conftante & toujours la même, qui enferme dans fon fein tous les individus qui ont les mêmes caractères fpécifiques, mais dans le fens qu'elles divifent le genre, & que chaque efpèce a des caractères plus particuliers que ceux du genre; ce que M. Daubenton défigne fous le nom de *forte :* par exemple; le caractère diftinctif du genre des fubftances acides, eft de teindre en rouge les fucs violets extraits des plantes; mais on compte un nombre affez confidérable d'acides, qui forment autant d'efpèces, & chacun en particulier a fon caractère propre & contraftant, qui l'empêche d'être confondu avec un autre; ainfi l'acide nitreux détruit la couleur des fucs violets des plantes, en la faifant paffer au rouge, tandis que l'acide vitriolique ne la détruit pas; & tous combinés à un alkali, donnent des fels neutres différens; 4°. enfin, des *variétés* de la même fubftance, mais qui n'étant qu'accidentelles, ne peuvent venir que des caractères extérieurs, parce que fi les principes intérieurs & conftituans étoient changés, dès-lors la fubftance ne feroit plus la même. Toute cette explication va devenir plus fenfible & plus intelligible par un exemple : prenons le gypfe.

Le gypfe ou pierre à plâtre, eft une fubftance inorganique que l'on trouve dans le fein de la terre, par conféquent, 1°. il appartient au règne minéral; 2°. il eft diffoluble dans l'eau, donc c'eft un fel, & il doit être rangé dans la *claffe* des fels; 3°. c'eft une combinaifon d'un acide avec une bafe terreufe, c'eft un fel moyen terreftre, il appartient au quatrième *genre* des fels; 4°. c'eft la combinaifon de l'acide vitriolique avec la chaux, voilà l'*efpèce* ou la *forte*; 5°. enfin le gypfe peut-être cryftallifé ou en maffe informe, voilà fes *variétés*.

Les plus fameux fyftêmes de Minéralogie que j'ai pu connoître & étudier, font ceux de Henckel, Cramer, Bromel, Woltersdorff, Cartheufer, Jufti, Vogel, Gellert, Lehman, Cronftedt, Vallerius,

Linné, Sage, Werner, Scopoli, de Fourcroy, Monnet, Romé de l'Isle, Valmont de Bomare, Bergman & Daubenton. Quelque variés & différens qu'ils paroissent entr'eux, il est cependant facile de les rapprocher, & on observera bientôt qu'on peut les diviser en deux espèces; ceux qui classent les objets du règne minéral d'après leurs qualités extérieures, & ceux qui considèrent les principes constituans comme des caractères de classification. Pour faire voir les progrès que la Minéralogie a faite depuis Henckel jusqu'à nous, il suffira de jetter un coup d'œil sur ces différens systêmes; la perfection dans la classification, indique l'accroissement dans les connoissances; & l'on ne sera pas fâché de trouver ici le tableau de tous ces systêmes : c'est en les comparant les uns avec les autres, que l'on pourra apprécier exactement leur mérite.

Les principes d'après lesquels ils sont établis, les divisent naturellement en deux classes; la première renferme tous ceux qui prennent pour caractère les caractères extérieurs, & la seconde, les principes constituans.

PREMIERE CLASSE.
CARACTERES EXTÉRIEURS.

I. *Systême de Bromel*, 1730.

I. TERRES.
> Bols.
> Lait de lune.
> Lithomarge.
> Terre d'ombre.
> Terre de Véronne.
> Verd de montagne.
> Terre cimolée.
> Terre de Cologne.
> Ochre.
> Craie.
> Tripoli.
> Terre à porcelaine.
> Marne.
> Gurh.
> Tuf.

II. SELS.
> Sel commun.
> Nitre.
> Alun.
> Vitriol.

III. SOUFRES.
> Soufre.
> Bitume.
> Pétrole.
> Succin.
> Charbon de terre.

IV. PIERRES.
> 1. QUI SUBSISTENT AU FEU.
> Ollaire,
> Amiante.
> Asbeste.
> Granit.

2. CALCAIRES.
    Pierre calcaire.
    ——— de porc.
    Marbre.
    Gypse.
    Spath.
    Stalactite.
    Schiste.
    Pierre spéculaire.

3. VITRIFIABLES.
    Sable.
    Grès.
    Gemmes.
    Grenat.
    Silex.
    Quartz.
    Crystal de roche.
    Fluor.

4. PIERRES FIGURÉES.
    Ludus Helmontii.
    Pierre géographique.
    Ætite.
    Ostéocolle.
    Pierre de foudre.
    Pierre violette.

V. PÉTRIFICATIONS.

VI. CALCUL.

VII. DEMI-MÉTAUX.
    Mercure.
    Antimoine.
    Bismuth.
    Zinc.
    Plombagine.
    Calamine.
    Manganèse.
    Hématite.
    Aimant.
    Emeril.
    Bleu de montagne.
    Arsenic.
    Orpiment.

    Cobalt.
    Pyrites.
    Bafalte.
    Blende.
VIII. MÉTAUX.
    Or.
    Argent.
    Cuivre.
    Étain.
    Plomb.
    Fer.

II. *Syftême de Cramer*, 1739.

I. MÉTAUX.
    Or.
    Argent.
    Cuivre.
    Plomb.
    Étain.
    Fer.
    Mercure.

II. DEMI-MÉTAUX.
    Zinc.
    Bifmuth.
    Antimoine.
    Arfenic.

III. SELS.
    Acides.
    Alkalis.
    Neutres.

IV. SUBSTANCES INFLAMMABLES.
    Soufre.

V. PIERRES.
    Vitrefcibles.
    Calcaires.
    Apires.

VI. TERRES.
VII. EAUX.

xvj   *INTRODUCTION.*

III. *Systême d'Henckel*, 1747.

I. EAUX.
    Naturelles.
    Artificielles.

II. SUBSTANCES TERRESTRES SULPHUREUSES.
    Substances terrestres sulphureuses sèches.
                        fluides.

III. SELS.
    Acides.
    Alkalis.

IV. TERRES.
    Division incomplette.

V. MINÉRAUX.
VI. MÉTAUX.

IV. *Systême de Woltersdorff*, 1748.

I. TERRES.
    1. ARGILEUSES.
    Argile.
    Humus.
    2. ALKALINE.
    Craie.
    Marne.

II. PIERRES.
    1. VITREUSES.
    Gemmes.
    Cryftal de roche.
    Quartz.
    Grès.
    Silex.
    Spath vitreux.
    Roche.
    Pierre-ponce.
    2. ARGILEUSES.
    Smectis.
    Asbefte.
    Talc.
    Mica.
    Schifte.
    3. GYPSEUSES.

3. GYPSEUSES.
Gypse.
Albâtre.
Spath gypseux.
4. ALKALINES.
Pierre calcaire.
Marbre.
Spath alkalin.
Tuf.
Stalactites.
Pierre marneuse.

III. SELS.
1. ACIDES.
Acide pur.
Vitriol.
Alun.
2. ALKALINS.
Alkali fixe.
—— volatil.
3. NEUTRES.
Natron.
Nitre.
Sel commun.

IV. BITUMES.
1. FLUIDES.
Huile de pétrole.
2. SOLIDES.
Ambre.
Succin.
Poix de montagne.
Soufre.

V. DEMI-MÉTAUX.
1. FLUIDE.
Mercure.
2. SOLIDES.
Antimoine.
Zinc.
Bismuth.
Arsenic.

VI. MÉTAUX.
1. NOBLES.

Or.
Argent.
2. IGNOBLES.
Cuivre.
Fer.
Etain.
Plomb.

V. *Systême de Gellert, 1750.*

I. TERRES.
  1. ARGILEUSES.
    Terre à Potier.
    Glaise.
    Terre à Potier ordinaire.
    Terre à porcelaine.
  Terres médicinales.
    Bols & terres sigillées.
    Moëlle des pierres.
  Terres qui servent dans les arts.
    Tripoli.
    Terre à foulons.
  Terres colorées.
    Terre blanche.
    — jaune.
    — d'ombre.
    — rouge , ochre.
    Bleu de montagne.
    Verd de montagne.
  2. ALKALINES OU CALCAIRES.
    Craie.
    Marne.
II. PIERRES.
  1. CALCAIRES.
    Pierre à chaux.
    Marbre.
    Spath calcaire.
    Stalactite.
    Pierre marneuse.
  2. ARGILEUSES.
    Pierre savoneuse.
    Sanguine.
    Stéatite.

Craie d'Espagne.
Pierre ollaire.
Serpentine.
Amiante ou lin fossile.
Asbeste.
Cuir fossile.
Talc.
Mica.
    Verre de Moscovie.
    Mica jaune.
    Mine de plomb.
Ardoise.
    Pierre de touche.
    Pierre à aiguiser noire.
    Ardoise des toits.
    Craie noire ou ampelithe.

3. GYPSEUSES.
    Pierre a plâtre.
    Albâtre.
    Spath gypseux.

4. VITRIFIABLES.
1. PIERRES PRÉCIEUSES.
    Diamant.
Rubis.
Saphir.
Topaze.
Emeraude.
Chrysolite.
Améthiste.
Grenat.
Hyacinthe.
Aigue marine ou bérylle.
Opale.

2. CRYSTAUX DE DIVERSES COULEURS.
3. CAILLOU.
Quartz.
Grès.

4. PIERRE DE CORNE OU CORNÉE.
Calcédoine.
    Onix.
    Sardoine.
Cornaline.

    Agathe.
    Jaspe.
    Pierre à fusil.
  5. SPATH FUSIBLE.
  6. PIERRE-PONCE.

III. SELS.
    Acides.
    Alkalis.
    Neutres.

IV. SUBSTANCES INFLAMMABLES.
  1. FLUIDES.
    Bitumes.
    Naphte.
    Pétrole.
    Asphalte.
  2. SOLIDES.
    Ambre gris.
    Succin.
    Charbon de terre.
    Tourbe.
    Jais.
    Soufre.

V. MÉTAUX.
    Or.
    Argent.
    Cuivre.
    Plomb.
    Etain.
    Fer.

VI. DEMI-MÉTAUX.
    Zinc.
    Bismuth.
    Antimoine.
    Arsenic.
    Cobalt.

VII. MINES.
    Fusibles.
    Difficiles à fondre.
    Réfractaires.

VIII. EAUX MINÉRALES.

VI. *Syſtéme de Cartheuſer,* 1755.

I. TERRES.
    1. Dissolubles.
      Argile.
      Marne.
      Smectis.
      Lait de lune.
      Tripoli.
    2. Indissolubles.
      Craie.
      Lithomarge.
      Sable.

II. PIERRES.
    1. Lamelleuses.
      Spath.
      Mica.
      Talc.
    2. Fibreuses.
      Amiante.
      Asbeſte.
      Gypſe ſtrié.
    3. Solides.
      Silex.
      Quartz.
      Pierre calcaire.
      ——— gypſeuſe.
      ——— foſſile.
      Smectis.
    4. Grenues.
      Grès.
      Jaſpe.

III. SELS.
    1. Alkalins.
      Alkali fixe.
      ——— volatil.
    2. Acides.
      Vitriolique.
      Nitreux.
      Marin.
    3. Moyens.

Sel commun.
Natron.
Nitre.
Ammoniac.
4. STIPTIQUES.
Alun.
Vitriol.

IV. SUBSTANCES INFLAMMABLES.

1. PURES.
Bitumes.
Soufre.
2. IMPURES.
Humus.

V. DEMI-MÉTAUX.

1. NON MALLÉABLES.
Bismuth.
Cobalt.
Arsenic.
Antimoine.
2. UN PEU MALLÉABLES.
Zinc.
3. FLUIDE.
Mercure.

VI. MÉTAUX.

1. FLEXIBLES.
Plomb.
Etain.
2. DURS.
Cuivre.
Fer.
3. FIXES.
Argent.
Or.

VII. PÉTRIFICATIONS.

VII. *Systême de Justi*, 1757.

I. MÉTAUX.

1. NOBLES.
Or.
Argent.

2. Ignobles.
   Cuivre.
   Fer.
   Etain.
   Plomb.

II. DEMI-MÉTAUX.
   Mercure.
   Antimoine.
   Bismuth.
   Zinc.
   Arsenic.

III. SUBSTANCES PHLOGISTIQUÉES.
1. Fluides.
   Bitume.
2. Dures.
   Charbon de terre.
3. Minéralisées.
   Soufre.

IV. SELS.
1. Acides.
   Vitriol.
   Alun.
2. Alkalis.
   Fixe.
   Volatil.
3. Moyens.
   Sel commun.
   Nitre.
   Borax.
   Ammoniac.

V. PÉTRIFICATIONS.
VI. TERRES.
1. Nobles.
   Diamant.
   Saphir.
   Emeraude.
   Améthiste.
   Topaze.
   Turquoise.
   Opale.
   Chrysolithe.

Hyacinthe.
2. DEMI-NOBLES.
Cryſtal de roche.
Cornaline.
Agathe.
Calcédoine.
Onix.
Sardoine.
Malachite.
Lazuli.
3. APIRES, IGNOBLES.
Talc.
Mica.
Molybdène.
Verre de Moſcovie.
Stéatite.
Pierre de Corne.
Jaſpe.
Asbeſte.
4. CALCAIRES.
Marbre.
Gypſe.
Spath.
5. VITREUSES.
Grès.
Quartz.
Silex.
Schiſte.
Serpentine.
Tripoli.
Ponce.
Granit.
Roche.
Argile.
Marne.
Limon.
Terre d'ombre.

VIII. *Syſtême de Lehman*, 1759.

I. TERRES.
Terreau.
Argile.

Marne.
Terres maigres.
Tripoli.
Bol.
Terre favoneufe.
Craie.
Moëlle de pierre.
Terre d'ombre.

II. SELS.

Sel commun.
Nitre.
Alun.
Vitriol.
Sel ammoniac.
Borax.

III. SUBSTANCES INFLAMMABLES.

Soufre.
Succin.
Poix minérale.
Naphte.
Pétrole.
Ambre.
Charbon de terre.
Terres inflammables.
Tourbe.

IV. MÉTAUX.

1. PARFAITS.
Or.
Argent.
Cuivre.
Etain.
Fer.
Plomb.
2. MINES
d'or, d'argent, &c. &c.
3. DEMI-MÉTAUX.
Mercure.
Bifmuth.
Zinc.
Molybdène.
Calamine.

Arſenic.
Cobalt.
Antimoine.

V. PIERRES.
1. SUSCEPTIBLES DE POLI.
Tranſparentes.
Demi-tranſparentes.
Opaques.
2. GYPSEUSES.
3. GRÈS.
4. FEUILLETÉES.
5. FIGURÉES.

VI. PÉTRIFICATIONS.
Végétales.
Animales.

IX. *Syſtéme de Vogel*, 1762.

I. TERRES.
1. ARGILEUSES.
Argile.
Bol.
Limon.
Smectis.
Lithomarge.
Tripoli.
2. CALCAIRES.
Craie.
Lait de lune.
3. SILICEUSES.
Sable.
4. MARNEUSES.
Marne.
5. SÉLÉNITIQUES.
Farine foſſile.
Terre ſpathique.
6. TALQUEUSE.
Terre du talc.
7. MICACÉE.
Mica jaune.
—— blanc.
Verre de Ruſſie.

Molybdène.
8. INFLAMMABLES.
    Sulphureufes.
    Bitumineufes.
    Terre d'ombre.
9. SALINES.
    Vitrioliques.
    Alumineufes.
    Nitreufes.
    Muriatiques.
10. MÉTALLIQUES
    d'or, d'argent, de plomb, d'étain, de cuivre, de
      fer.
    Mica ferrugineux.
    Ochre de cuivre, de fer.
    Cadmie.
    Terres de cobalt, d'arfenic, de mercure.
11. HUMUS.
    Terre des champs.
II. PIERRES.
  1. ARGILEUSES.
    Stéatite.
    Néphrétique.
    Serpentine.
  2. CALCAIRES.
    Pierre à chaux.
    —— de porc.
    —— d'Etienne.
    Marbre.
    Grès groffier.
    Pierre d'Arménie.
  3. MARNEUSES.
    Dendrites.
    Pierre gypfeufe, Tuf.
  4. SÉLÉNITIQUES.
    Gypfe.
    Albâtre.
  5. SCINTILLANTES.
    Grès fin.
    Silex.
    Pierre cornée.
    Quartz.

6. SCHISTEUSES.
    Argileuſe, calcaire.
    Métallique.
    Alumineuſe.
7. FEUILLETÉES.
    Micacées.
    Spathiques.
    Pſeudo-galène, blende.
8. FIBREUSES.
    Amiante.
    Asbeſte.
9. SALINES.
    Pierre atramentaire.
    — d'alun.
    — mêlée de ſel gemme.
10. MÉTALLIQUES.
    d'argent, de plomb, de fer, d'étain, de cuivre, de zinc.
11. FUSIBLES.
    Ponces.
    Zéolithe.
12. ROCHES.
13. NOUVELLES.
    Tourmaline.

III. PÉTRIFICATIONS ET PIERRES PONCES.
IV. SELS.
    1. STIPTIQUES.
       Vitriol.
       Alun.
    2. FUSIBLES.
       Nitre.
       Sel d'Epſom.
       Tincal.
    3. QUI DEVIENNENT PLUS DURS.
       Sel marin.
    4. VOLATILS.
       Ammoniac.
       Arſenic.
    5. ALKALINS.
       Sel perſique, natron.
       Aphro-natron.
       Sel de craie.

V. SUBSTANCES COMBUSTIBLES.

1. SULPHUREUSES.
   Soufre.
2. BITUMINEUSES.
   Bitume.
   Succin.
   Ambre.
   Charbon de terre.
3. BITUME DES MOMIES.
4. BAUME.

VI. MÉTAUX.

1. PARFAITS.
   Or.
   Argent.
   Plomb.
   Etain.
   Cuivre.
   Fer.
2. DEMI-MÉTAUX.
   Zinc.
   Bismuth.
   Antimoine.
   Cobalt.
   Mercure.
   Platine.

X. *Syſtême de M. Valmont de Bomare*, 1764.

I. EAUX.
   Simples.
   Compoſées.

II. TERRES.
   Argileuſes.
   Calcaires.

III. SABLES.
   Pierreux.
   Vitreux.
   Calcaires.
   Argileux.
   Métalliques.

IV. PIERRES.
   Argileuſes.

    Calcaires.
    Gypfeufes.
    Ignefcentes.

V. SELS.
    Acides.
    Alkalis.
    Neutres.

VI. PYRITES.
    Efflorefcentes.
    Non efflorefcentes.
    Marcaffites.

VII. DEMI-MÉTAUX.
    1. SOLIDES.
    Arfenic.
    Cobalt.
    Bifmuth.
    Zinc.
    Antimoine.
    2. FLUIDE.
    Mercure.

VIII. MÉTAUX.
    1. IMPARFAITS.
    Plomb.
    Etain.
    Fer.
    Cuivre.
    2. PARFAITS.
    Argent.
    Or.
    Platine.

IX. SUBSTANCES INFLAMMABLES.
    Bitume.
    Soufre.

X. PRODUCTIONS VOLCANIQUES,
XI. PÉTRIFICATIONS.

Ce fyftême fe rapproche beaucoup de celui que
M. Vallerius publia en 1747 & enfuite en 1759,
que M. Valmont de Bomare a adopté en partic.

XI. *Syftême de Scopoli*, 1772.

I. TERRES.

  1. CALCAIRES.
    Pierre calcaire commune.
    Marbre.
    Craie.
    Tuf.
    — Pétrifications.
    Stalactites.
    Gypfe.
    — commun.
    — albâtre.
    — Strié.
    —Pulvérulent.
    Galcies mariæ.
    Sélénite.
    Spath gypfeux.

  2. ARGILEUSES.
    Friable.
    Dure.
    Mica.
    Talc.
    Molybdène.
    Amiante.
    Flexible.
    Dure.

  3. SILICEUSES.
    Diamant.
    Rubis.
    Saphir.
    Topaze.
    Emeraude.
    Cryftal de roche.
    Quartz.
    Silex.
    Jafpe.
    Agathe.
    Calcédoine.
    Cornaline.
    Bérylle.

    Améthifte.
    Opale.
    Onix.
    Pierre d'Etienne ou fardoine.
    Grès.
 4. TERRES IMPURES.
    Zéolithe.
    Lazuli.
    Marne.
    Bol.
    Schorl.
    Manganèfe.

II. MINÉRAUX.

 1. SELS.
    Vitriol de fer.
    — de cuivre.
    — de zinc.
    Alun.
    — de plume.
    Nitre.
    Sel commun.
    — ammoniac.
    — de Glauber.
    Borax.
    Natron.
 2. BITUMES.
    Ambre.
    Succin.
    Poix de montagne, pétrole.
    Pierre de porc.
    — hépathique.
 3. MÉTAUX NON DUCTILES.
    Mercure natif.
    — minéralifé.
    Antimoine natif.
    — minéralifé.
    Arfenic natif.
    — minéralifé.
    — en chaux.
    Bifmuth natif.
 4. MÉTAUX DUCTILES.
    Zinc.

Zinc en chaux.
Pierre calaminaire.
Blende.
Platine.
Etain.
— en chaux.
Fer natif.
— minéralifé.
— en chaux.
— figuré.
Emeril.
— amorphe.
Aimant.
Hématite.
Sinople.
Cuivre natif.
— minéralifé.
— en chaux.
Verte.
Bleue.
Rouge.
Brune.
Plomb natif.
— minéralifé.
Galène.
— en chaux.
— cryftallifé.
Argent natif.
— minéralifé.
Vitreux.
Corné.
Rouge.
Blanc.
Noir.
en plume.
Or natif.
— minéralifé.
Appendice.
Cobalt.
— métallifère.
— ftérile.
Nickel.

XII. *Syftême de Werner*, 1774.

Le fyftême de Werner eft totalement fondé fur les caractères apparens aux cinq fens; mais il eft fi compliqué, qu'il ne peut être d'aucun ufage : fouvent en multipliant les caractères, bien loin de répandre la clarté, on augmente l'obfcurité que l'on cherche à diffiper. Cet Auteur, par exemple, compte pour caractères diftinctifs, la couleur, dont il donne cinquante-quatre variétés; la fracture, qui lui en fournit vingt-une, &c. &c.

XIII. *Syftême de Vallerius*, 1778.

I. TERRES.

1. MAIGRES.
    Terreau.
    Humus.
    Terre d'ombre.
    Limon.
    Tourbe.
    Terre animale.
Calcaires.
    Craie.
    Lait de lune.
    Craies colorées.
Gypfeufes.
    Farine foffile.
Terres de manganèfe.
—— noires.
—— blanches.

2. TERRES GRASSES.
Argiles.
—— à potier.
—— à foulon.
    Bols.
—— a porcelaine.
    Réfractaire.
    Sabloneufe.
    Métallique.

Terre d'ombre.
Marnes.
  Terre à pipe.
  Terre à foulons, calcaire.
  Marne crétacée.
  Marne fabloneufe.
  Lithomarge.

3. TERRES MINÉRALES.
Ochre.
  De cobalt.
  De bifmuth.
  De zinc.
  De fer.
  De cuivre.
  De plomb.

4. TERRES DURES OU SABLONEUSES.
  Terres fabloneufes.
  Sablon des fondeurs.
  Sablon ftérile.
Tripoli.
  Commun.
  D'Angleterre, ou tripoli carié.
Terres a ciment.
  Pouzzolane.
  Tras.
Sables pierreux.
  Mouvant.
  Quartzeux.
  Perlé.
  Calcaire.
  De cailloux.
  Mélé de mica.
  Gravier.
Sables métalliques.
  Ferrugineux.
  D'étain.
  D'or.
Sable animal.
  De coquilles.

II. PIERRES.
1. PIERRES CALCAIRES.
  Pierre à chaux.

Pierre commune.
—— brillante.
—— fabloneufe.
—— feuilletée.
—— figurée.
Marbre.
D'une feule couleur.
Panaché.
Figuré.
Coquiller.
Brèche.
Spath.
Cubique.
Feuilleté.
Sabloneux.
Tranfparent.
Cryftal d'Iflande.
Cryftallifé.
Pierre de porc.
Gypfe.
Albâtre.
Pierre à plâtre.
—— fabloneufe.
—— feuilletée.
Sélénite.
Gypfe tranfparent & folide.
— ftrié.
Spath gypfeux.
Pierre de Bologne.
Gypfe cryftallifé.
Pierre hépathique.
Fluor minéral.
Spath fluor.
— folide.
— granuleux.
— cryftallifé.
2. PIERRES VITRESCIBLES.
Grès.
Pierre à aiguifer fine.
— commune.
Grès à bâtir.
— micacé.

Grès grossier.
—— feuilleté.
— à filtrer.
Pierre meulière.
Feld-spath.
  Informe.
  Crystallisé.
Quartz.
  Friable.
  Gras.
  Transparent.
  Laiteux.
  Coloré.
  Grenu.
  Feuilleté.
  Crystallisé.
Crystaux de roche.
  Blancs.
  Colorés.
  Faux rubis.
  Améthiste d'Occident.
  Saphir d'Occident.
  Fausse topaze.
  Hyacinthe occidentale.
  Fausse émeraude.
  Crystal enfumé.
  Crystal noir.
Gemmes.
  Diamant.
  Rubis.
  Saphir.
  Topaze.
  Emeraude.
  Chrysolite.
Pierres grenatiques.
  Grenat.
  —— quartzeux.
  Prime de rubis.
  Grenat opaque crystallisé.
  —— transparent.
Silex, petrosilex, agathe.
  Caillou opaque.

Caillou quartzeux.
—— Corné.
Silex.
Caillou d'Egypte.
—— Demi-tranſparent.
— ſtrié.
—— figuré.
Petroſilex.
Opaque écailleux.
—— compacte, ou jaſpe, agathe.
—— feuilleté.
Quartz carié.
Fauſſe agathe, ou agathe non mûre.
Agathe.
Cacholong.
Cornaline.
Calcédoine.
Onix.
Sardoine.
Prime d'émeraude ou praſe.
Opale.
Œil de chat.
—— du monde.
Agathe ordinaire.
Pierres d'hirondelles & de Saſſenage.
Jaſpe.
D'une ſeule couleur.
Blanc.
Gris.
Rouge.
Jaune.
Bleu.
Noir.
Verd.
De pluſieurs couleurs.
Jaſpe onix.
Jade, ou pierre néphrétique.
Sinople.
3. PIERRES FUSIBLES.
Pierres baſaltiques ou ſchorliques.
Zéolithe.
Pierre d'azur.

Zéolithe feuilletée.
—— cryſtalliſée.
Tourmaline.
Baſalte ou ſchorl.
Schorl ſpathique.
Baſalte de volcan, pierre de touche.
Schorl fibreux, alun de plume.
Pierres de manganèſe.
  Manganèſe calcaire.
—— ſtriée.
  Pierre de Périgueux.
  Wolfram.
Pierres fiſſiles.
  Ardoiſes de tables.
—— de toits.
  Schiſte noir ou pierre de touche.
  Pierre à raſoir.
  Ardoiſe graſſe.
—— maigre.
  Ardoiſe groſſière ou ſchiſte.
  Crayon noir.
  Ardoiſe charboneuſe.
—— en forme de rognons.
Pierres marneuſes.
  Pierre marneuſe ou lithomarge argileuſe.
—— ſabloneuſe.
—— dont le grain eſt très-fin.
—— en globules.
Pierre de corne.
  Roche de corne luiſante.
—— feuilletée.
—— ſpathique.
  Trapp.
4. PIERRES APYRES.
Pierres micacées.
Mica.
  Verre de Moſcovie.
  Mica brillant d'or & d'argent.
—— écailleux.
—— feuilleté.
—— ſtrié.
—— cryſtalliſé.

Talc blanc.
— jaune.
Craie de Briançon.
Pierres stéatites.
    Argile pétrifiée.
    Craie d'Espagne.
    Pierre ollaire solide, colubriné.
    — de lard.
    Serpentine.
    —— demi-transparente ou pierre néphrétique.
    Pierre ollaire tendre, pierre de Côme.
    — feuilletée.
    Amiante.
    Asbeste.
    Faux alun de plume.
    Asbeste en épis.
    — en bouquet.
    Amiante feuilletée ou cuir fossile.
    Liège fossile.
5. Roches.
    Granits de diverses couleurs.
    Granit mamelonné.
    Roche sabloneuse mêlée de mica.
    Roche quartzeuse mêlée de stéatite; roche meu-
       lière.
    — mêlée de mica & de grenat.
    —— mêlée de mica & de schorl.
    Porphyre.
      Rouge.
      Noir.
    Ophite, ou porphyre verd antique.
    Roche de corne.
    Roche à aiguiler, fissile, mêlée de mica.
    Roche de corne mêlée de schorl.
    ——————————— de mica.
    ———————— ferrugineuse, mêlée de mica &
       de quartz.
    ———————— mêlée de quartz & de schorl;
       piperino.
    Roche de serpentine.
    Roche mamelonée.
    Roches mêlées.

Brèche.
Brèche fabloneufe.
—— quartzeufe.
Poudingue.
Poudingue de jafpe.
—————— de porphyre.
—————— de fragmens de roche.

III. MINÉRAUX.

1. SELS.

Acides.
  Vitriolique.
  Nitreux.
  Marin.
  Phofphorique minéral.
Vitrioliques.
  De cuivre.
  De fer.
  De zinc.
  Hermaphrodite ou mixte.
  Terre vitriolique.
  Pierre attramentaire.
Alumineux.
  Alun.
  Terre alumineufe.
  Tourbe alumineufe.
  Pierre alumineufe.
  —————— bitumineufe & alumineufe.
  Schifte alumineux.
Nitreux.
  Terre nitreufe.
  Salpêtre de Houffage.
Marins.
  Sel gemme.
  Terre de fel gemme.
  Pierre mêlée de fel gemme.
  Sel marin commun.
  Sel de fontaine.
Alkali minéral.
  Natron d'Egypte.
  Sel alkali de fontaine.
  Aphro-natron.
Alkali volatil.

Sels neutres.
 Sel de Glauber.
 Vitriolique calcaire.
 Sel d'Epſom.
 Nitre calcaire.
 Sel ammoniac fixe. Terre calcaire & acide marin.
 Sel de craie.
Sels ammoniacaux.
 Sel ammoniac en croute.
 ——————— des volcans.
Borax.
 Borèche. Borax mêlé de ſel alkali minéral.
2. SUBSTANCES INFLAMMABLES.
 Bitume.
 Naphte.
 Huile de pétrole.
 Malthe.
 Aſphalte.
 Terre bitumineuſe.
 Charbon de terre.
 Jayet.
Succin.
Copal.
Ambre gris.
Soufre.
 Vierge jaune.
 Rouge.
 Pyrites ſulphureuſes informes.
 —— en globules.
 —— cryſtalliſées. Marcaſſite.
 —— brune martiale.
 Pétrifications pyriteuſes.
3. DEMI-MÉTAUX.
Mercure vierge.
 Cinabre.
 Mine de mercure noire.
 Arſenic natif ou blanc.
 ——————— noir.
 Arſenic teſtacé.
 Réalgar.
 Orpiment.
 Mine d'arſenic blanche, Pyrite blanche.

Mine d'arfenic cryftallifée.
Mine d'arfenic grife.
——————— jaune pyriteufe.
Terre arfenicale.
Cobalt.
Mine de cobalt teffulaire.
——————— cendrée.
——————— fulphureufe.
——————— cryftallifée.
——————— vitreufe ou en fcories.
Fleurs de cobalt.
Ochre de cobalt.
Nickel.
Kupfer-nickel.
Fleurs de nickel.
Antimoine.
natif.
Mine d'antimoine ftriée.
——————— en plumes.
——————— folide.
——————— cryftallifée.
——————— colorée.
Bifmuth.
natif.
Galène de Bifmuth.
Mine de bifmuth d'un gris cendré.
——————— ferrugineufe.
Fleurs de bifmuth.
Ochre de bifmuth.
Zinc.
natif.
Mine de zinc vitreufe.
Calamine.
Mine de zinc fulphureufe.
Blende.
——————— rouge.
——————— cryftallifée.
Ochre de zinc.
4. Métaux.
Fer.
Natif.
Mine de fer cryftallifée.

Aimant.
Mine de fer noirâtre.
———————— fuligineuse.
———————— d'un gris de cendre.
———————— bleuâtre.
———————— micacée.
Emeril.
Hématite noirâtre.
———————— Rouge.
———————— jaune.
Mine de fer micacée rougeâtre.
Molybdène.
Mine de fer semblable à du charbon.
Mine de fer blanche.
———————————— très-pesante.
Fer minéralisé dans le sable.
———————————— dans du limon.
Mine de fer sabloneuse.
Ochre de fer jaunâtre.
———————————— rouge.
Bleu de Prusse naturel.
Ochre brune.
Pétrifications ferrugineuses.
Cuivre.
  Natif.
  De cémentation.
  Mine de cuivre hépatique.
———————— vitreuse.
———————— azurée.
———————— couleur de poix
———————— blanche.
———————— grise.
———————— jaune.
———————— verdâtre.
———————— d'un jaune pâle.
———————— d'un jaune brun.
———————— semblable à du charbon.
  Verd de montagne. Malachite.
  Bleu de montagne.
  Ochre de cuivre rouge.
———————— noire.
  Ardoise cuivreuse.

Mine de cuivre figurée.
——————— fabloneufe.
——————— argileufe.
Plomb.
   Natif.
   Galène.
   Mine de plomb teffulaire.
   Galène antimoniale.
   Mine de plomb fulphur. & arfenicale. Plombagine
   ——————— blanche fpathique.
   ——————— verte.
   ——————— rouge.
   ——————— noire cryftallifée.
   Pierre à chaux pénétrée de plomb.
   Galène minéralifée.
   Mine de plomb fabloneufe.
   ——————— terreufe.
Etain.
   Natif.
   Etain minéralifé par l'arfenic. Zinngraupen
   Mine d'étain cryftallifée.
   ——————— folide.
   Etain minéralifé dans le fpath.
   ——————— & ftrié.
   Sable d'étain.
Argent.
   Natif.
   Mine d'argent vitreufe.
   ——————— cornée.
   ——————— rouge.
   ——————— blanche.
   ——————— noire.
   ——————— grife.
   ——————— brune.
   ——————— en plume.
   ——————— arfenicale.
   ——————— mêlée de zinc.
   ——————— pyriteufe.
   ——————— pierreufe.
   ——————— fabloneufe.
   ——————— feuilletée.
   ——————— merde d'oie.

Mine d'argent molle.
———————— figurée.
Or.
   Natif.
   Pyrite d'or.
   Mine d'or rouge, ou cinabre tenant or.
   Blende tenant or.
   Or vierge dans différentes efpèces de terres.
Platine.

IV. CONCRÉTIONS.

  1. PIERRES POREUSES.
  Laves.
  Stalactites.
  2. PÉTRIFICATIONS.
  3. PIERRES FIGURÉES.
  4. CALCULS.

J'ai donné en détail le fyftême de Vallerius, parce que c'eft le plus connu en Allemagne & dans le Nord, & que fon ouvrage eft rare parmi nous; fi fa claffification eft défectueufe, & fes caractères fouvent mal indiqués, fon ouvrage contient de bonnes obfervations & une nomenclature minéralogique excellente, fur-tout pour la partie des Auteurs.

XIV. *Syftême de Linné*, 1770.

I. PIERRES.
  1. TERREUSES.
  Schifte.
  2. CALCAIRES.
  Marbre.
  Gypfe groffier.
  ———— ftrié.
  Spath.
  3. ARGILEUSES.
  Talc.
  Amiante.
  Mica.

4. SABLONEUSES.
  Grès.
  Quartz.
  Silex.
5. AGGRÉGÉES.
  Roches.

II. MINÉRAUX.
1. SELS.
  Nitre.
  Natron.
  Borax.
  Sel marin.
  Alun.
  Vitriol.

2. SULPHUREUX.
  Ambre.
  Succin.
  Bitume.
  Pyrites.
  Arſenic.

3. MÉTAUX.
  Mercure.
  Molybdène.
  Antimoine.
  Zinc.
  Biſmuth.
  Cobalt.
  Etain.
  Plomb.
  Fer.
  Cuivre.
  Argent.
  Or.

III. FOSSILES.
1. PÉTRIFICATIONS.

2. CONCRÉTIONS.
  Calculs.
  Tartre.
  Ætites.
  Pierre-ponce.

    Stalactites.
    Tuf.
  3. TERRES.
    Ochre.
    Sable.
    Argile.
    Chaux.
    Humus.

XV. *Syſtême de M. Romé de l'Iſle, 1783.*

I. CRYSTAUX SALINS.

1. ACIDE PHOSPHORIQUE UNIVERSEL.
  Ses modifications dans le règne animal.
    Phoſphore, Acide phoſphorique.
    Acide formicin.
    ———— de la graiſſe, du lait, &c.
  Ses modifications dans le règne végétal.
    Acides végétaux naturels non fermentés.
    Acide du ſucre.
    ———— du vin.
    ———— du tartre.
    ———— du vinaigre.
    ———— éthéré.
    Fleurs de benjoin.
  Ses modifications dans le règne minéral.
    Sel volatil de ſuccin.
    Sel ſédatif.
    Acide arſenical.
    —— du ſpath fuſible.
    —— méphitique.
    —— phoſphorique ignée, ou air déphlogiſtiqué.
    —— vitriolique.
    —— ſulphureux volatil.
    —— vitriolique vineux volatil.
    —— nitreux.
    —— marin.
    Eau régale.
2. ALKALIS.
    Alkali fixe végétal.
    ———— minéral.
    ———— volatil.

3. SELS

3. **Sels neutres.**

  Acide phofphorique avec différentes bafes.

    Avec le phlogiftique, phofphore.

    Avec l'alkali fixe végétal. Tartre animal.

    ——————— minéral. Sel fufible à bafe de natron.

    ——————— volatil. Sel effentiel d'urine.

    ——————— phofphorique déliquefcent , avec différentes bafes.

    ——————— volatil, avec différentes bafes.

    ——— des fourmis, avec différentes bafes.

    ——— de la graiffe, avec différentes bafes.

    ——— végétaux naturels avec différentes bafes.

    ——— du fucre, avec différentes bafes.

    ——— vineux, avec différentes bafes.

    ——— du tartre, avec différentes bafes.

    ——— du vinaigre, avec différentes bafes.

    ——— éthéré, avec différentes bafes.

    ——— du benjoin, avec différentes bafes.

    ——— du fuccin, avec différentes bafes.

    ——— du borax, aveo différentes bafes.

    Borax ou Tincal.

    ——— arfenical, avec différentes bafes.

    ——— fluorique, avec différentes bafes.

    ——— méphitique, avec différentes bafes.

    ——— igné, avec différentes bafes.

    ——— vitriolique, avec différentes bafes.

    Soufre.

    Tartre vitriolé.

    Sel de Glauber.

    Sel ammoniac de Glauber.

    Vitriol de magnéfie , fel d'Epfom.

    Alun.

    Sélénite.

    Spath pefant.

    Vitriols métalliques.

    ——— fulphureux volatil, avec différentes bafes.

    ——— nitreux, avec différentes bafes.

    Nitre.

    Nitre cubique.

    ——— ammoniacal.

    ——— a bafe calcaire.

    Nitres métalliques.

Acide marin, avec différentes bases.
   Sel marin.
   Sel fébrifuge de Sylvius.
   Sel ammoniac.
   Sel marin à base calcaire.
   Sels marins métalliques.
Eau régale avec différentes bases.
Alkalis avec différentes bases.
Mercure avec différentes bases métalliques; amalgames.

II. CRYSTAUX PIERREUX.

1. GYPSE.
   Sélénite crystallisée.
   ———— indéterminée.
   ———— en stalactites & dépôts.
   Pierre à plâtre.

2. SPATH CALCAIRE.
   Crystal d'Islande.
   Albâtre calcaire.
   Marbre.

3. SPATH PESANT OU SÉLÉNITEUX.
   Crystallisé.
   En stalactites.
   Spath perlé.

4. SPATH FUSIBLE, VITREUX, PHOSPHORIQUE.
   Crystallisé.
   En stalactites.

5. ZÉOLITHE.
   Crystallisée.
   En stalactites.
   Lapis lazuli.

6. QUARTZ.
   Crystallisé, crystal de roche.
   En stalactites; Agathe. Cornaline.
   En grains, sablon, grès.
   Opaque, caillou.
   Jaspe.

7. CRYSTAUX GEMMES DU PREMIER ORDRE.
   Diamant.
   Rubis, Saphir & Topaze d'Orient.
   Rubis spinelle octaèdre.

Topaze, Rubis, Saphir du Bréfil.
Emeraude du Pérou.
Topaze de Saxe.
Chryfolite ordinaire.
Hyacinthe.

8. **Crystaux gemmes du second ordre,** .
Grenat.
Schorl tranfparent, dit Tourmaline & Péridot.
Schorl opaque.
————— argileux, Pierre de touche, Roche de corne, Wall.
————— cruciforme, Pierre de croix.

9. **Feld-Spath.**

10. **Pierres argileuses.**
Mica.
Amiante.
Talc ou ftéatite.
Appendice, pierres compofées.

1. **Roches mélangées par crystallisation.**
Granit.
Porphyre, Serpentin.
Roches feuilletées, granitoïdes.
————— glanduleufes.
Marbres mélangés primitifs.

2. **Roches mélangées par infiltration.**
Brèches calcaires.
Lumachelles.
Brèche dure.
Brèche mixte.
Poudingues.

3. **Roches mélangées par dépôts.**
Charbon de terre, Jayet.
Ardoife, Schifte argileux.
Schifte calcaire & marneux.
Couches terreufes & fabloneufes.
Produits volcaniques.

III. CRYSTAUX MÉTALLIQUES. DEMI-MÉTAUX.

1. **Arsenic.**
Natif.
Mine d'arfenic blanche. Mifpickel.
————— ————— grife.

Rubine d'arſenic, Réalgar.
Orpiment natif.
Arſenic blanc cryſtallin natif.

2. ANTIMOINE.
Mine d'antimoine arſenicale.
——————— griſe ou ſulphureuſe.
——————— tenant argent.
———————— en plumes.
Kermès minéral natif.

3. ZINC.
Mine de zinc ſulphureuſe. Blende.
Calamine.
Manganèſe.

4. BISMUTH.
Natif.
Mine de biſmuth arſenicale.
——————— ſulphureuſe.
——————— en chaux.

5. COBALT.
Mine de cobalt arſenicale.
—— arſenico-ſulphureuſe.
—— ſulphureuſe.
Kupfer-nickel.
Fleurs de cobalt.

6. MERCURE.
Natif.
Cinabre natif.
Mine de mercure cornée.

MÉTAUX.

1. FER.
Ethiops martial natif.
Fer octaèdre.
Mine de fer griſe ou ſpéculaire.
Pyrites martiales.
Wolfram.
Mine de fer hépatique.
•Hématite.
Mine de fer ſpathique.
Ochre martiale.
Mine de fer limoneuſe.

2. CUIVRE.
    Cuivre natif.
    Mine de cuivre jaune.
    ——— grife, Fahlertz.
    ——— vitreufe rouge.
    ——— hépathique.
    Azur de cuivre.
    Malachite.
    Bleu & verd de montagne.

3. PLOMB.
    Natif.
    Galène.
    Mine de plomb blanche.
    ——————————— verte.
    ——————————— rouge.
    ——————————— noire.
    ——————————— terreufe.

4. ETAIN.
    Natif.
    Cryftaux d'étain.
    Mine d'étain en ftalactites.
    Sable d'étain.

5. ARGENT.
    Natif.
    Mine d'argent vitreufe.
    ——————— rouge.
    ——————— blanche antimoniale.
    ——————— cornée.
    ——————— noire.
    ——————— terreufe.

6. OR.
    Natif.
    Pyrite aurifère.
    Terres & fables aurifères.

XVI. *Syftême de M. Daubenton*, 1784.

Premier ordre. PIERRES.

I. PIERRES QUI ÉTINCELLENT PAR LE CHOC DU BRIQUET.
    1. QUARTZ.
        Opaque ou demi-tranfparent.

Tranſparent, Cryſtal de roche.
Grès.
Sable.
En concrétion, Brèche ſabloneuſe.
2. PIERRES DEMI-TRANSPARENTES.
   Agathe.
   Calſédoine.
   Cornaline.
   Sardoine.
   Pierre à fuſil.
   Praſe.
   Jade.
   Petroſilex.
3. PIERRES OPAQUES.
   Pierre meûlière.
   Cailloux.
   Jaſpe.
4. SPATH ÉTINCELLANT, FELD-SPATH.
   Cryſtalliſé.
   En maſſe.
   Blanc.
   Œil de poiſſon.
   Rouge.
   Aventurine naturelle.
   Pierre de Labrador.
   Œil de chat.
5. CRYSTAUX GEMMES.
   Grenats.
   Rubis-balais.
   ——— ſpinelles.
   Vermeilles.
   Hyacinthe la belle.
   Hyacinthe.
   Topaze.
   Péridot.
   Emeraude du Pérou.
   Aigue - marine.
   Saphirs.
   Grenats ſyriens.
   Rubis d'Orient.
6. TOURMALINES.
   Rubis du Bréſil.

Topaze du Bréfil.
Peridot du Bréfil.
Emeraude du Bréfil.
Saphir du Bréfil.
7. SCHORLS.
Cryftallifé.
En fragmens agglutinés.
8. PIERRE D'AZUR.

II. TERRES ET PIERRES QUI N'ÉTINCELLENT PAS SOUS LE BRIQUET ET QUI NE FONT POINT D'EFFERVESCENCE AVEC LES ACIDES.

1. ARGILES.
Abfolument infufibles.
En partie fufibles.
Entièrement fufibles.
2. SCHISTE.
3. TALC.
En grandes feuilles. Verre de Mofcovie.
En petites feuilles. Mica.
4. STÉATITE.
Craie de Briançon.
Pierre de lard.
Pierre de Côme.
5. SERPENTINE.
6. AMIANTE.
Asbefte.
Cuir foffile.
Liège foffile.
7. ZÉOLITHE.
8. SPATH FLUOR.
9. SPATH PESANT.
Pierre de Bologne.
10. PIERRE PESANTE. TUNGSTEN.

III. TERRES ET PIERRES QUI FONT EFFERVES-CENCE AVEC LES ACIDES.

1. TERRES CALCAIRES.
Craie.
Moëlle de pierre.
Lait de lune.
En congélation.

2. PIERRES CALCAIRES.
    A gros grain.
    A grain fin.
3. MARBRES.
    Suivant le nombre des couleurs.
4. SPATH CALCAIRE.
    En cryſtal.
    En ſtries.
5. CONCRÉTIONS.
    Stalactites.
    Incruſtations.
    Sédimens.

IV. TERRES MÉLANGÉES.

    Sablon & argile.
    Sable & terre calcaire.
Sablon, argile & terre calcaire.
    Pierres mélangées.
        De deux genres.
        De trois genres.
        De quatre genres.
        D'un nombre plus ou moins grand réunis en
        brèches.

Second ordre. SELS FOSSILES.

1. ALKALI FOSSILE.
    Alkali minéral.
2. SELS NEUTRES FOSSILES.
    Vitriols.
    Alun.
    Nitre
    Sel commun.
    Sel d'Epſom.
    Sel ammoniac.
    Borax.
    Gypſe.

Troiſième ordre. SUBSTANCES COMBUSTIBLES.

1. DIAMANT.
2. SOUFRE.
3. MINE DE PLOMB, PLOMBAGINE.
4. POTELOT. MOLYBDÈNE.

5. BITUME.
>   Charbon de terre.
>   Jais.
>   Asphalte.
>   Pisalphalte.
>   Ambre gris.
>   Fluide, Pétrole, Naphte.
>   Ambre jaune.

Quatrième ordre. SUBSTANCES MÉTALLIQUES.

I. DEMI-MÉTAUX.

1. ARSENIC.
>   Natif.
>   En régule.
>   En chaux.
>   En minerai par le soufre.
>   En chaux & en minerai.

2. COBALT.
>   En régule.
>   En chaux.

3. BISMUTH.
>   Natif.
>   En régule.
>   En chaux jaune verdâtre.
>   En minerai par le soufre.

4. ANTIMOINE.
>   Natif.
>   En régule.
>   En chaux blanche.
>   En minerai par le soufre.

5. ZINC.
>   En régule.

II. MERCURE.

>   Natif.
>   En minerai par le soufre.
>   En minerai par l'acide marin.
>   En différens états.

III. MÉTAUX.

1. PLOMB.
>   En régule.
>   En chaux.
>   ——— minéralisé par l'acide aérien.

lviij   *INTRODUCTION.*

2. ÉTAIN.
    Natif.
    En régule.
    En chaux.
3. FER.
    En régule.
    En chaux non attirable par l'aimant.
    ——————— attirable.
    En différens états de minerai & de chaux.
4. CUIVRE.
    Natif.
    En chaux.
    ——————— minéralifé par l'acide aérien.
    ——————— ——— par l'acide marin.
    En différens états.
    En minerai par le foufre.
5. ARGENT.
    Natif.
    En régule.
    En minerai par le foufre.
    ——————— par l'acide marin.
    En différens états.
6. OR.
    Natif.
    En régule.

IV. SUBSTANCES MÉTALLIQUES MÉLANGÉES.
  1. DEUX SUBSTANCES.
    Arfenic & cobalt.
    Arfenic & bifmuth.
    Arfenic & antimoine.
    Arfenic & fer.
    Arfenic & argent.
    Cobalt & fer.
    Antimoine & argent.
    Zinc & fer.
    Mercure & argent.
    Plomb & fer.
    Plomb & argent.
    Fer & cuivre.
    Fer & argent.
  2. TROIS SUBSTANCES.
    Arfenic, cobalt & bifmuth.

Arfenic, cobalt & fer.
Arfenic, fer & cuivre.
Arfenic, fer & argent natif.
Arfenic, fer & argent, minéralifés par le foufre.
Arfenic, fer & argent
Cobalt, zinc & fer.
Cobalt, étain & fer.
Antimoine, plomb & argent, minéralifés par le
   foufre.
Plomb, fer & argent, minéralifés par le foufre.
Fer, cuivre & argent.

3. QUATRE SUBSTANCES.
   Arfenic, cobalt, bifmuth & fer.
   Arfenic, cobalt, fer & cuivre.
   Arfenic, antimoine, fer & argent.
   Arfenic, fer, cuivre & argent.

4. CINQ SUBSTANCES.
   Cobalt, zinc, fer, argent & or.
5. SIX SUBSTANCES.
   Arfenic, cobalt, cuivre, fer, argent & or.
6. SEPT SUBSTANCES.
   Arfenic, cobalt, zinc, fer, cuivre, argent & or.
7. HUIT SUBSTANCES.
   Cobalt, antimoine, zinc, plomb, fer, cuivre,
      argent & or.
  PRODUIT DES VOLCANS.

1. MATIERES VOLCANIQUES FORMÉES PAR LES VOL-
  ·CANS.
   Scories poreufes, Laves, Pouzzolanes, Cendres.
   Bafalte.
   Verre.

2. MATIERES VOLCANISÉES OU ALTÉRÉES PAR LES
  VOLCANS.
3. PRODUITS VOLCANIQUES MÉLANGÉS.
  MINÉRAUX DONT LA NATURE N'EST PAS ASSEZ
    CONNUE POUR LES CLASSER.
   Schorl violet.
   Macles.
   Nickel.
   Manganèfe.
   Platine.

La vérité des caractères contraſtés, qui diſtingue chaque ſubſtance de celle qui la précède & de celle qui la ſuit, fait le mérite eſſentiel de ce ſyſtême; & il n'en eſt aucun qui dans ce genre ſoit auſſi parfait que celui-ci.

SECONDE CLASSE.

PRINCIPES CONSTITUANS.

I. *Syſtême de Cronſtedt,* 1771.

I. TERRES.
   1. TERRE CALCAIRE PURE.
      Craies.
      Pierre à chaux.
      Spath calcaire.
      Stalactite.
   Terre calcaire unie à l'acide vitriolique.
      Gypſe.
      Pierre à plâtre.
      Spath gypſeux.
   Terre calcaire ſaturée avec l'acide du ſel.
   Terre calcaire unie au principe inflammable.
      Pierre de porc.
      Pierre hépatique.
   Terre calcaire unie à l'argile.
      Marne.
   Terre calcaire unie à une terre métallique.
      Avec le fer, mine de fer blanche.
      Avec le cuivre.
      Avec le plomb.
   2. TERRES SILICEUSES.
      Diamant.
      Rubis.
      Saphir.
      Topaze.
      Chryſolite.
      Bérylle.
      Emeraude.

Quartz.
Cryſtal de roche.
Caillou.
Opale.
Œil de chat.
Onix.
Calcédoine.
Cornaline.
Sardoine.
Agathe.
Pierre à fuſil.
Petroſilex.
Jaſpe.
Spath dur. Feld-ſpath.

3. TERRES GRENATIQUES.
Grenat.
Baſalte ou ſchorl.

4. TERRES ARGILEUSES.
Argile de porcelaine.
Craie de Briançon.
Stéatite.
Serpentine.

Marne pierreuſe, lithomarge.
Terre de Lemnos.
Bol.
Tripoli.
Argile ordinaire.

5. TERRES DE MICA.
Mica pur.
Mica ferrugineux.

6. TERRES DE FLUOR.
Spath fluor.

7. TERRE D'ASBESTE.
Asbeſte.
Chaire de montagne.
Liège de montagne.
Amiante.

8. ZÉOLITHE.

9. MAGNÉSIES.
Tendres.
Dures.

    Ferrugineuſes.
    Wolfram.

II. SELS.
   1. Acides.
     Vitrioliques.
       Avec les métaux. Vitriols.
       Les terres gypſ. alun.
       Les ſubſtances inflammables. Soufre.
       Les alkalis fixes. Sels neutres.
     Acide marin.
       Pur.
       Mélangé avec des terres.
             des ſels alkalis.
             une matière inflammable. Succin.
             les métaux.

   2. Alkalis.
     Alkali minéral.
     Pur.
     Mélangé avec la terre.
     ——————— les acides.
     Borax.
     Alkali volatil.
     Sel ammoniac.

III. BITUMES.
     Ambre.
     Succin.
     Pétrole.
     Naphte.
     Marthe.
     Aſphalte.
    Soufre.
     Pur.
     Avec des métaux. Pyrite. Molybdène.
    Bitume uni à des terres.
     Charbon de terre.
     Kolm.
     Ardoiſe combuſtible.
    Bitume avec la terre métallique.

IV. MÉTAUX.
   1. Or.
     Pur.

Minéralifé.
2. ARGENT.
    Natif.
    Minéralifé, ou mine d'argent vitreufe.
    ——————— rouge.
    ——————— blanche.
    ——————— hépatique ou en plume.
    ——————— grife.
    Blende noire.
    Galène.
    Mine d'argent molle.
    ——————— —— cornée.
    Pyrite d'argent.
3. PLATINE.
4. ETAIN.
    En chaux.
        Pierre d'étain.
        Cryftaux d'étain.
        Grenat contenant de l'étain.
        Wolfram.
        Mine de plomb.
5. PLOMB.
    En chaux.
    Minéralifé.
        Par le foufre.
        Par l'argent fulphuré.
    ——————— —— ——— & le fer.
    ——————— ————— & l'antimoine.
6. CUIVRE.
    Natif.
    En chaux. Ochre de cuivre.
    Verre de cuivre, mine hépathique cuivreufe.
    Minéralifé, mine de cuivre grife.
    Pyrite de cuivre.
    Mine de cuivre blanche.
    Vitriol de cuivre.
    Mine de cuivre combuftible.
7. FER.
    Chaux de fer. Ochre de fer.
    Mine limoneufe.
    Hématite.
    Mine de fer blanche.

Sinople.
Blende cornée. Bol ferrugineux.
Mica noir.
Bleu de Pruffe.
Ciment.
Cryftaux d'étain blancs. (Tungftène).
Fer minéralifé.
Pyrite fulphureufe.
Mine de fer noire.
Magnétique.
Mifpickel.
Pyrite d'arfenic jaune.
Vitriol de fer.
Mine de fer combuftible.

V. DEMI-MÉTAUX.

1. MERCURE.
Natif.
Minéralifé. Cinabre.

2. BISMUTH.
Natif.
Minéralifé par le foufre.

3. ZINC.
Chaux de zinc. Calamine.
Mine de zinc.
Blende.

4. ANTIMOINE.
Natif.
Minéralifé par le foufre.
——————— par le foufre & l'arfenic.
Mine d'antimoine rouge.
——————————— en plume.
——————— par le foufre, le cuivre & l'arfenic.
——————— par le foufre & le plomb.

5. ARSENIC.
Natif. Cobalt teftacé.
Chaux d'arfenic.
Orpiment.
Réalgar.
Mêlé avec diverfes fubftances métalliques.

6. COBALT.
Chaux de cobalt.
Cobalt vitreux.

Fleurs

Fleurs de Cobalt.
Minéralisé par l'arsenic & le fer. Cobalt brillant.
7. NICKEL.
Chaux de nickel, Ochre de nickel.
Minéralisé. Kupfer-nickel.
Vitriol de nickel.
SUPPLÉMENT.
ROCHES.
1. COMPOSÉES.
Ophite.
Quartz micacé.
Quartz micacé & grenatique.
Pierre à aiguiser.
Grès à batir.
Porphyre.
Trapp.
Amygdaloïde.
Pierre verte.
Granit.
2. COLLÉES ENSEMBLE.
Brèche calcaire.
———— de jaspe.
———— de caillou.
———— de quartz.
Pierres de roches diverses.
Pierre sabloneuse.
Mines sabloneuses.
TRANSFORMATIONS DES TERRES ET PÉTRIFICA-
TIONS.
Corps étrangers pénétrés de sels.
———————————————— de bitume.
———————————————— par les métaux.
———————————————— décomposés.
Terre animale.
———— végétale.
Scories naturelles.
Agathe d'Islande.
Pierre meulière du Rhin.
Pierre-ponce.
Scories perlées.
Sable de scories.

II. *Systême de M. le Chevalier de Born, 1772.*

I. TERRES ET PIERRES.

1. TERRES ET PIERRES CALCAIRES.

Terre calcaire pulvérulente.
Craie.
Pierre calcaire. Marbre.
   De différentes couleurs.
Pierre calcaire coquillière.
———————— spathique.
Spath calcaire crystallisé.
——————— figuré.
Stalactites calcaires.
Terre gypseuse.
Albâtre transparent.
Gypse ordinaire.
——— strié ou fibreux.
Sélénite.
Spath pesant.
Stalactite gypseuse.
Gypse crystallisé.
——— figuré.
Terre calcaire phlogistiquée.
Pierre de porc.
——— hépathique.
Marne.

2. TERRES ET PIERRES VITRESCENTES.

Quartz pur transparent.
——— gras.
——— crystallisé.
Crystal de roche.
Quartz opaque.
——— figuré.
——— aurifère.
——— cuivreux.
Opale.
Onix.
Cacholon.
Calcédoine.
Cornaline.
Sardoine.

Agathe.
Pierre à fufil.
Petrofilex.
Jafpe.
Spath étincelant.
Grenat.
Bafalte ou fchorl.
3. TERRES ET PIERRES APYRES.
Argile à porcelaine.
Smectis.
Stéatite.
Serpentine.
Lithomarge.
Bol.
— pétrifié.
Horn-blende.
Tripoli.
Argile commune.
Mica.
Fluor minéral.
Asbefte.
Amiante.
Cuir foffile.
Liège foffile.
Zéolithe.
Tourmaline.
Manganèfe.
Wolfram.
II. SELS.
Acides.
Vitriol de fer.
——— de cuivre.
——— de zinc.
——— de plufieurs métaux.
Pierre atramentaire.
Alun.
Schifte alumineux.
Sel de Glauber.
— commun. Sel gemme.
Alkalis.
Alkali minéral natif.
Tincal.

III. SUBSTANCES PHLOGISTIQUÉES.

Succin.
Afphalte.
Soufre.
Pyrites.
Molybdène.
Charbon de terre.

IV. MÉTAUX.

Parfaits.
Or natif.
—— minéralifé.
Argent natif.
Mine d'argent vitreufe.
—— rouge.
—— blanche.
—— noire.
—— arfenicale.
—— antimoniale.
—— grife.
—— zinceufe.
—— mêlée avec différentes terres.
—— cornée.
Platine.
Etain.
Mine d'étain vitreufe.
—— fpathique ou blanche.
Plomb.
Ochre de plomb.
Plomb fpathique.
—— blanc.
—— verd.
—— noir.
Plomb natif.
—— minéralifé par le foufre & l'arfenic.
Galène.
Cuivre.
Cuivre natif.
Ochre de cuivre bleue.
—— pulvérulente.
—— folide.
—— cryftallifée.

——— rouge.
——— verte.
——— brune.
Mine de cuivre vitreuſe.
——————— griſe.
————— ——— jaune.
Pyrite de cuivre blanche.
Mine de cuivre phlogiſtiquée.
Fer.
Ochre de fer rouge.
——— ——— brune.
Hématite.
Fer ſpathique.
Zinopel.
Bleu de Pruſſe natif.
Pouzzolane.
Tungſten.
Fer natif.
Mine de fer attirable.
Aimant.
Mine de fer phlogiſtiquée.
2. MÉTAUX IMPARFAITS.
Mercure.
Cinabre.
Mine de mercure ſolide noire.
——————— phlogiſtiquée.
Biſmuth natif.
——— ſulphureux.
Ochre de biſmuth.
Zinc.
Zinc ſpathique.
Pierre calaminaire.
Blende.
Antimoine.
Antimoine ſulphureux.
——— en plume.
Arſenic.
Arſenic teſtacé natif.
Chaux d'arſenic.
Orpiment.
Réalgar.
Miſpickel.

Cobalt.
    Ochre de cobalt, blanche, bleue, jaunâtre, verte,
      grife, noire.
    Mine de cobalt vitreufe.
    Fleurs de cobalt.
    Cobalt arfenical.
    Pyrite de cobalt.
    Mine de cobalt blanche.
Nickel.
    Ochre de nickel.
    Mine de nickel.

V. PIERRES COMPOSÉES.
    Ophite.
    Roche des fourneaux, Quartz & Mica.
    Roche meulière.
    Grès, *cos.*
    Pierre ollaire.
    Porphyre.
    Trapp.
    Amygdaloïdes.
    Granit.
    Roche de Dannemore.
    ——— métallifère.
    ——— compofée indéterminée.
    Brèches.
    Pierre fableufe.
    Pétrifications.
    Produits volcaniques.

Ce fyftême a beaucoup de rapport avec celui de Cronftedt, & M. de Born l'a adopté en partie; en général même il eft plus exact. Le mérite effentiel de l'ouvrage qui le contient (*Lythophilacium Bornianum*) eft de réunir à chaque mine fes principales gangues & leur defcription.

III. *Syftême de M. Monnet,* 1779.

I. TERRES ET PIERRES.
    Terre calcaire.
    Marne.

Tuf.
Spath pesant.
Terre argileuse.
Bols & Tripoli.
Schiste.
Basalte & schorl.
Terre alumineuse.
Ardoise.
Pierre ollaire, Serpentine.
Talc, Amiante, Molybdène.
Feld spath.
Pisolite.
Zéolithe.
Spath fusible.
Manganèse.
Pierre de corne.
Silex, Agathe, Tourmaline, Jade.
Caillou, Crystal de roche, Grès.
Diamant, Rubis.
Granit, Pouding.

II. MINES.

Or.
Argent.
Cuivre.
Fer.
Etain.
Plomb.
Platine.
Mercure.
Bismuth.
Zinc.
Antimoine.
Arsenic.
Cobalt.
Nickel.

III. SELS.

Alkalis.
Neutres à base alkaline.
——————— terreuse.
——————— métallique.

IV. SUBSTANCES INFLAMMABLES.

Soufre.
Pétrole.
Charbon minéral.
Succin & Ambre gris.

V. SUBSTANCES ACCIDENTELLES A LA TERRE.

Subftances changées en quartz.
——————————— en fpath calcaire.
——————————— en charbon.

VI. SUBSTANCES VOLCANIQUES.

IV. *Syftême de M. de Fourcroy*, 1780.

Première claffe. TERRES ET PIERRES.

I. TERRES ET PIERRES SIMPLES.

I. PIERRES VITREUSES.
Cryftal de roche.
Pierres précieufes.
Topaze orientale.
Hyacinthe.
Saphir oriental.
Améthifte.
Pierres quartzeufes.
Quartz.
Tranfparent.
Opaque.
Coloré.
Topaze de Saxe.
——— de Bréfil.
Caillou.
Agathe.
Calcédoine.
Œil de chat.
Œil du monde.
Aventurine.
Opale.
Giraffol.
Matières organiques filicifiées & agatifiées.
Jafpe.
Grès.

Sablon des fondeurs.
Sables métalliques.
2. TERRES ET PIERRES ARGILEUSES.
Argile molle & ductile.
   Terre à pipe.
   —— à poterie.
   —— à porcelaine.
Argiles sèches, friables.
   Argile à foulon.
   Tripoli.
   Pierre pourrie.
Schiste.
   Ampelithe.
   Ardoise.
   Schiste coloré.
   Schiste avec impression.
   Pierre à rasoir.
   Feld-spath.
3. FAUSSES ARGILES.
   Pierre ollaire dure.
   Colubrine.
   Pierre de lard.
   Jade.
   Serpentine.
   Pierre ollaire tendre.
   Stéatite.
   Craie de Briançon.
   Talc de Venise.
   Stéatites colorées.
   Pierres des tailleurs.
   Plombagine. Molybdène.
   Talc.
   Mica.
   Amiante, Asbeste.
   Chair de montagne.
   Liège de montagne.
II. TERRES ET PIERRES COMPOSÉES.
   Ochres.
   Zéolithe.
   Schorl, Tourmaline.
   Macle.
   Trapp.

Pierre d'azur.
Cryftaux gemmes fufibles.
   Aigue-marine.
   Emeraude.
   Chryfolithe.
   Rubis.
   Vermeil.
   Grenat.
Cryftaux de volcans.
Pierre-ponce.
Verre de volcan.

III. PIERRES ET TERRES MÉLANGÉES.
1. Par l'eau.
   Petrofilex.
   Pouding.
   Granit.
   Porphyre.
   Ophite.
2. Par le feü.
   Cendres de volcan. Rapillo.
   Pouzzolanes.
   Laves.
   Bafalte.
   Scories de laves.
3. Matieres volcanisées.

Seconde claffe. SUBSTANCES SALINES.

I. SUBSTANCES SALINES SIMPLES.
1. Substances salino-terreuses.
   Terre pefante.
   Magnéfie.
   Chaux vive.
2. Sels alkalis.
   Alkali fixe végétal.
   ————— minéral.
   ————— volatil.
3. Acides.
   Acide crayeux.
   ——— marin.
   ——— fpathique.
   ——— nitreux.

Acide vitriolique.
Sel fédatif.

II. SELS SECONDAIRES, COMPOSÉS OU NEUTRES.
  1. SELS NEUTRES A BASE D'ALKALIS FIXES.
  2. SELS NEUTRES AMMONIACAUX.
  3. SELS NEUTRES CALCAIRES.
      Sélénite.
      Nitre calcaire.
      Sel marin calcaire.
      Spath fluor.
      Spath calcaire.
  4. SELS NEUTRES A BASE DE MAGNÉSIE.
  5. SELS NEUTRES A BASE D'ARGILE.
      Alun.
  6. SELS NEUTRES A BASE DE TERRE PESANTE.
      Spath pesant.

Troisième classe. MATIÈRES COMBUSTIBLES.

  1. DIAMANT.
  2. GAZ INFLAMMABLE.
  3: SOUFRE.
  4. SUBSTANCES MÉTALLIQUES.
      Arsenic.
      Cobalt.
      Bismuth.
      Nickel.
      Manganèse.
      Régule d'antimoine.
      Zinc.
      Mercure.
      Etain.
      Plomb.
      Fer.
      Cuivre.
      Argent.
      Or.
      Platine.
  5. BITUMES.
      Succin.
      Asphalte.
      Jayet.

Charbon foffile.
Ambre gris.
Pétrole.

Eaux minérales.

M. de Fourcroy eft le premier en France qui ait diftribué un fyftème minéralogique d'après l'analyfe chimique, fondé en partie fur le fyftème des gaz, & qui ait rangé les fels moyens terreftres dans la claffe des fels. Le troifième genre de la première claffe, qu'il a nommé *fauffes argiles*, ne feroit-il pas mieux nommé *pierres magnéfiennes* ?

V. *Syftême de M. Bergman*, 1782.

I. SELS.

Acides.
Alkalins.
Neutres.
Sels moyens terreftres.
——————— métalliques.

II. TERRES PRIMITIVES.

Terre pefante.
Chaux.
Magnéfie.
Argile.
Silex.

III. SUBSTANCES PHLOGISTIQUES.

Soufre.
Pétrole.
Diamant.

IV. MÉTAUX.

Or.
Platine.
Argent.
Mercure.
Plomb.
Cuivre.
Fer.
Etain.

Bifmuth.
Nickel.
Arfenic.
Antimoine.
Manganèfe.

Appendice premier.
 Combinaifons des fels, terres, bitumes & métaux.
Deux à deux.
 Trois à trois.
 Quatre à quatre.
Appendice second.
 Pétrifications.
 Produits volcaniques.

Je ne donne point en détail le fyftême de M. Bergman, parce qu'on peut le voir dans l'Ouvrage même, & ce ne feroit ici qu'une répétition inutile.

VI. Table synoptique

De la Minéralogie de M. Sage, 1784.

Natron.
Borax.
Alun.
Soufre.
Salpêtre.
Sel foffile.

Pierre calcaire.
Spath vitreux.

Gemme combuftible, Diamant.
Gemmes inaltérables au feu, Rubis, Saphir, Topaze
 d'Orient, Chryfolite, Bérylle, Hyacinthe.
Gemmes altérables au feu, Emeraude, Topaze du
 Bréfil, Jade.
Feld-fpath.
Tourmaline.
Asbefte, Amiante.
Schorl.

Grenat.
Schorl en roche.

Gypſe , Sélénite.
Spath peſant.

Quartz.
Cryſtal de roche.
Aventurine.
Grès.
Agathe.
Jaſpe.

Granit.
Granitoïde.

Roche compoſée de jade & de ſchorl ; de jaſpe & de
       feld - ſpath , porphyre , ophite ; de
       ſchorl en roche & de feld-ſpath ; de
       horn blende & de pierre ollaire.

Brèche dure en jaſpe.
Pouding.
Pierre ollaire.
Stéatite.
Mica.
Zéolithe.
Argile.
Ardoiſe.
Terre végétale.
Tourbe.
Bitume.

Eruptions de volcans.

Mercure.
Arſenic.
Cobalt.
Biſmuth.
Zinc.
Antimoine.

Fer.
Cuivre.

Plomb.
Etain.
Argent.
Or.
Platine.

En parcourant les différens systèmes que je rapporte ici, en les méditant, on peut remarquer facilement les progrès qu'a fait la Minéralogie depuis Henckel jusqu'à nous. Les différentes substances mieux connues, sont mieux placées ; leurs caractères plus étudiés, indiquent naturellement le rang qu'elles doivent occuper : mais qu'il y a loin du système d'Henckel à celui de M. Daubenton ; de celui de Cronstedt à celui de M. Bergman ! Tous les Minéralogistes, avant le savant Professeur du Collège royal de Paris, classoient les minéraux à peu près comme la nature les présentoit : excepté les grandes divisions, indiquées par la chose même, on remarque dans toutes les classes une confusion qui devoit nécessairement augmenter, en raison des substances nouvellement découvertes : ainsi jusqu'à Gellert on voit, dans la classe des pierres calcaires, indistinctement le marbre, le gypse, le spath fluor. On ne saisissoit pas assez les caractères distinctifs & contrastans, qui isolent si bien chaque substance, qu'on ne peut la confondre ni avec celle qui la précède, ni avec celle qui la suit. Linné & Vallerius sur-tout ne sont pas exempts de ce défaut. Il étoit réservé à M. Daubenton de porter la Minéralogie, considérée d'après les caractères apparens, à ce point de perfection. Une étude approfondie & comparée de chaque substance, lui a fait saisir ces caractères, & c'est d'après leur rapport entre eux qu'il a établi son système : aussi, de tous ceux du premier ordre que nous avons cité, c'est le plus parfait, le plus aisé à entendre & à saisir, celui qui semble se rapprocher le plus de la nature; en un mot, celui qui doit être adopté & préféré par tout Naturaliste qui veut connoître parfaitement les corps du règne minéral, sans remonter jusqu'à leurs principes constituans.

Cependant les systèmes fondés sur l'analyse chimique, apprennent une chose de plus, la composition intime de la substance; c'est pourquoi il faut deux classifications, l'une pour les Naturalistes, qui fait reconnoître les minéraux considérés dans l'état naturel, l'autre pour les Minéralogistes; qui indique les diverses parties intégrantes. Quand la classification générale est ainsi établie, rien n'empêche que la classification particulière, ou celle des variétés des espèces, ne porte sur les caractères apparens, & alors les deux esprits de système se réunissent en quelque sorte, & n'en font qu'un. Tel est le principe adopté par M. Bergman, & que j'ai suivi dans mes descriptions. Alors M. Daubenton m'a servi de guide, & c'est toujours d'après lui que j'ai détaillé les variétés de chaque substance.

Après avoir examiné, parcouru & comparé entr'eux les systèmes minéralogiques, il paroîtroit nécessaire de donner ici les notions générales de la Minéralogie, ses prélogomènes; ces notions regardent, 1°. les principes qui constituent & distinguent les objets du règne minéral de ceux des deux autres, les moyens de les reconnoître; 2°. la formation de ces corps, leur composition, leur décomposition, & même leur recomposition, quand elle a lieu; 3°. les principales substances, comme les sels, les terres, les corps inflammables, les métaux,

les

les caractères qui les conftituent tels , & qui les diftinguent entr'eux ; 4°. la différence qu'il y a entre les fubftances primitives & les compofées ; 5°. les compofitions méchaniques & les combinaifons chimiques; 6°. quelles font les vraies combinaifons chimiques , & s'il en exifte en minéralogie ; 7°. enfin ce que l'on doit entendre par *minéralifation.* Comme dans le cours de l'Ouvrage j'ai eu foin de réfoudre , auffi exactement que je l'ai pu , toutes ces queftions , toutes les fois que l'occafion s'en eft préfentée , je ne m'y arrêterai pas ici.

J'obferverai cependant que par rapport à la minéralifation , quelques expériences que j'ai faites me portent à croire que jufqu'à préfent prefque tous les Minéralogiftes fe font trompés fur cet objet , ou plutôt qu'ils n'ont point expliqué clairement cette belle opération de la nature , & qu'ils l'ont mal définie. Je hafarderai même d'expofer ici mon fentiment , quoique je n'aie pas encore fait affez d'expériences pour le regarder comme abfolument démontré , afin que des favans plus inftruits que moi puiffent s'en occuper , le confirmer par leurs obfervations , ou en démontrer la fauffeté.

La minéralifation eft une vraie combinaifon chimique d'une fubftance métallique avec un acide quelconque.

Ainfi , point de minéralifation fans acide , & fans acide combiné chimiquement , & le métal minéralifé ou le minerai , eft un fel moyen métallique.

Ainfi un métal , un demi-métal , ne peuvent être minéralifateurs ; ils peuvent bien être unis méchaniquement , mais non combinés chimiquement à un autre métal ou demi-métal.

Ainfi le foufre n'eft minéralifateur qu'en raifon

de l'acide qu'il contient; & dans une très-grande quantité de mines sulphureuses, où il existe tout formé, il n'est qu'uni & non minéralisant; & si l'on trouve du soufre dans les mines qui ont pour minéralisateur l'acide vitriolique, c'est que l'analyse elle-même a produit ce soufre.

Ainsi l'arsenic, demi-métal parfait, ne peut-être minéralisateur de quelques mines que ce soit; mais l'acide arsenical peut l'être, & l'est effectivement dans quelques mines, comme dans la mine d'argent rouge, §. 166, celle de cobalt, §. 228, &c. & peut-être même toutes les mines rouges qui exhalent l'odeur d'arsenic.

Si jamais on vient à démontrer que tous les métaux ne sont qu'une combinaison d'un acide particulier & d'une terre métallique, la théorie de la minéralisation sera presque absolument démontrée. Le grand nombre de minéralisateurs que l'on a découverts jusqu'à présent, suffit pour rendre raison de tous les phénomènes de ce genre qu'offrent les mines.

Je pense qu'on peut en compter six; 1°. l'acide aérien; 2°. l'acide phosphorique; 3°. l'acide arsenical; 4°. l'acide marin; 5°. l'acide vitriolique; 6°. peut-être l'acide sulphureux.

Mon dessein ayant été, en traduisant l'Ouvrage de M. Bergman, & y ajoutant des notes & des développemens, d'en faire un Manuel pour les personnes qui cherchent à s'instruire dans la Minéralogie, soit en formant & étudiant les cabinets, soit en parcourant la nature elle-même, dans les montagnes & les mines, je crois leur rendre un vrai service, en les engageant à se familiariser avec l'usage du chalumeau, instrument infiniment commode & de la plus grande reffource, en voyage fur-tout.

Les Allemands & les Suédois l'emploient prefque toujours dans l'examen des fubftances minérales. Cet inftrument, fans donner une analyfe rigou-reufe, conduit très-facilement à la connoiffance de ces mêmes fubftances, & il porte avec lui des ca-ractères qui équivalent fouvent à une bonne analyfe, fur-tout lorfqu'on eft très-habitué à s'en fervir, & que l'on eft familier avec fes réfultats. Sa commo-dité confifte à pouvoir être facilement tranfporté par-tout, fans embarraffer, & fervir pour ainfi dire à chaque inftant. Nous croyons donc devoir en recommander l'ufage, fur-tout au voyageur miné-ralogifte, qui ne peut traîner avec lui un labora-toire & des appareils : fon chalumeau, quelques flux & deux ou trois petits flacons d'acides, avec cela il peut courir les mines & les montagnes, faire des commencemens d'analyfe en marchant, réferver les grandes pour fon retour, & fe fatis-faire à chaque inftant, en diffipant fes doutes & s'affurant de la vérité.

(1) Le chalumeau confifte en trois parties, qui s'adaptent les unes dans les autres par frottement, & non pas par vis; le tube A, (*voyez* la planche à la fin du volume) le réfervoir B & l'ajutage C. Ces trois parties font d'argent; pour éviter la dépenfe, on peut faire la première en fer, & les deux autres en cuivre : il vaut mieux cependant que l'extrémité de l'ajutage foit en argent ou même en platine, parce qu'il réfiftera mieux au feu. Le réfervoir B fert

______

(1) Tout ce que je vais dire fur le chalumeau eft extrait d'un grand Mémoire fur l'ufage de cet inftrument, inféré dans le Journal de Phy-fique, 1781, t. XVIII, p. 207 & 467.

à retenir l'humidité qui se rassemble au fond de la boîte, & que l'on a soin de faire sortir de temps en temps.

La grande difficulté dans l'usage du chalumeau, est de pouvoir soufler continuement & sans interruption; pour en venir à bout, on serre le tube du chalumeau dans ses lèvres, on enfle les joues, & leur seule compression doit chasser l'air renfermé dans la bouche, pendant que l'on respire par le nez. L'usage & l'habitude en feront plus que tous les préceptes que nous donnerions.

Le jet d'air qui sort de l'ajutage est nécessaire pour diriger la flamme sur la matière que l'on veut éprouver; on prend une petite chandelle de suif ou de cire D ou une lampe dont la mèche ne soit point trop forte; on incline un peu la mèche, & on soufle au-dessus d'elle en approchant l'extrémité du tube C, & exprimant l'air uniformément. Il se forme aussi-tôt un dard de flamme divisé en deux portions; l'une intérieure E conique bleue & bien terminée, qui excite une chaleur très-puissante; l'autre extérieure F vague & indéterminée, privée d'une portion de son phlogistique, par l'air atmosphérique qui l'environne, & qui a beaucoup moins de chaleur.

Les objets G à examiner se placent ou sur un charbon bien brûlé, dans lequel on fait un petit trou pour le loger, ou dans une petite cuiller d'argent H, garnie d'un manche de bois, lorsque dans l'analyse il faut éviter de porter du phlogistique, ou lorsque le charbon absorberoit la matière qu'on veut éprouver.

Les matières infusibles par elles-mêmes le deviennent souvent au moyen des flux. On peut s'en fervir de trois efpèces ; le premier eft acide, & c'eft le fel microcofmique ou fel fufible de l'urine, qui eft l'acide phofphorique, faturé en partie par l'alkali minéral, & pour le furplus par l'alkali volatil. Expofé à la flamme, ce fel entre en une violente ébullition, accompagnée d'écume & d'un bruit continuel ; l'eau & l'alkali volatil fe diffipent ; l'agitation eft moindre ; enfin il fe réfout en un petit globule tranfparent entouré d'une belle zône verdâtre, due à la déflagration d'un peu de phofphore, produit par la combinaifon de l'acide libre avec la matière inflammable. Ce globule attire l'humidité de l'air.

Le fecond flux eft alkalin, c'eft l'alkali minéral ou le fel de foude ; fondu fur le charbon, il coule bientôt à fa furface, le pénètre & difparoît : auffi il ne faut s'en fervir que dans la cuiller d'argent : il y donne un globule fixe & tranfparent, tant qu'il eft expofé à la flamme du chalumeau, mais il devient laiteux & opaque en fe refroidiffant : ce fel entraîne la fufion de plufieurs fubftances, fur tout celles qui font de nature quartzeufe.

Le troifième flux eft de nature neutre, c'eft le borax ; au feu il fe bourfoufle, pouffe des ramifications & s'agite, jufqu'à ce qu'il ait perdu toute foh eau de cryftallifation ; alors il fe réduit en un petit globule fans couleur & tranfparent après le refroidiffement.

Il faut s'étudier à bien connoître la manière dont ces trois flux fe comportent feuls au feu du chalumeau, afin de pouvoir reconnoître aifémen: la différence qu'occafionne l'addition des diverfes matières.

Le morceau deftiné à l'épreuve ne doit jamais

être plus gros qu'un grain de poivre ; il eſt même ſouvent avantageux qu'il ne ſoit pas ſi gros ; car lorſque le morceau eſt trop gros, il y en a toujours une partie qui n'eſt pas au foyer, & qui refroidit le reſte. On le caſſe en conſéquence en petits morceaux ſur le tas d'acier I, & dans le rond K.

On dirige d'abord la flamme ſur le morceau ſeul, & on examine comment il ſe comporte & dans la flamme extérieure & dans la flamme bleue ; on remarque s'il décrépite, s'il s'éfleurit, s'il ſe bourſoufle, s'il ſe liquéfie, s'il bouillonne, s'il végète, s'il change de couleur, s'il fume, s'il s'enflamme, s'il répand de l'odeur, s'il devient magnétique, s'il ſe fond, s'il ſe vitrifie, &c. &c. : enſuite on ajoute ſéparément à chaque fragment une parcelle de flux, & on obſerve s'il ſe diſſout en entier, ou ſeulement en partie ; ſi cette diſſolution ſe fait avec efferveſcence ou non, promptement ou lentement ; ſi la petite maſſe ſe réduit en pouſſière, ou ſi elle eſt ſucceſſivement rangée à l'extérieur : enfin quelle couleur prend le verre, & s'il eſt opaque ou tranſparent.

A chaque ſubſtance nous donnons la manière dont elle ſe comporte au chalumeau.

Comme dans ce moment je m'occupe de l'analyſe très-détaillée des minéraux avec le chalumeau, je ferai connoître dans quelque temps, & dans un Ouvrage à part, tous les phénomènes qu'ils préſentent.

AVIS AU LECTEUR,

PAR M. BERGMAN.

Pour répondre aux instances de mon ami, M. Ferber, je lui envoyai un apperçu du règne minéral, distribué d'après les principes prochains : cet illustre Savant m'engagea à le faire imprimer. Comme il me restoit encore beaucoup d'espèces à analyser, ma première idée fut de condamner à l'oubli un ouvrage qui n'étoit qu'ébauché. M. Ferber me répliqua que dans une entreprise aussi vaste, on ne devoit point s'attendre à trouver un ordre & une précision exacte, & que les premiers fondemens une fois jettés, on pourroit faire, dans de nouvelles éditions, les changemens que des expériences plus récentes rendroient nécessaires ; je pensai d'ailleurs que mon Système & ma Sciagraphie, soumis à l'examen de Chimistes plus habiles que moi, acquerroient bien plutôt le degré de perfection qui leur convient. Leur critique corrigera les défauts qui s'y rencontrent, & qu'avec plus de temps & de travail j'eusse pu faire disparoître. Au reste, pourvu que les Sciences s'enrichissent de nouvelles découvertes, qu'importe à qui l'on en est redevable. Je donne dans cet Ouvrage les genres & les espèces du règne minéral ; j'en excepte seulement les appen-

dices , qui n'ont qu'un rapport indirect & ne contiennent que des généralités. J'ai tiré les genres du
principe dominant , & les espèces de la diversité des
mélanges : les variétés ne regardant que la surface
extérieure , je crois inutile d'en parler.

Mon Manuscrit étoit envoyé quand j'ai été à
même de pouvoir analyser de l'étain sulphureux. J'en
ai trouvé de deux espèces, dont l'une , sur 100 livres
de ce métal, en contient 40 de soufre, & l'autre
un cinquième seulement ; la première ressemble à de
l'or mussif, & l'autre à de l'antimoine soufré , quoiqu'il n'entre pour rien dans sa composition. Toutes
les deux sont un peu mélangées de cuivre. J'ai eu ce
rare minéral de Nerchinskoi en Sibérie.

Quant à la terre pesante, depuis long-temps j'ai
apperçu un rapport singulier avec la chaux de plomb ;
j'ai même trouvé tout récemment le moyen de la
précipiter , en employant l'alkali phlogistiqué. Ainsi
je la regarde comme une espèce de métal ; mais
n'ayant encore pu parvenir à la réduire , je crois
devoir la classer parmi les terres , jusqu'à ce que la
réduction lui assigne sa place.

J'espère , dans quelques années d'ici , si le ciel
m'accorde la force & la santé , donner au Public
ces Elémens avec des corrections , & augmentés de
nouvelles découvertes.

SCIAGRAPHIE

SCIAGRAPHIE

DU

REGNE MINÉRAL,

DISTRIBUÉ

D'APRÈS L'ANALYSE CHYMIQUE.

PARAGRAPHE PREMIER.

DE la manière d'ordonner un systême minéralogico-naturel.

ON donne le nom de REGNE MINÉRAL aux subſtances foſſiles que l'on rencontre dans la terre, qui n'ont aucune ſtructure organique, ou qui l'ont perdue, comme les pétrifications.

§. II.

On a beſoin de caractères particuliers pour connoître les foſſiles, les diſtinguer entr'eux par-tout & en tout temps; & on appelle MINÉRALOGIE, la ſcience qui trace ces caractères.

A

§. III.

Pour claffer les individus du règne végétal, on a eu recours à plufieurs méthodes fondées fur les racines, les feuilles, les fleurs, les fruits, &c. de même les Minéralogiftes ont adopté différentes méthodes, fondées également fur les points de vue variés fous lefquels on pouvoit confidérer les foffiles. De cette variété, il eft réfulté un très-grand bien ; car, en multipliant les comparaifons entre les corps inorganiques, la convenance ou la difconvenance de leurs propriétés paroît davantage.

§. III. A.

☞ De tous les règnes de la nature, le plus fécond, fans doute, eft le règne végétal ; c'eft celui où les individus font le plus multipliés. M. Commerfon en comptoit vingt mille, qu'il avoit ramaffés dans fes voyages, & il ne craignoit pas d'affurer qu'il en exiftoit au moins quatre ou cinq fois autant : MM. Banck & Solander ont rapporté douze cent nouvelles efpèces, & tous les ans on en découvre de nouvelles. Si l'efprit de l'homme avoit été affez vafte pour fe familiarifer & retenir ce nombre prodigieux de noms propres à chaque plante, une nomenclatute fimple auroit fuffi en botanique ; mais cela eft prefque impoffible, fúrtout pour le général des Botaniftes : l'efprit de fyftême & de méthode eft venu au fecours de la mémoire. Le rapport que l'on remarqua d'abord entre les plantes, fit diftinguer bientôt les caractères propres à chacune, ou communs entre elles ; on les vit fe ranger par familles ; de-là naquirent les divifions générales, les fubdivifions particulières, fufceptibles elles-mêmes de différentes fections ; de-là les méthodes & les fyftêmes. Les premiers furent imparfaits & infuffifans, fans doute, parce que l'efprit de l'homme ne marche à la perfection que par des pas infenfibles. Mais à la fin parurent ceux de M. Tournefort, de M. Von Linné, & de M. Durande de Dijon, fondé fur la réunion des deux premiers ; le philofophe qui fe livre à l'étude de la nature, dans cette partie, peut compter fur un guide dans ce labyrinthe.

§. III. B.

La Minéralogie a été exactement dans ce cas; elle offre à l'homme ses richesses pêle-mêle; la forme, le port, la nature de chaque substance devoient nécessairement piquer sa curiosité; elles pouvoient servir ses besoins ou flatter ses plaisirs; & sans doute qu'il les a tourné à son profit long-temps avant d'avoir pensé à les étudier & à les connoître. Mais quand il a réfléchi sur ses jouissances, il a senti qu'un usage aveugle n'étoit pas le seul emploi que la nature lui offroit dans ses présens; ils méritoient d'être approfondis, puisque leur connoissance plus parfaite ouvroit nécessairement une carrière dans laquelle, à chaque pas, de nouvelles richesses devoient récompenser ses peines & ses efforts. Plus l'homme a étudié la Minéralogie, & plus le nombre des substances qui s'offroit à ses regards attentifs, s'est multiplié. Tout embrasser à la fois, entraînoit une confusion générale; les divisions, les ordres, les classes, &c. ont été aussi utiles dans ce règne que dans le règne végétal, & les systêmes & les méthodes ont assuré, dans ce genre d'étude, une facilité précieuse qu'il auroit en vain désiré sans eux.

§. III. C.

Presque tous les Auteurs qui ont écrit sur la Minéralogie, ont cherché, dans les minéraux, des caractères propres qui pussent les faire distinguer les uns des autres; & comme ils les ont considérés sous des rapports différens, il n'est pas étonnant que les systêmes qu'ils ont imaginés soient différens entr'eux. La science en elle-même a beaucoup gagné à cette variété; du moins elle a emprunté de chacun les parties qu'il avoit développées & approfondies, pour en faire la base de son systême. Le simple Nomenclateur qui s'arrête aux formes extérieures; le Physicien qui ne considère que les positions locales; le Metallurgiste qui n'étudie que la nature des substances qui font l'objet de ses desirs, & de celles qui les acompagnent ou qui les renferment; le Chymiste qui détruit pour isoler tous les principes & les obtenir indépendans les uns des autres, qui ose quelquefois être créateur, en les recombinant, & dont les succès récompensent souvent le génie hardi; tous concourent à nous enrichir par leur étude particulière : profitons de leurs travaux.

§. IV.

Comme la fin première de toute science est son utilité directe, la connoissance des fossiles doit nous apprendre de quel usage ils peuvent être pour nous. Ainsi, il est clair que *la meilleure méthode de classification doit être celle* qui nous offrira leur composition intime, parce qu'alors nous connoîtrons facilement à quoi ils pourront nous être utiles : nous soumettrons, pour ainsi dire, la nature à nos désirs, & nous ne perdrons pas nos soins & nos dépenses dans des recherches qui ne pourroient être heureuses sans la destruction de l'objet même de nos désirs.

§. V.

Dans les régnes organiques, (le végétal & l'animal), le Créateur a doué les individus qui les composent, d'une force qui, au moyen d'une nourriture convenable, développe & perfectionne la structure propre qui existoit déjà dans l'œuf ou la semence fécondée. Des vaisseaux, semblables dans chaque espèce, prennent la substance alimentaire, la charient, l'élaborent, & la disposent de façon que les formes se conservent toujours les mêmes, à moins que quelques causes particulières ne dérangent leur cours accoutumé, & n'occasionnent des monstruosités, ce qui arrive cependant rarement. Ces formes principales des parties extérieures, conviennent admirablement aux facultés internes de la machine ; & si on les choisit bien, elles peuvent servir de caractères distinctifs.

§. V. A.

☞ C'est d'après cela que les différens Auteurs botanistes ont choisi leurs caractères distinctifs. Si Théophraste & Discoride ont fondé leurs divisions sur les usages auxquels on employoit les plantes, & les ont distingué, le premier en *potagères, farineuses, succulentes,* &c. le second en *aromatiques, alimenteuses, médicinales* & *vineuses,* Aristote, & après lui, dans le seizième siècle, l'Ecluse, tirèrent leurs divisions de la considération des végétaux, selon leur grandeur, leur consistance & leur durée ; mais plus exacts & plus vrais, leurs successeurs, Dalechamp, Cesalpin, les deux Bauhin, Magnol, Tournefort, Linné, de Jussieux, Durande, trouvèrent dans les racines, les cotilédons, les tiges, les feuilles, les fleurs & les fruits, les caractères qui devoient fixer invariablement les points de séparation des espèces, des genres & des classes.

§. V I.

Mais la formation des fossiles est bien différente : on n'y rencontre aucun système de vaisseaux qui ramassent les particules constituantes, les élaborent, les distribuent à propos, & en fassent le choix convenable ; au contraire, les molécules qui concourent à leur formation, ne se réunissent que par hasard : mues seulement par la loi de l'attraction, souvent très-différentes entr'elles, elles sont tantôt rares, tantôt denses, quelquefois elles se disposent symmétriquement, d'autres fois, absolument sans ordre, & leur variété multipliée suit toutes les nuances possibles. Cette observation générale annonce certainement que *les formes extérieures ne peuvent pas servir de caractères distinctifs dans le règne minéral.* Nous allons le démontrer plus évidemment encore en en parcourant les principales.

§. V I. A.

☞ Dans la nature tout croît ou par intus-susception, ou par juxta-position. Dans le règne animal & dans le végétal, tout le corps croît par l'intérieur ; le fluide nourricier qui charie la molécule alimentaire, porte par-tout la

vie & l'accroiſſemeut ; toutes les parties éprouvent en même
temps l'effet de ce principe vivifiant, organes, vaiſſeaux,
ſolides, fluides, tous ſont affectés ; les uns croiſſent en
longueur, d'autres en largeur, ceux-ci en capacité, ceux-
là ſe durciſſent & ſe conſolident ; tandis que les fluides
s'élaborent, ſe purifient & ſe perfectionnent, tout croît.
Comme la vie de l'animal & du végétal eſt toujours agiſſante, il n'eſt pas d'inſtans où il ne s'opère un changement ;
& ce même principe qui l'avoit porté vers la perfection,
l'entraîne néceſſairement vers le dépériſſement & la mort.
Dans le règne minéral, au contraire, l'accroiſſement vient
du dehors ; ce ſont de nouvelles couches, de nouvelles
parties ajoutées, qui recouvrent & enveloppent les anciennes, très-ſouvent ſans que les premières éprouvent aucun changement eſſentiel dans leur nature. Le minéral peut
donc croître indépendamment de lui-même, pour ainſi dire ;
il dépérit de même, & ce dépériſſement dépend des circonſtances extérieures & locales. Une pierre, un métal, une
mine, à l'abri des menſtrues qui peuvent les attaquer, peuvent ſubſiſter éternellement, & cela, parce qu'ils n'ont pas
une vie (1).

§. V I. B.

Quelle eſt donc la cauſe de la formation des minéraux ?
Quoique l'Hiſtoire naturelle ne ſoit pas encore parvenue au
point de perfection dont elle eſt ſuſceptible, & où certainement nos deſcendans la porteront, nous pouvons cependant réſoudre, juſqu'à un certain point, ce problême ſi
difficile. La formation des minéraux eſt due à la combinaiſon des différens principes dont toute la nature eſt compoſée ; plus nous connoîtrons de ces principes, plus nous
découvrirons de leurs combinaiſons, & plus nous avance-
rons dans l'étude de la nature. Nous pouvons nous flatter
d'avoir déjà fait quelques progrès dans cette carrière, &
déjà un aſſez grand nombre de minéraux ne ſont plus une
énigme pour nous. C'eſt ainſi que nous concevons la formation de la terre calcaire, par l'union de l'air fixe à la
chaux ; celle du gypſe, par la combinaiſon de l'acide vitriolique à la chaux ; celle de l'arſenic, par la combinaiſon
de l'acide arſénical au phlogiſtique ; celles des différens mé-

____

(1) *Encyclopédie méthodique.* Diſcours de M. Daubenton ſur les
trois règnes.

taux, par l'union du phlogistique à leurs terres particulières, &c. Cette combinaison des divers principes peut
se faire, ou par concrétion, ou par coagulation, ou par
cristallisation ; ces trois manières renferment toutes les
autres, & dépendent de la grande loi de la nature, de
l'attraction des parties similaires & dissemblables entre
elles. Une explication plus détaillée nous mèneroit trop
loin ; nous remarquerons seulement que la concrétion a
lieu lorsque des particules terrestres ou métalliques, simples
ou composées, se réunissent en s'arrangeant les unes à
côté des autres, & ne forment plus qu'un seul corps pierreux, métallique, salin ou mixte. C'est à cette espèce
qu'appartiennent les minéraux par dépôts, par couches,
pétrifications, &c. Un minéral quelconque se forme par
coagulation, lorsque des molécules disjointes, dissoutes ou
fondues par un menstrue, soit ignée, soit salin, se con-
densent par la dissipation du menstrue qui les tenoit séparées.
C'est ainsi qu'un métal, dissous par le feu, se coagule
en masse lorsque le feu l'abandonne ; mais si le menstrue
ne se dissipe que très-lentement, & qu'il laisse les molécules jouir de toutes leurs vertus d'attraction, alors ces
molécules s'attireront entr'elles en raison composée de leur
masse, de leur figure & de leur équipondérance ; elles s'ar-
rangeront symmétriquement, suivant l'ordre le plus favora-
ble à l'effet de cette vertu. Le résultat de cette tendance est un
arrangement géométrique, une forme cristalline, une cristallisation. Tout le règne minéral est susceptible de cristallisation, pierres, sels, métaux, &c. La nature nous offre
des cristaux de toutes les pierres simples ou composées ; la
nature & l'art produisent des cristaux salins ; & M. Pelletier,
élève de M. Darcet, a imaginé un procédé par lequel tous
les sels, même les plus déliquescens, peuvent cristalliser (1).
Non-seulement on rencontre, dans le sein de la terre, des
cristaux de toutes les mines, mais je suis parvenu à faire
cristalliser tous les régules purs (2). Les principales formes,
& celles dont toutes les autres ne font que des modifications, sont la rhomboïdale, la cubique & l'octaèdre. On
doit consulter, sur cet objet, si l'on veut s'instruire à
fond de la Cristallographie, la nouvelle édition de celle
de M. Romé de l'Isle, & sur-tout l'*Essai d'une Théorie sur
la structure des cristaux*, par M. l'Abbé Haui.

____

(1) Journal de Physiq. 1783.   (2) Ibid. 1731.

§. VI. C.

Avant que l'on eût étudié les minéraux de plus près, plusieurs Auteurs anciens avoient cru qu'ils croissoient comme les végétaux, par intus-susception ; entr'autres, Agricola, Cardan, Granger, Libavius, & sur-tout M. Tournefort. Nous ne nous arrêterons pas à réfuter leurs idées, & ce que nous avons déjà dit doit suffire.

§. VII.

La *couleur* varie beaucoup ainsi que la *grandeur*. Nous ne pouvons assez admirer cette force naturelle, qui détache continuellement toutes les molécules d'une pierre, & qui la réduit en *terre*. Une pierre d'un certain volume, est placée dans un genre particulier ; & cette même pierre réduite en poussiere, est placée dans un autre, qui souvent ne se retrouve pas dans la même classe.

§. VII. A.

☞ Il est peu de caractères minéralogiques aussi variables & aussi inconstans que la couleur & la grandeur ; comme la première dépend des différentes modifications de la matière par lesquelles la lumière est réfléchie sur tel ou tel angle, & que la seconde n'est que le résultat d'une accumulation plus considérable des parties, on sent facilement que ni l'un ni l'autre ne peuvent être pris pour des premiers caractères ; & en effet, quelle variété de couleurs ne remarquons-nous pas dans les quartz, les cristaux de roche, les jaspes, les spaths, les marbres, les mines ? On a des diamans blancs, noirs, verds, jaunes, roses ; des plombs noirs, blancs, rouges, jaunes, &c. &c. Si donc les couleurs méritent notre attention, c'est tout au plus pour classer les variétés, dont par conséquent le nombre croîtra comme celui des couleurs & des nuances.

§. VII. B.

Presque tous les anciens Auteurs minéralogistes ont fait une distinction entre les terres & les pierres, & en on établi deux claſſes différentes ; tels que Gellert, Lehman, Henckel, Cramer, Vallerius, Valmont de Bomare, &c. &c. & nous croyons que c'eſt à tort. Ou les terres & les ſables ne ſont que des detritus, des fragmens, des pierres réduites en pouſſière par l'action continue des météores & par les grands accidens, les révolutions univerſelles ou locales de la nature, ou bien les pierres ne ſont que des concrétions des terres primitives ; dans l'un & l'autre cas les terres & les pierres ne doivent pas être ſéparées, car elles ne diffèrent eſſentiellement que dans l'agrégation des parties & dans le volume ; mêmes principes, même nature : je dis plus, chaque molécule de terre eſt identiquemeut la même choſe que la pierre dont elle eſt tirée. Un exemple va rendre ceci plus frappant. Que l'on prenne un morceau de marbre, qu'on le porphyriſe pour le réduire, pour ainſi dire, en atôme ; chaque molécule en particulier, que l'on ne peut plus diſtinguer, pour ainſi dire, qu'à la loupe, eſt un vrai marbre, une vraie pierre calcaire, un petit tout réſultant de la combinaiſon de l'acide aérien ou air fixe avec la chaux, ſuſceptible par conſéquent de ſe diſſoudre avec efferveſcence dans les acides, de ſe décompoſer au feu, d'y laiſſer échapper ſon air, & de devenir chaux, & dans cet état, jouiſſant de toute ſon énergie pour ſe recombiner avec cet air, & redevenir pierre calcaire. Il faut donc, dans tout ſyſtême de Minéralogie, que les terres marchent parallèlement avec les pierres. Les ochres, ces terres métalliques, ne doivent pas-non plus faire une claſſe à part, mais il faut les ranger à la ſuite des métaux dont ces terres ſont imprégnées, comme Vallerius l'a fait dans ſa nouvelle édition, 1778, de la Minéralogie, tom. I. p. 84.

§. V I I I.

Dans le même morceau, combien de fois la *dureté* ne change-t-elle pas? L'argile ſi molle par elle-même ſe durcit au feu, & y acquiert une dureté égale à celle du caillou. La ſteatite, que l'on peu rayer avec l'ongle, & pluſieurs autres ſubſtances, s'y durciſſent pareillement, & cela ſans une perte ſenſible de leur poids ; de façon qu'elles parcourent tous les dégrés, depuis la molleſſe juſqu'à la dureté, fans avoir éprouvé de changement fenfible par rapport à leur combinaifon intérieure.

§. VIII. A.

☞ Dans le feconde claffe du premier ordre du fyftéme minéralogique de M. Daubenton, on trouve pour caractère de ne pas étinceler avec le briquet, & de ne pas faire effervefcence avec les acides; & dans cette claffe on rencontre les argiles & les pierres argileufes. D'après le principe de Bergman & l'exemple qu'il prend de l'argile, pour prouver ce qu'il avance, on pourroit croire que M. Daubenton a employé un caractère infuffifant & peu fûr; mais ce feroit à tort que l'on feroit ce reproche à cet illuftre Naturalifte. Son fyftême étant fondé fur les caracteres extérieurs, & ayant pour fin d'apprendre à connoître les minéraux tels qu'on les rencontre dans le fein de la terre, il eft fûr que l'on ne trouvera jamais de l'argile ni de pierre argileufe naturelle faifant feu avec le briquet; elles ne peuvent acquérir cette propriété qu'après avoir été expofées à un feu affez confidérable pour les dépouiller abfolument de toute leur eau étrangère. Ce ne feroit que dans les pays volcanifés, que les dépôts de matière volcanique pourroient offrir des morceaux d'argile attaqués par le feu, & affez durcis pour faire feu avec le briquet; mais auffi dans ce cas, ce ne feroit pas dans la feconde claffe de la première divifion du fyftême de M. Daubenton, qu'il faudroit placer ces morceaux, mais dans la feconde claffe de la divifion qui contient les produits volcaniques, & qui eft défignée fous le nom de *Matières volcanifées.*

§. IX.

La *texture* des parties & la *forme extérieure*, paroît dépendre entièrement des molécules conftituantes, mais ce n'eft qu'au premier coup d'œil: car une molécule calcaire globuleufe ou informe, examinée avec foin, eft abfolument de même nature qu'une molécule fpathique. Et j'ai démontré dans mes *Opufcules chymiques*, *vol. 1, p. 2-20,* que la nature donnoit souvent à la même matière les formes régulières & cristallines du schorl, du grenat, de l'hyacinthe, des dodécaèdres, &c. mais si les formes nous trompent si souvent, que doit-on penser des autres qualités extérieures, encore bien moins constantes?

§. X.

Les caractères superficiels ne suffisent donc point. Par leur secours même, souvent on ne peut distinguer la terre calcaire des autres; car l'effervescence avec les acides, qui est un caractère chymique, convient encore à d'autres substances de nature différente, qui distinguera par les seuls caractères extérieurs le plomb aëré, ou minéralisé par l'acide aërien, & celui qui est minéralisé par l'acide phosphorique, (§§. 182, 183); cet exemple seul me suffira.

§. X. A.

☞ On sait que l'effervescence est un mouvement semblable à celui de l'ébullition, produit par le dégagement d'un principe quelconque dans la substance avec laquelle il étoit combiné; ainsi il y aura effervescence, en général, toutes les fois qu'à l'aide d'un menstrue fluide, on déplacera un principe. L'échappement de l'air fixe n'est donc pas la seule cause de l'effervescence, comme quelques Auteurs l'ont pensé; mais le dégagement de l'air inflammable du fer ou du zinc, par exemple, par l'acide vitriolique, est une véritable effervescence, ainsi que le dégagement de l'air spathique des sphats fluors; celui de l'air nitreux, du nitre ou du sucre; celui de l'air ou gaz marin, dans la décomposition de l'alkali végétal muriatique ou sel fébrifuge de Silvius, par les acides vitrioliques ou nitreux, &c. &c. L'effervescence donc, qui peut très-bien, en certaines circonstances, être produite par le dégagement de l'air fixe de la terre calcaire, ne peut pas toujours être regardée comme un caractère fixe de la présence de la terre calcaire ; de plus, très-souvent la terre calcaire est tellement enveloppée dans la terre argileuse ou quartzeuse, qu'elle échappe à l'action des acides, & qu'il faut avoir recours à des opérations ultérieures pour la mettre à nud. De-là faudra-t-il en conclure que le morceau que l'on examine ne contient point de terre calcaire, parce qu'il ne fait pas d'effervescence ? Non, certes ; on pourra seulement dire que sa masse la plus considérable n'est pas de la terre calcaire. Dans un système fondé totalement sur les caracteres extérieurs, comme celui de M. Daubenton, cet illustre Naturaliste a eu raison de choisir, pour caractere distinctif d'une classe, l'effervescence, parce qu'il est frappant & assez vrai ; mais on sent facilement qu'il est insuffisant pour le Naturaliste qui ne s'arrête pas à l'écorce.

§. X I.

Il ne faut pas en conclure de là que l'on doive mépriser les caractères extérieurs. Sont - ils bien choisis, ils sont d'un très-grand secours. Quand l'œil y est accoutumé, il a peu de travail à faire pour connoître la substance qu'il examine, & quelques expériences suffisent pour le conduire à une connoissance parfaite. Cette habitude à voir, dépend des propriétés les plus apparentes & les plus sensibles, comme la dureté, la couleur, la transparence, &c. Il faut donc les joindre avec les caractères qui indiquent les principes constitutifs.

§. X I. A.

☞ Et voilà justement ce qui met le système de M. Daubenton au-dessus de tous ceux qui ne sont établis que sur les caractères extérieurs. Il étoit impossible d'en choisir de plus exacts, de plus frappans & de plus simples en même temps, que ceux que cet illustre Naturaliste a adoptés ; mais il a fait remarquer, dans son Cours, que les dénominations de *caractères extérieurs & superficiels* étoient impropres, parce que le Naturaliste ne s'en tient pas à ces sortes de caractères ; au contraire, il tire de son objet tous les caractères distinctifs qui peuvent s'y trouver *dans son état naturel*, tandis que les caractères chymiques n'existent qu'après la destruction de l'objet.

§. X I I.

Ainsi, dans le régne minéral nous établirons *les classes, les genres & les espèces sur la composition & les caractères intérieurs, & les variétés sur les formes extérieures.* Par-là nous réunirons les avantages des deux méthodes.

§. X I I I.

Cronstedt est le premier qui ait d'abord suivi ce plan avec succès, mais ensuite avec le secours de l'analyse par les menstrues, & marchant sur les traces du célèbre *Margraff*, il l'a perfectionné par des découvertes très-intéressantes; & si l'on observe quelque défectuosité dans sa méthode, c'est moins la faute de son auteur, que le défaut des expériences. On connoissoit déjà les belles analyses de *Pott* par la fusion; mais quoique son procédé fût très-bon, cependant il confond trop les différens principes constitutifs des corps, & il ne les offre que très-rarement à nud.

§. X I I I. A.

☞ On ne connoît en France que la Minéralogie de M. Cronstedt, traduite par M. Dreux fils en 1771, sur une traduction allemande. Il en a paru une en anglois qui est supérieure à la nôtre; mais on vient d'en donner une nouvelle édition en suédois, qu'on a beaucoup perfectionnée, & dans laquelle on a corrigé toutes les erreurs qu'il avoit laissé échapper dans la première: cette même édition a été traduite en allemand par M. Werner de Leipsic. Il n'en a paru encore qu'un volume, qui contient les terres & les pierres.

§. X I V.

Dans la claſſification des foſſiles , *il faut les placer ſuivant le principe le plus abondant dont ils ſont compoſés.* Soit A & B deux principes prochains , dont le premier l'emporte ſur le ſecond en raiſon du poids; la ſubſtance , qui eſt compoſée de ces deux principes ainſi combinés , doit être claſſée ſous le genre du premier. Cependant , cette règle ſouffre quelques exceptions :

§. X V.

A ſçavoir , *les propriétés de toutes les ſubſtances ne ſont pas de la même intenſité ,* ſi je puis me ſervir de cette expreſſion. Quelques-unes ſont plus abondantes ou plus efficaces , de façon qu'elles impriment à toute la maſſe leur caractère propre , quoique ſouvent elles n'aillent pas juſqu'à la moitié du poids. Dans ce cas , il faut plutôt conſulter le caractère que la quantité , ſur-tout ſi le principe prochain B , en moindre quantité , fait à peine équilibre , & encore moins ait la prépondérance.

§. X V I.

L'argile pure & la magnéſie , non-ſeulement ne ſe rencontrent jamais iſolées , mais encore elles ne ſont mêlées avec les autres ſubſtances , qu'à une ſi petite doſe , qu'elles ne font que la moindre partie du poids. Si l'on ſuivoit à la rigueur la règle établie §. 14 , ces terres primitives ne conſtitueroient aucun genre , ce qui ne ſeroit pas exact; cependant ce n'eſt qu'avec les plus grandes peines que l'on en détermine les limites.

§. XVI. A.

☞ Dans un fyftême minéralogique, on peut fuppofer, à la tête de chaque claffe, la fubftance qui la compofe comme abfolument pure, quoique réellement on ne la trouve point telle dans la nature ; cette fuppofition n'a rien qui choque, & elle eft très-utile pour fervir de principe. Dans un cabinet même d'Hiftoire naturelle, qui feroit claffé d'après l'analyfe, il feroit bon qu'au commencement de chaque divifion on eût, dans un bocal, chaque fubftance abfolument pure, obtenue artificiellement, fi l'on ne pouvoit l'avoir naturellement : les mélanges, les compofés, les furcompofés, fe concevroient plus facilement, & ce cabinet parleroit bien plus aux yeux qu'à l'efprit ; la curiofité ne trouveroit pas fimplement à s'amufer, mais encore à s'inftruire.

§. XVII.

On ne doit pas négliger la raifon de la *valeur* du principe. Les mines qui contiennent de l'or & de l'argent, font placées dans la claffe des métaux nobles, quoique fouvent elles foient mêlées plus des trois quarts de fubftances hétérogènes. On claffe les pyrites parmi le cuivre, quoiqu'elles contiennent beaucoup plus de fer, &c. &c. Cette coutume confirmée par l'ufage unanime de tous les minéralogues, quoique contraire au principe phyfique, eft cependant très-utile ; & on doit la conferver avec d'autant plus de raifon, que fi on la fupprimoit, il en naîtroit la plus grande confufion, & l'on feroit obligé de chercher fouvent des mines fous des noms étrangers.

§. XVIII.

Enfin, il faut remarquer que l'on prend dans cette Sciagraphie ordinairement, *pour bafe générique, le principe folide*, quoique fouvent le menf-

true, avec lequel il eſt combiné, ſoit plus abondant. Ainſi la magnéſie vitriolée, prend le nom
de ſa terre, quoique l'acide vitriolique l'excède en
poids. Il en eſt ainſi du gypſe, de l'alun, &c. &c.

§. X I X.

Classes des Fossiles.

En général, les Fossiles ſont de quatre eſpèces
différentes ; ils ſont ou ſalins, ou terreux, ou
phlogiſtiqués, ou enfin métalliques : ce qui forme
quatre claſſes.

§. X I X. A.

☞ Par corps phlogiſtiqués, M. Bergman entend particulièrement ceux qui ſont compoſés, en général, de phlogiſtique, ce qui conſtitue leur différence avec les métaux,
par exemple, qui contiennent une certaine portion de phlogiſtique. L'on ſentira aiſément cette différence, lorſqu'on
comparera du ſoufre avec un métal quelconque.

§. X X.

On donne le nom de Sels aux ſubſtances qui
impriment ſur la langue une ſenſation plus ou
moins ſapide, qui pulvériſés, peuvent ſe diſſoudre
dans une quantité d'eau bouillante mille fois plus
peſante ; qui ſe liquéfient au feu, y éprouvent des
changemens conſidérables, ou s'y détruiſent pour
la plupart.

§. X X. A.

☞ C'eſt dans l'énoncé des principes généraux & des défi-
nitions, que la clarté & la préciſion doivent toujours être
conſultées ; c'eſt le point d'où l'on part, il doit être fixe
& facile à remarquer. Il eſt peu de corps ſur la nature deſ-
quels les Naturaliſtes & les Chymiſtes ſoient ſi peu d'accord,
que ſur les *ſels* ; les uns en ſont des principes purs & élémentaires,

maires; les autres les regardent comme des principes principiés ou des composés de terre & d'eau. Comme l'explication de leur production & leur éthiologie sont encore enveloppés de voiles que la profonde Chymie ne fait encore que soulever, nous ne nous arrêterons qu'à leurs qualités extérieures, qui les distinguent de toute autre substance. M. Bergman en remarque trois principales; la saveur, la dissolubilité dans l'eau, & la manière dont ils se comportent au feu. La saveur est tellement une propriété inhérente aux sels, que l'on peut assurer que les sels sont la cause de la saveur, c'est-à-dire, de toute sensation excitée sur l'organe du goût; cette sensation peut varier à l'infini, être plus ou moins vive, plus ou moins agréable, plus ou moins destructive; car elle passe par tous les degrés, depuis la plus grande causticité jusqu'à la douceur agréable. L'acide vitriolique le plus concentré & les acides aigrelets des végétaux en sont les deux extrêmes. Cette saveur n'est donc pas la même dans tous les sels, & dans quelques-uns elle est si foible & si peu énergique, qu'elle paroît presque nulle.

§. X X. B.

La dissolubilité dans l'eau varie dans les sels comme la saveur; quelques sels jouissent de cette propriété dans une telle énergie, qu'il est presque impossible de les priver absolument de l'eau avec laquelle ils sont combinés. La Chymie a besoin d'employer des procédés longs & compliqués, encore n'en vient-elle pas toujours à bout, par rapport à l'acide vitriolique pur; d'autres, au contraire, sont beaucoup plus difficiles à dissoudre, & ils demandent une très-grande quantité d'eau, & même d'eau bouillante:

§. X X. C.

Les sels se comportent bien différemment dans le feu; les uns y éprouvent une espèce de fusion, une vraie liquéfaction, sans cependant se décomposer; les autres, au contraire, s'y décomposent, & éprouvent une espèce de destruction. A l'article de chaque sel, nous parlerons de la manière dont il se comporte au feu. Dans le système de MM. Lavoisier & de Fourcroy, les sels sont regardés comme les corps les plus incombustibles de la nature, & ce caractère d'incombustibilité est, suivant eux, le plus certain

& le plus conſtant des matières ſalines. L'explication dé
cette théorie nous mèneroit trop loin ; c'eſt dans l'ouvrage
de M. de Fourcroy , intitulé : *Leçons élémentaires d'Hiſtoire
naturelle & de Chymie* , qu'il faut la lire & la méditer.

§. X X. D.

Les deux premiers caractères des ſels, la ſaveur & la
diſſolubilité, tiennent à leur tendance, perpétuelle & toujours
en action , de ſe combiner avec toutes les autres ſubſtances.
Cette facilité qu'ils ont de ſe combiner avec nos organes ,
qu'ils flattent , fatiguent , tourmentent , attaquent , détruiſent même , ſuivant le degré de leur énergie , produit
la ſaveur , comme leur facilité à ſe combiner avec le principe aqueux , leur diſſolubilité. Suivant MM. Macquer , de
Fourcroy, Lavoiſier & les meilleurs chymiſtes de nos jours,
cette tendance à la combinaiſon , principe de la cauſticité ,
eſt un caractère eſſentiel de la matière ſaline.

§. X X I.

Les Terres ne-jouiſſent ni de la ſaveur ni de la
diſſolubilité dont nous venons de parler (§. 20) ,
quoique quelques - unes , & peut - être la plupart ,
peuvent ſe diſſoudre dans l'eau renfermée dans la
marmite de Papin , ſur-tout ſi on les a diſſoutes
auparavant dans un autre menſtrue , & qu'on
les en ait précipitées , ce qui leur fait offrir à
l'eau une ſurface beaucoup plus conſidérable. Elles
ſe rapprochent tellement des ſels , dans la chaîne
progreſſive de la nature , qu'on ne peut établir
entr'eux de diſtinction, que celle de la ſaveur & de
la diſſolubilité.

Leur forme éprouve peu de changement à un
léger degré de feu , & un très-fort ne diſſipe point
le corps terreux qui y eſt expoſé. Les terres en général ne pèſent qu'environ cinq fois plus que l'eau.

§. X X I. A.

☞ La diſſolubilité ainſi que la ſaveur étant des caraçtérés particuliers, on pourroit en conclure que les terres en doivent être privées ; mais comme l'on ne rencontre aucune terre absolument pure, toutes, ou presque toutes, jouissent, jusqu'à un certain point, de ces deux propriétés : cependant ne pourroit-on pas assurer que les terres ramenées à leur principe & à leur état de pureté essentielle, seroient absolument indissolubles dans l'eau parfaitement pure ? J'entends par terre pure & eau pure, ces deux substances privées de toute combinaison saline, *medium* par lequel s'opère toute dissolution. Je sais qu'on pourroit m'observer, par exemple, la dissolubilité de la chaux vive dans quatre-vingt-cinq parties d'eau ; mais que l'on remarque bien que dans la chaux vive, quoiqu'elle soit dépouillée de son gaz, qui la rendoit *terre calcaire*, la matière du feu ou de la chaleur dont elle est imprégnée, & dont la présence s'annonce par des lueurs phosphoriques, lorsqu'on la fait fuser dans l'eau à l'obscurité ; la matière du feu, dis-je, la rend susceptible de dissolubilité : ainsi, si jamais nous pouvons obtenir l'élément terreux, je crois qu'il sera indissoluble, comme indestructible.

§. X X I. B.

L'expérience que M. Bergman propose dans la marmite à Papin, mériteroit d'être répétée avec exactitude, & sur toutes des espèces de terre ; mais il faudroit s'assurer auparavant que l'eau que l'on emploieroit ne contiendroit ni air fixe ni aucune espèce de sels ; de l'eau distillée, absolument pure, aidée de la chaleur, & portée dans cette machine jusqu'à l'état d'incandescence, nous offriroit certainement des phénomènes très-intéressans : peut-être que plus les terres seroient pures, & moins il y auroit de dissolution.

§. X X I. C.

Comme je crois que dans la nature il n'existe presqu'aucune terre absolument pure, & que toutes les combinaisons, sur-tout les salines, sont susceptibles de s'unir avec le principe terreux, je crois qu'il est très-difficile d'assigner la ligne de démarcation qui sépare les terres d'avec les sels. Un très-grand nombre de terres mêmes ne sont que des matières salines à base terreuse, tels que les spaths pesans résultans de la combinaison de l'acide vitriolique avec la terre pesante ; les gypses, qui ne sont qu'une chaux

vitriolées ; les terres calcaires, ou combinaison de l'air fixe
avec la chaux, &c. &c. Cette tendance à la combinaison,
que nous avons trouvée si énergique dans les sels, est la
cause que l'on rencontre si rarement les terres pures. Nous
verrons, dans les sels moyens terrestres (§. 57. & suiv.),
que la classe des substances salino-terreuses est très-nom-
breuse. Quelques Minéralogistes, d'après l'analyse chym-
mique, en ont fait une classe à part, & c'est le premier
genre du premier ordre de la seconde classe des minéraux,
dans le système minéralogique de M. de Fourcroy.

§. X X I I.

Nous donnons le nom de Bitumes à des fossiles chargés de phlogistique, qui ne peuvent se mêler
à l'eau, & qui purs, sont dissolubles dans les huiles ; exposés au feu, ils fument d'abord, & la plupart s'enflamment ; ils se consument en partie, &
quelquefois tout - à - fait.

§. X X I I. A.

☞ L'origine des bitumes est assez clairement expliquée
& assez universellement reconnue. La destruction des productions végétales & animales organiques, enfouies dans
la terre & décomposées par l'action des acides minéraux,
est certainement la cause prochaine de la formation des
bitumes, tant solides que fluides. On croyoit d'abord que
les végétaux enfouis, ou plutôt que leur partie huileuse
produisoit seule les bitumes, & que les animaux n'y con-
couroient point ; mais si l'on fait attention, comme l'a démontré M. Parmentier, que la grande quantité de bitumes
ne peut être composée avec le peu de bois ou d'arbres que
l'on rencontre dans les lieux qui les produisent, sur-tout
à la petite portion de matière huileuse que les matières
végétales contiennent ; si l'on observe que les endroits bitumineux sont très-féconds en dépouilles d'animaux entassés
par-dessus les bitumes ; que ces dernières substances sont
très-souvent par couches considérables dans l'intérieur de
la terre ; que dans les masses schisteuses qui les recouvrent,
on rencontre indistinctement des empreintes d'animaux

comme de végétaux, on conclura avec ce favant Auteur, que le règne animal a contribué à la formation des bi-tumes, prefqu'autant que le règne végétal.

§. XXII. B.

La Chymie analytique ne s'eft pas autant occupée des bitumes que des autres fubftances, peut-être parce que le feu, fon menftrue principal & favori, les altère trop vîte, & même finit par les détruire tout-à-fait ; fouvent avant que l'on ait pu féparer les différens principes dont ils font compofés. En général, par la diftillation bien ménagée, on en retire un flegme combiné prefque toujours avec leur principe odorant, qui fe conferve affez long-temps ; ce flegme eft ordinairement coloré en jaune plus ou moins pâle. On obtient enfuite un fel acide fouvent concret, quel-quefois de l'alkali volatil & de l'huile, légère d'abord, mais qui s'épaiffit & fe brunit vers la fin de la diftillation ; enfin un charbon plus ou moins léger, plus ou moins compacte, qui, par l'incinération, donne du fer au barreau aimanté. Cette analyfe eft une nouvelle preuve que les bitumes vien-nent des règnes animal & végétal, puifqu'ils donnent des produits analogues.

Voilà où la Chymie en eft reftée : cependant cette partie du règne animal mériteroit bien une étude plus particulière & plus approfondie. *Voyez* chaque bitume en particulier, (§. 132-141).

§. XXIII.

Les Métaux purs ne peuvent pas fe mêler à l'eau ; quelques-uns feulement fe laiffent attaquer par les huiles, & encore ce n'eft que ceux qui font dépouillés de leur phlogiftique. Ce font les corps de la nature les plus pefans, & les plus légers d'en-tr'eux pèfent encore fix fois plus que l'eau à volu-me égal.

Ils fe fondent au feu, & prennent une furface brillante ; elle eft convexe lorfqu'ils font dans des vafes d'argile.

§. XXIII. A.

☞ L'origine & la formation des métaux est un problême qui est encore tout entier à résoudre pour la Chymie. La nature a conservé absolument son secret dans cette partie, & si nous en soupçonnons déjà quelque chose, ce ne sont que de simples conjectures, qui ont besoin de nombreuses expériences & de recherches suivies avant que d'être portées jusqu'à la démonstration. Les Auteurs minéralogiques, comme Becher, Lehmann, &c. &c., qui ont cru avoir deviné le secret de la nature & dit ce qu'étoient les métaux, n'ont pas été embarrassés pour expliquer leur formation ; mais comme leur systême a été abandonné à mesure qu'on a acquis des connoissances plus exactes sur cet objet, nous pouvons regarder l'origine des métaux encore comme inexpliquée. Il est infiniment plus intéressant de chercher à connoître la nature de chaque métal, que de construire des systêmes sur sa formation. La Minéralogie fera de plus grands progrès, & des progrès plus certains & plus avantageux à la société, lorsqu'elle s'en tiendra à la première connoissance.

§. XXIII. B.

Les métaux peuvent être considérés, ou par rapport à leurs propriétés physiques ou à leurs propriétés chymiques, ou par rapport aux usages économiques ; & sous tous ces trois rapports ils sont dignes de fixer toute notre attention : à chaque métal nous aurons soin d'entrer dans quelques détails sur les deux premiers rapports : nous nous contenterons de dire ici un mot de leur histoire naturelle.

C'est dans le sein de la terre, & quelquefois à sa superficie, que l'on rencontre les substances métalliques ; si elles paroissoient avec leur brillant, leur éclat, leur pureté, en un mot, toutes les qualités dont elles jouissent dans l'état de régule pur, il seroit facile de les reconnoître ; mais cela arrive très-rarement, encore peut-on assurer, d'après les expériences de docimasie les plus exactes, qu'il n'existe, ou du moins que l'on n'a pas encore rencontré aucun métal en régule absolument pur ; presque toujours il est combiné avec une plus ou moins grande quantité de substances étrangères, trop peu pour le dénaturer & en faire une mine, mais assez pour altérer sa pureté ; ce qui prouve cette affertion, c'eft que les métaux vierges natifs ne jouiffent pas des propriétés phyfiques au même degré que le régule obtenu par des procédés ordinaires. Ils ne font ni auffi denfes, ni auffi tenaces, ni auffi ductiles; au contraire, ils font prefque toujours aigres & caffans : les états les plus communs fous lefquels on trouve les fubftances métalliques, font, l'état de terre ou de chaux, & celui de mines ou de minérais.

§. XXIII. C.

Dans l'état de chaux, le métal n'a point d'éclat métallique, & il a fubi une vraie décompofition, qui lui a enlevé fon principe métallifant. On pourroit foupçonner que c'eft l'eau qui l'a réduit fous cette forme; auffi ces chaux métalliques criftallifent-elles fouvent par l'évaporation de l'eau. Nous verrons la chaux verte ou bleue de cuivre criftallifée, quelquefois celle du fer, fouvent celle du plomb; la calamine du zinc, les fleurs rouges du cobalt, la chaux blanche de l'arfenic, &c. &c. appartiennent à cette claffe.

§. XXIII. D.

L'état le plus commun fous lequel la nature nous offre les métaux, eft, fans contredit, celui de mines ou de minérais, dans lequel la fubftance métallique eft combinée avec une fubftance étrangère, dont il faut abfolument la dépouiller pour la ramener à fon état de métal pur; cette fubftance étrangère eft défignée, en Minéralogie, fous le nom de *minéralifateur*, & peut être ou du foufre, ou une fubftance faline, ou même un autre métal. Nous donnerons feulement un exemple de chacun de ces trois cas, parce qu'à chaque métal nous en reparlerons néceffairement. La mine d'argent vitreufe (§. 163) a le foufre pour minéralifateur, tandis que la mine d'argent cornée (§. 165) a l'acide marin, & un peu d'acide vitriolique, pour minéralifateur; le cobalt eft fouvent minéralifé par l'arfenic (§. 228); enfin, il arrive quelquefois que le métal a plus d'un minéralifateur, comme la mine d'argent rouge (§. 166), qui eft minéralifée par l'arfenic & le foufre.

§. XXIII. E.

Le détail de l'art d'exploiter les mines nous mèneroit trop

loin ; c'eſt dans les ouvrages des Métallurgiſtes que l'on trouvera des inſtructions ſuffiſantes.

§. XXIV.

PREMIERE CLASSE.

Sels.

Si l'on ne connoît pas la nature & le caractère des ſels, il eſt impoſſible de connoître parfaitement les autres corps : nous allons donc commencer par eux. *Les ſels natifs ſont ou acides, ou alkalins, ou neutres, ou moyens terreſtres, ou enfin métalliques.*

§. XXIV. A.

☞ *Voyez* ce que nous avons dit ſur la nature & les caractères des ſels en général, §. XX. A, B, C, D.

§. XXV.

Les ACIDES ſe diſtinguent par une ſaveur particulière ; ils diſſolvent avec efferveſcence les alkalis aërés, & ils changent en rouge les couleurs bleues des végétaux, ſur-tout la teinture de tourneſol. On en connoît un grand nombre, mais on les trouve rarement iſolés & purs dans le ſein de la terre ; leur nature en eſt la cauſe : car ces menſtrues ont une tendance ſingulière à ſe combiner avec toutes les ſubſtances qui s'y rencontrent. Leur abondance & la diverſité de leurs caractères, annoncent aſſez qu'ils ſont du plus grand uſage dans l'économie de la nature.

§. XXV. A.

☞ Dans le nouveau ſyſtême des airs ou gaz, dont Prieſtley a jeté les premiers fondemens, & qui en France a été réduit en corps de doctrine par MM. Buquet, Lavoisier & de Fourcroy, les acides doivent être considérés comme des gaz ou substances aériformes combinées, & en général cette espèce de sel est formée d'une matière inflammable, combinée avec l'air pur.

§. X X V. B.

La saveur particulière à chaque acide, vient de la plus ou moins grande tendance à sa combinaison (§. XX. A.), & l'effervescence qu'ils produisent avec les alkalis, au dégagement de l'acide aérien ou air fixe que ces sels contiennent (§. X, A.)

§. X X V. C.

Les caractères génériques des acides, outre leur saveur particulière, leur pouvoir de dissoudre les alkalis aérés avec effervescence, & de changer en rouge les couleurs bleues des végétaux, c'est de jouir d'une très-grande tendance à s'unir avec tous les corps de la nature dans cet ordre d'affinité, avec le principe inflammable, l'alkali fixe, l'alkali volatil, les substances terreuses & les substances métalliques; de ne jamais se combiner sans laisser échapper des vapeurs aériformes ou gazeuses; de s'échauffer avec l'eau, lorsqu'eux-mêmes en sont dépouillés autant qu'il est possible; & au contraire, de produire du froid avec la glace, de suspendre ou d'empêcher les fermentations, propriétés que les acides partagent avec toutes les matières salines.

§. X X V I.

Comme la minéralogie classe les corps tels que la terre nous les offre, & que nous ne rencontrons les acides que combinés, il s'ensuivroit qu'ils ne devroient avoir aucune classe particulière; mais il en faudroit dire autant des terres primitives, dont on n'en rencontre presque aucune d'isolées & de pures. Cependant, dans un système fondé entièrement sur la *composition*, la description de leurs principes qui ne se présentent jamais, ou que très-

rarement purs, jette un jour qu'il ne faut pas négliger, & elle est de la plus grande utilité pour la
connoissance des autres corps.

§. XXVI. A.

☞ Dans l'arrangement d'un cabinet d'histoire naturelle,
nous donnons pour les acides le même conseil que nous avons
donné pour les pierres (§. XVI, A).

§. XXVII.

L'ACIDE VITRIOLIQUE, très-concentré, à une
pesanteur spécifique, — 2, 125; quand il est très-
pur il n'a ni odeur ni couleur; on l'obtient fort
rarement sous forme concrète par le froid ; mais
il peut se coaguler par le moyen de l'air nitreux.
On le distingue facilement par ses combinaisons.

D. Vandelli (1) rapporte que dans les environs
de Sienne & de Viterbe, on le trouve quelquefois qui coule, dissous dans l'eau, à travers les
pierres; sans doute il est le produit d'un feu souterrein. Autrement on le rencontre toujours combiné ou avec des alkalis (§. §. 44, 47, 50),
ou avec la terre (§. §. 58, 59, 63, 67), ou avec
un métal (§. §. 69, 70, 72, 73), ou avec le
phlogistique, (§. 134, 136).

Les bouches des volcans vomissent souvent l'a-
cide vitriolique phlogistiqué. Il a alors une odeur
pénétrante & suffoquante. Le phlogistique uni à la
matière calorifique, peut prendre la forme de gaz
miscible à l'eau.

§. XXVII. A.

☞ Pour que l'acide vitriolique n'ait ni odeur ni couleur ressemblantes à de l'eau, il faut qu'il soit absolument

---

(1) De Thermis Patavinæ.

pur ; & c'eſt par la concentration & la rectification au feu, que l'on peut l'obtenir dans cet état ; mais il a une telle affinité avec tous les corps de la nature, qu'en le tranſvaſant ſeulement d'un vaſe dans un autre, il ſe colore par le contact avec l'air atmoſphérique, dont il attire l'eau, & dont il diſſout les corps légers qui flottent dans ſon ſein. Sa ſaveur eſt violemment aigre & acide, & agace fortement les dents ; il change en rouge les couleurs bleues des végétaux, diſſout & corrode preſque toutes les ſubſtances calcaires & métalliques. Les pierres vitrifiables, ou, pour parler plus ſimplement, la terre ſiliceuſe ſeule, échappe à ſon action ; l'or même, qui, dans ſon état métallique, eſt inattaquable à l'acide vitriolique, le devient lorſqu'il a été précipité de l'eau régale par un alkali. Dans la claſſe des ſels moyens terreſtres & métalliques, nous examinerons ſes différentes combinaiſons.

§. XXVII. B.

On connoît en Chymie deux expériences fameuſes, par leſquelles leurs auteurs ont cru obtenir l'acide vitriolique ſous forme concrète & criſtalline. M. Hellot, en diſtillant du vitriol vert, & pouſſant la diſſolution au plus grand feu, a obtenu un acide vitriolique ſi concentré, qu'il étoit ſous forme concrète & criſtalline ; c'eſt ce que l'on nomme en Chymie, *huile de vitriol martiale* ; & M. Meyer, dans ſes *Eſſais de Chymie ſur la chaux vive*, parle de ſemblables criſtaux obtenus par Nordhaus : de plus, ils étoient fumans. Pluſieurs Chymiſtes qui n'ont pas obtenu les mêmes réſultats, les ont niés : cependant il paroît conſtant, en Chymie, que les expériences de Hellot & de Nordhaus ont eu le ſuccès qu'ils ont annoncé.

§. XXVII. C.

L'acide vitriolique attire puiſſamment l'humidité, & s'unit à l'eau avec la plus grande vivacité. Le mélange s'échauffe, & produit une chaleur très-conſidérable. Dans cet état il ne peut geler, & s'oppoſe même à la réduction de l'eau en glace ; mais s'il eſt bien concentré & dépouillé de tout ſon phlegme, il peut ſe geler à un degré de froid de 12 à 13 degrés, comme le prouvent les belles expériences que M. le duc d'Ayen a faites en 1776. *Voyez* le détail de ces expériences Diction. de Chymie, nouv. édit. au mot *Acide vitriolique*. M. de Morveau l'a obtenu à un moindre degré de froid.

§. XXVII. D.

Suivant le systême des gaz, l'acide vitriolique est composé du gaz sulphureux, & ce gaz est à l'acide vitriolique ce que le gaz nitreux est à l'acide du nitre.

§. XXVII. E.

M. Vandelli n'est pas le seul qui ait trouvé, près de Sienne, de l'acide vitriolique pur; M. Baldostati l'a rencontré pur & concret, & même cristallisé, dans une grotte des bains de Saint-Philippe, à trente milles environ de Sienne. (*Voyez* le détail de cette découverte & des expériences par lesquelles ce savant s'est assuré de l'existence de cet acide vitriolique pur & concret, Journal de Physique, 1776, t. 7. p. 395). M. le chevalier de Dolomieu nous a assuré l'avoir aussi rencontré pur & cristallisé dans une grotte de l'Etna, d'où l'on tiroit autrefois du soufre.

§. XXVIII.

Quelques Minéralogistes ne placent point l'A-CIDE NITREUX dans le règne minéral, parce qu'ils le regardent comme une production des corps organisés, décomposés par la putréfaction. Mais ces mêmes corps, dès qu'ils ne jouissent plus de la vie, doivent être classés parmi les fossiles, d'où ils avoient tiré la plus grande quantité des molécules fixes dont ils étoient formés.

Cet acide très-concentré artificiellement, a une gravité spécifique = à 1,580. Quand il est pur, il n'a point de couleur. Comme il a une très-grande affinité avec le phlogistique, ce n'est que par un procédé particulier que l'on peut l'obtenir tel. Mêlé avec différentes dosés de principe inflammable, il produit l'acide phlogistique ou l'air nitreux. Je ne crois pas qu'on le rencontre pur, à moins que ce ne soit dans les eaux météoriques, mais il se trouve combiné avec les alkalis, (§. §. 45, 47, 51,) ou avec la terre (§. §. 60, 64).

§. XXVIII. A.

☞ Les belles expériences de M. Thouvenel démontrent que l'acide nitreux se forme de *toutes pièces*, & qu'ainsi il doit appartenir indistinctement aux trois règnes de la nature. Ses qualités distinctives des autres acides, lorsqu'il est très-concentré, sont de jouir d'une couleur d'un jaune rouge & ardent; d'être moins fixe au feu que l'acide vitriolique. Par cette raison, on ne peut jamais le réduire sous forme concrète; une de ses parties constituantes se résolvant continuellement en vapeurs rouges. Son odeur & sa saveur lui sont tellement propres, qu'on le reconnoît très-facilement; il a une très-grande tendance de combinaison, sur-tout avec l'eau, & il attire puissamment l'humidité de l'atmosphère. Cette combinaison se fait toujours avec chaleur, sur-tout si c'est en grande proportion. Excepté les terres siliceuses, il attaque tous les corps de la nature : plus ils contiennent de principe inflammable, & plus ils sont soumis à son action. Brandt, & après lui de fameux Chymistes, ont prétendu que l'acide nitreux pouvoit dissoudre l'or. *Voyez* l'article or.

§. XXVIII. B.

M. Bergman attribue ici la formation de l'air nitreux à la combinaison de l'acide nitreux & au principe inflammable; mais d'autres Chymistes regardent l'air nitreux ou le gaz nitreux comme un principe *sui generis*, qui n'a besoin que de s'unir à l'air déphlogistiqué & à l'eau, pour produire de l'acide nitreux. Cette belle éthyologie de l'acide nitreux est due principalement à M. Lavoisier.

§. XXVIII. C.

On pourroit conjecturer des expériences de M. Margraff, sur l'eau de pluie & l'eau de neige (Acad. de Berlin, 1751), que ces eaux, ramassées avec le soin le plus scrupuleux, contiennent l'acide nitreux en nature, puisqu'après en avoir fait évaporer cent mesures ou quartes, & les avoir réduites à fix ou huit onces, les avoir filtrées pour en féparer la terre calcaire qu'elles avoient laiffé dépofer, y avoir jeté vingt-cinq à trente gouttes d'une diffolution très-pure de fel de tartre, il obtint, par la criftallifation, un fel en aiguilles, un vrai nitre. Burghart, dans fon *Traité du fel de Seignette*, dit que l'on trouve l'acide nitreux natif dans quelques mines, entr'autres dans l'Ukraine.

A préfent que l'on a des notions plus faines fur l'acide nitreux, il fera plus facile de le reconnoître & de le rencontrer peut-être pur.

§. X X I X.

L'ACIDE muriatique ou marin, fe rencontre fréquemment fur la furperficie de la terre. Quand il eft très-concentré, fa pefanteur fpécifique ne va guère qu'à 1, 150; il eft très-volatil, & a une odeur particulière : il peut fe réduire en air lorfqu'il eft dépouillé de fon eau fuperflue ; car le phlogiftique eft une de fes parties conftituantes (1).

On ne le trouve point pur, à moins qu'il ne foit combiné avec l'acide nitreux dans les eaux météoriques ou gazeufes (2). On le rencontre combiné, avec l'alkali, (§. §. 46, 49, 52,) avec la terre, (§. §. 61, 65,) ou avec un métal, (§. §. 74, 161, 175, 191).

§. X X I X. A.

☞ L'acide muriatique a toutes les propriétés des fubf-tances acides falines, mais à un degré moins énergique que les acides vitrioliques & nitreux, du moins dans certaines circonftances ; plus léger & plus volatil que l'acide vitrio-lique, il en diffère encore par fon odeur, fa couleur & les vapeurs blanches qu'il exhale fans ceffe ; & ces vapeurs font d'autant plus abondantes, que l'air eft plus humide. On croit reconnoître, dans fon odeur, celle du fafran ou du citron, fur-tout quand elle eft très-divifée. Il fe combine plus difficilement avec le phlogiftique que les autres

---

(1) N. Act. Upf. vol. II. p. 202.
(2) D. Margraf.

acides. Les métaux blancs font ceux qu'il attaque avec le plus de facilité ; il diffout toutes les chaux métalliques, & volatilife l'or, l'argent, l'étain, le bifmuth, le mercure & le régule d'antimoine ; ce qui prouve qu'il adhère plus fortement aux métaux, qu'il diffout cependant plus difficilement que les autres acides.

§. XXIX. B.

Suivant le fyftême des gaz, l'acide muriatique n'eft que le gaz, ou acide marin, uni à une certaine quantité d'eau, & on l'obtient facilement en chauffant l'acide muriatique fumant dans une cornue dont le bec plonge fur une cloche remplie de mercure.

§. XXIX. C.

Les mêmes expériences qui démontrèrent à Margraff, l'exiftence de l'acide nitreux dans les eaux de pluie & de neige (§. XXVIII, C.), lui offrirent encore l'acide muriatique dans les mêmes eaux, puifqu'outre le nitre, il y trouva encore des criftaux cubiques de fel marin (Acad. de Berlin 1751). Il eft hors de doute que cet acide exifte quelquefois dans les endroits foûterrains & dans les entrailles de la terre ; car il eft arrivé très-fouvent que lorfqu'on a ouvert des puits falins, la préfence de cet acide s'annonçoit, & par fon odeur, & par des vapeurs blanchâtres.

§. XXX.

L'ACIDE DU FLUOR MINÉRAL, ou du fpath fluor, le mieux préparé, n'a jamais une gravité fpécifique plus forte que 1, 500 ; il eft fort volatil. Ses vapeurs chaudes corrodent le verre, & quand elles fe mêlent à l'eau, elles produifent la terre filiceufe, ou du moins elles la dépófent. Cet acide, dégagé de toute eau fuperflue, prend la forme d'air (1).

Perfonne ne l'a rencontré encore pur, mais il eft combiné à la chaux dans le fluor minéral (§. 96,) & fi je ne me trompe, avec la terre filiceufe, (§. 123).

___

(1) Opufc. vol. II. p. 40.

§. X X X. A.

☞ Il n'y a pas long-temps que cet acide est connu, & c'est à M. Scheele, célèbre Chymiste suédois, qu'on en doit la découverte. On le retire du spath fluor ou phosphorique; quand il est très-pur, il est toujours sous la forme de gaz ou d'air, & comme tel, il est plus pesant que l'air atmosphèrique, & tue les animaux qui sont plongés dans sa sphère; il a une très-grande tendance de combinaison avec l'eau; il s'unit avec elle en produisant de la chaleur, & dans cet état, il forme un véritable acide. On l'obtient en distillant une once de spath fluor en poudre avec deux ou trois onces d'acide vitriolique concentré à l'appareil pneumato-chymique. Si la cuvette est pleine de mercure, l'acide spathique passera sous forme de gaz très-sec & très-transparent; si elle est pleine d'eau, sur le champ le gaz se combinera avec elle, & il déposera en même temps une matière terreuse, qu'il tenoit en dissolution.

§. X X X. B.

Les sentimens des Chymistes ont long-temps varié sur la nature de l'acide que l'on obtenoit dans cette expérience; les uns l'ont pris pour une simple modification de l'acide vitriolique; les autres, sous le nom de M. *Boullanger*, ont cru que c'étoit de l'acide marin combiné avec la matière terreuse; M. Bergman enfin a démontré clairement que c'étoit un véritable acide *sui generis*. Les résultats de ses combinaisons avec diverses substances, le prouvent assez. L'argile, la terre pesante, la magnésie, la chaux & les matières alkalines, forment avec lui des sels neutres très-différens de ceux que l'on obtient avec les autres acides.

§. X X X. C.

Le dépôt terreux qui se forme pendant la combinaison de l'acide spathique avec l'eau, a été reconnu par tous les Chymistes pour une vraie terre siliceuse, dissoute par le gaz spathique. Si cet acide jouit de cette propriété singulière, il est tout naturel de croire qu'il possède aussi celle d'attaquer & de ronger le verre, substance composée de terre siliceuse & d'alkali. Ce fut M. Priestley qui le premier s'en apperçut, & reconnut que le gaz spathique corrodoit

doit le verre & les flacons dans lesquels ou vouloit le conferver; mais ce n'eft que dans fon état de gaz qu'il a cette propriété, dont il eft privé lorfqu'il eft combiné avec l'eau.

§. XXXI.

L'ACIDE DE L'ARSENIC s'obtient concret par art; il a une pefanteur fpécifique $= 3, 391$. Il eft fufible au feu, & y devient fixe lorfque la matière de la chaleur lui a enlevé affez de phlogiftique pour qu'il puiffe prendre la forme d'arfenic blanc. Il attire l'humidité, & tombe en déliquium.

On ne le rencontre jamais libre, mais combiné à la chaux de cobalt, (§. 228,) & fur-tout au phlogiftique, dans le régule fragile d'arfenic, (§. 210,) & à fa chaux, (§. 222).

§. XXXI. A.

☞ L'acide arfenical, foupçonné par Stahl, Kunckel, prefque démontré par M. Maquer, a été enfin reconnu décidément par MM. Scheele, Bergman, les Académiciens de Dijon, Berthollet & Pelletier. On l'obtient facilement pur, en diftillant fur la chaux d'arfenic quatre parties d'acide nitreux, ou en employant le procédé de M. Pelletier (*Journal de Phyfique*, 1782, *t.* 19, *p.* 127), qui confifte à diftiller un mélange de nitre ammoniacal avec la chaux d'arfenic; l'opération doit fe faire très-lentement. Il refte au fond de la cornue une maffe vitreufe qui attire fortement l'humidité, & fe réfout en une liqueur très-acide, qui a toutes les propriétés des acides, rougit les couleurs bleues des végétaux, fe combine facilement avec la chaux, eft le diffolvant de l'argile, au moins au feu, a moins d'action fur les autres terres, & fait une vive effervefcence avec les alkalis fixe & volatil : cet acide, combiné avec l'alkali végétal, régénère le vrai fel neutre arfenical de M. Maquer.

§. XXXI. B.

L'acide arfenical concret, préfenté à la flamme du chalu-

meau fur le charbon, reperd très-rapidement le phlogiftique, & régénère l'arfenic blanc; il donne une fumée qui
a l'odeur d'ail; il fe fond dans la cuiller, & ne fume qu'autant qu'il a reçu de phlogiftique ou de la flamme, ou même
du fupport de métal, & dans ce cas la furface du métal
eft altérée.

§. XXXII.

L'ACIDE DE LA MOLYBDENE a, felon toutes les
apparences, une origine métallique, quoiqu'on ne
fache pas encore de quel métal il l'a tirée. Comme en déphlogiftiquant le régule fragile de l'arfenic, il fe réfout en un acide très-différent des autres; de même on pourroit conclure que dans les
autres métaux il exifte des acides particuliers. A la
vérité, l'adhéfion intime du phlogiftique avec la
terre du métal, a empêché jufqu'à préfent de les
mettre à nud. Nous ne traiterons pas ici du moyen
d'obtenir cet acide (1). L'acide extrait de la mólyb-
dène jouit des propriétés métalliques, & on n'eft
point parvenu encore à le dépouiller abfolument du
phlogiftique, comme les raifons fuivantes le démontrent; 1°. la faveur acide & métallique; 2°. la
couleur que prennent avec lui le fel microcofmique
& le borax; car ces fels ne fe colorent qu'avec des
chaux métalliques; 3°. fa décompofition par le
moyen de l'alkali phlogiftiqué, qui indique toujours la préfence d'un métal; 4°. fa forme concrète
non déliquefcente, analogue à l'arfenic blanc; 5°. fa
gravité fpécifique $= 3{,}460$. Enfin, M. Cl. Hielm,
déterminé d'après toutes ces raifons, en a tenté la
réduction, & en a obtenu un régule qui jouit des

---

(1) D. Scheele, Act. Stolc. 1778.

propriétés particulières & différentes des autres métaux ; mais il n'a pas encore été aſſez examiné.

§. XXXII. A.

☞ Il n'y a que trois ans que M. Scheéle a découvert cet acide, en faiſant quelques recherches ſur la molybdène. M. Bergman ne donne point ici le procédé pour l'obtenir ; mais d'après le plan que nous nous ſommes propoſé, nous allons l'extraire du grand Mémoire de M. Scheele, que nous avons imprimé dans notre Journal de Phyſique 1782, tom. 20, p. 342.

§. XXXII. B.

» Sur une once & demie de molybdène pulvériſée, on
» verſa ſix onces d'acide nitreux délayé, & l'on mit le
» tout dans une cornue de verre luttée avec le récipient,
» ſur un bain de ſable. L'acide n'eut aucune action pendant
» la digeſtion ; mais quand il vint à bouillir, il s'éleva en
» vapeurs rouges élaſtiques, avec forte écume. L'acide ayant
» été diſtillé à ſiccité, le réſidu ſe trouva d'une couleur
» cendrée : on remit deſſus pareille quantité d'acide nitreux
» délayé ; il parut de l'écume comme la première fois. On
» diſtilla encore juſqu'à réſidu ſec, qui ſe trouva alors plus
» blanc qu'auparavant ; on verſa encore deſſus pareille quan-
» tité d'acide nitreux, & on le diſtilla de la même manière.
» La même opération fut répétée quatre ou cinq fois ; il
» reſta enfin une poudre blanche comme de la craie. Ce
» réſidu fut édulcoré avec l'eau chaude, juſqu'à ce qu'il
» n'y eût plus d'acide, & il fut enſuite deſſéché : il peſoit
» ſix drachmes & demi ; je le retrouvai terre de molyb-
» dène. . . . . .

§. XXXII. C.

. . . . . » La terre de molybdène eſt de nature acide ; car
» ſa diſſolution rougit la teinture de tourneſol, trouble la
» diſſolution de ſavon, & précipite le foie de ſoufre. . . . . . .
» Elle a auſſi de l'action ſur les métaux, &, bouillie ſur la
» limaille de tous les métaux imparfaits, elle devient à la fin
» bleuâtre. . . . . ; unie avec un peu d'akali, elle ſe diſſout
» en plus grande quantité dans l'eau, & par le refroi-

» diſſement, elle donne de petits criſtaux irréguliers.....
» Cette diſſolution, encore chaude, manifeſte ſenſiblement
» les propriétés acides ; elle rougit fortement le tourneſol ;
» elle fait efferveſcence avec le calce (terre calcaire), la
» magnéſie & l'alumine (terre d'alun), avec leſquels elle
» forme des ſels moyens qui ſont peu ſolubles dans l'eau ;
» elle précipite l'argent, le mercure, & le plomb diſſous
» dans l'acide nitreux, & pareillement le plomb diſſous dans
» l'acide muriatique...... : elle ne précipite pas les autres mé-
» taux, ni même le muriate mercuriel corroſif (ſublimé
» corroſif) ; elle précipite de même les diſſolutions nitreuſes
» & muriatiques de terre barrotique (terre du ſpath peſant) :
» ce précipité n'eſt pas du ſpath peſant régénéré, car il ſe
» diſſout dans l'eau froide ; propriété qui n'appartient pas
» au ſpath peſant régénéré. Elle ne précipite pas les autres
» diſſolutions terreuſes ; elle dégage le gaz acide des alkalis
» fixe & volatil, & il en réſulte des ſels neutres qui pré-
» cipitent toutes les diſſolutions métalliques ; ſavoir, l'or,
» le muriate mercuriel corroſif, le zinc & la manganèſe *en*
» *blanc* ; le fer & le muriate d'étain *en brun* ; le cobalt *en*
» *couleur de roſe* ; le nitre *en bleu* ; la diſſolution d'alumine
» & de calce *en blanc*. Si on diſtille le ſel ammoniac com-
» poſé de terre de molybdène & d'alkali volatil, la terre
» laiſſe aller l'alkali volatil à un feu doux, & il reſte dans
» la cornue une poudre griſe..... ».

§. XXXII. D.

Au chalumeau, ſur le charbon, l'acide de la molybdène
eſt abſorbé ; dans la cuiller il donne une terre blanche à la
flamme extérieure, qui devient d'un beau bleu frappée par
le cone intérieur de la flamme ; il communique une belle
couleur verte au ſel microcoſmique, une couleur cendrée
au globule de borax vu par réflexion ; mais il paroît d'un
violet obſcur vu par réfraction : il eſt le ſeul acide qui colore les flux.

§. XXXIII.

L'ACIDE ADHÉRENT A LA CHAUX PESANTE
(*tungſtène*), eſt très-analogue au précédent, qui produit une combinaiſon différente avec l'eau de chaux

que la chaux pefante ; cependant ces deux acides
fe reffemblent fous d'autres rapports : il a auffi , fi
je ne me trompe, un caractère métallique.

§. XXXIII. A.

☞ Cet acide particulier, découvert par M. Scheele &
reconnu par M. Bergman , eft celui de la tungftène. *Voyez*
Journal de Phyfique 1783 , tom. 22. Voici la manière de
l'obtenir, & fes combinaifons chymiques.

Prenez une partie de tungftène, réduite en poudre fine dans
un mortier de verre , mélez-la avec quatre parties d'alkali
végétal ; mettez le tout dans un creufet de fer, & pouffez
au feu. Lorfque le mélange fera fondu, coulez-le fur une
lame de fer ; & diffolvez-le enfuite dans douze parties d'eau
bouillante ; quelque temps après décantez la leffive de deffus
la poudre blanche qui fe précipite au fond ; faturez cette
leffive d'acide nitreux : le mélange s'épaiffira, & donnera
une poudre blanche, qu'il faut laver dans l'eau froide &
enfuite fécher. Ce précipité eft l'acide de la tungftène ; il
eft diffoluble dans l'eau ; mais il faut vingt parties d'eau
bouillante pour en diffoudre une ; il rougit la teinture de
tournefol, & il a un goût acide. Au feu de chalumeau, cet
acide fec devient d'abord fauve, enfuite brun, & à la fin
noir ; il ne donne ni fumée ni aucun figne de fufion ; avec
le borax ; il fait un verre bleu, & avec le fel microcofmique ; un verre coloré en vert de mer ; diffous dans l'eau
& faturé d'alkali végétal ou potaffe, il donne un fel neutre
en très-petits criftaux ; avec l'alkali volatil, un fel ammoniacal
en petites aiguilles : ce fel décompofe le nitre calcaire &
régénère avec la chaux de la tungftène ; il forme, avec la
magnéfie, un fel moyen difficilement foluble dans l'eau ;
& les diffolutions de chaux & d'alun n'éprouvent aucun
changement ; mais l'*acete barotique*, ou la diffolution du
fpath pefant par l'acide du vinaigre, eft décompofé. Il précipite en blanc les diffolutions vitrioliques de fer, de zinc
& de cuivre, les diffolutions nitreufes d'argent, de mercure
& de plomb, & la diffolution muriatique de plomb ; mais
la même d'étain eft précipitée en bleu : le muriate mercuriel corrofif & la diffolution d'or n'éprouvent aucun changement.

L'acide de la tungſtène paroît ſe rapprocher de celui de la molybdène, à cauſe de la couleur bleue qu'il prend avec le fer, le zinc & l'étain ; mais il en diffère eſſentiellement par les propriétés que nous venons de détailler, & que l'on peut comparer avec celles de l'acide de la molybdène, §. XXXII, A, B, C. Voyez auſſi §. XCVII, A.

§. XXXIV.

L'Acide phosphorique que l'on rencontre dans le règne animal, eſt encore beaucoup plus commun dans le règne végétal, mais très-rare dans le règne minéral : M. J. G. Gahn eſt le premier qui l'ait trouvé combiné avec le plomb (1). Il peut exiſter encore dans pluſieurs autres foſſiles, il eſt fuſible au feu, &, dépouillé de la partie aqueuſe, ſa gravité ſpécifique eſt de 2,687.

§. XXXIV. A.

☞ Dans la fabrication du phoſphore, dont l'origine remonte juſqu'à 1677, on ne s'occupa d'abord que de la production de cette ſubſtance ſingulière, & la manière de le faire fut long-temps un myſtère, un ſecret que deux ou trois Chymiſtes poſſédoient ſeuls en Europe. Quand il fut un peu plus commun, que MM. Margraff, Hellot, Sage, Schœle, Gahn, Nicolas, Lavoiſier & Berniard s'en furent occupé plus particulièrement, & qu'ils eurent trouvé que l'on pouvoit l'extraire de tous les règnes de la nature, bientôt on s'apperçut que le phoſphore conſervoit un acide particulier, qui pouvoit jouer un rôle intéreſſant dans la Chymie. Preſque tout ce qui a été fait ſur cet objet, eſt imprimé dans le Journal de Phyſque, depuis l'année 1777. Il ſeroit trop long d'en donner ici les détails ; nous nous contenterons d'expoſer la manière la plus ſimple d'obtenir l'acide phoſphorique, & le réſultat de ſes différentes combinaiſons, comme nous l'avons fait pour les autres acides.

---

(1) Opuſc. Chym. vol. II. p. 424.

§. XXXIV. B.

Prenez des os, que vous calcinerez jufqu'au blanc ; rédui-
fez-les en poudre & paffez-les au tamis ; mêlez-les enfuite
dans une terrine, avec parties égales d'huile de vitriol, &
ajoutez-y affez d'eau pour en faire une bouillie claire.
Après quelques heures de repos, filtrez-la au filtre de
toile, & lavez avec de l'eau chaude le réfidu, jufqu'à ce
que l'eau qui paffe foit fans faveur, & ne précipite plus
l'eau de chaux : faites évaporer l'eau des lavages, & féparez
avec foin toute la félénite qui fe forme ; répétez cette opération jufqu'à ce que la liqueur filtrée ne précipite plus rien ;
continuez l'évaporation jufqu'à confiftance de miel. On met
alors cette matière, qui eft de couleur brune & d'un afpeĉt
gras, dans un creufet, & on la chauffe jufqu'à ce qu'elle
ceffe d'exhaler une odeur fulphureufe, & qu'elle ne bouillonne plus. Elle acquiert une confiftance demi-vitreufe, devient très-acide, & attire fortement l'humidité de l'air :
c'eft dans cet état qu'elle donne plus de phofphore. Pour
l'obtenir, il fuffit de réduire en poudre cette matière demi-
vitreufe, de la mêler avec fon poids de charbon bien fec,
& de la diftiller par dégrés dans une cornue de grès, avec
le procédé de M. Woulfe, ou en adaptant à la cornue un
ballon à moitié rempli d'eau, & percé d'un petit trou. A
la fin de l'opération, lorfque la cornue eft rouge, le phofphore coule goutte à goutte. Après avoir retiré le phofphore du ballon avec les précautions ordinaires, pour le
réduire en acide phofphorique, il faut employer le procédé de M. Sage, qui confifte à placer des morceaux de
phofphore fur les parois d'un entonnoir de verre, dont la
tige eft reçue dans un flacon, & dont la bafe eft recouverte d'un chapiteau ; on place un tube de verre dans la
tige de l'entonnoir, afin de retenir le phofphore, & de
donner paffage à l'air du flacon, déplacé par l'acide phofphorique. Au bout d'un temps plus ou moins long, on
obtient par once de phofphore trois onces d'acide, qui
coule dans l'eau qu'on a eu foin de mettre dans le flacon.

§. XXXIV. C.

L'acide phofphorique attire puiffamment l'humidité ; il
a une certaine action fur la terre filiceufe & le verre ; il

diffout avec effervefcence toutes les terres aérées ; il décompofe le nitre & le fel marin, & forme, avec les alkalis,
des fels neutres particuliers ; il diffout bien le nitre, le fer
& le cuivre, & le phofphore précipite prefque tous les
métaux de leur diffolution, fous leur forme métallique,
comme l'a prouvé M. Sage dans un mémoire (*Journ. de
Phyfiq.* 1781, t. XVIII, p. 263).

§. X X X I V. D.

Prefque toutes les parties folides des animaux contiennent
l'acide phofphorique, puifqu'on l'a retiré des os, des dents,
des arrêtes, des écailles, &c. M. Margraff l'a extrait auffi du règne végétal, & il a obtenu du phofphore en traitant au grand
feu le charbon du finapi, du froment, &c. : enfin M. Gahn
l'a trouvé dans le règne minéral (§. 182).

§. X X X I V. E.

Lorfque cet acide eft fec, il coule facilement à la flamme
du chalumeau, en un globule tranfparent qui attire l'humidité de l'air.

§. X X X V.

L'ACIDE DU BORAX, connu fous le nom plus
particulier de *fel fédatif*, eft un produit de l'art,
fuivant quelques Auteurs ; mais M. Hœsfer l'a rencontré dans les eaux d'un lac près de Sienne, dans
la Tofcane (1) : depuis très-long-temps on favoit
que dans le borax natif il eft uni à l'alkali minéral (§. LIII); il agit comme acide, mais il eft
très-foible ; il entre en fufion au feu ; il fe volatilife
avec l'eau, & fa gravité fpécifique eft de 1,480.

§. X X X V. A.

☞ A l'occafion de la découverte que M. Hœsfer a faite
du fel fédatif dans les eaux de plufieurs lacs près de Sienne,

(1) *De fale fedativo naturali*, 1778.

j'ai donné l'histoire naturelle du borax (*Journ. de Physiq.* 1779, tom. XIII, p. 437), de laquelle il faut conclure que le sel sédatif n'est pas une production de l'art, mais une vraie production de la nature.

§. X X X V. B.

Le sel sédatif se retire du borax, & par sublimation, & par évaporation ou précipitation. Le dernier procédé est plus facile : sur une dissolution bouillante de borax, versez de l'huile de vitriol ; cet acide s'empare de l'alkali marin, & laisse précipiter le sel sédatif en petites écailles brillantes, très-minces & fort légères. Cette matière est un véritable acide, mais concret, & elle en a toutes les propriétés. Il ne se volatilise point au feu, à moins qu'il ne soit mêlé avec de l'eau ; mais dès que l'eau est évaporée, si on pousse le feu, le sel sédatif se fond en un verre transparent, qui insensiblement devient opaque à l'air. Il faut une livre d'eau bouillante pour en dissoudre 183 grains ; cette dissolution rougit la teinture de tournesol : à l'aide de la chaleur, le sel sédatif attaque la terre précipitée de la liqueur des cailloux ; il s'unit avec presque toutes les terres, comme la terre pesante, la magnésie, la chaux, & forme avec elles, comme avec les différens alkalis, des sels particuliers ; sa combinaison avec l'akali marin forme le borax du commerce.

§. X X X V. C.

Depuis les expériences de MM. Baron & Bourdelin, on étoit convenu assez généralement que le sel sédatif étoit un acide particulier & *sui generis*. Des Chymistes modernes ont élevé des doutes sur sa nature ; suivant M. Sage, le sel sédatif est l'acide phosphorique combiné avec l'alkali marin, & qui, lorsqu'ils sont à parties égales, forment le borax ; le second, M. Cadet, de l'Académie des Sciences, pense que le sel sédatif, tel que nous l'obtenons, n'existe pas tout formé dans le borax, & qu'il n'est dû qu'aux acides que l'on a employés pour l'obtenir, unis aux différentes parties constituantes du borax. Ces parties sont, suivant cet Academicien, la base alkaline du sel marin, la terre vitrifiable du cuivre, & une autre substance métallique, primitivement minéralisées par l'acide marin.

§. XXXV. C.

Au chalumeau, l'acide du borax ou sel sédatif, se boursoufle beaucoup moins que le borax, se fond aussi facilement, & se comporte comme lui.

§. XXXVI.

On peut donner le nom d'ACIDE DU SUCCIN au
sel concret que l'on retire du succin; car il a les
propriétés d'un acide, foible à la vérité. Il n'est
pas encore décidé si le succin tire son origine du
règne végétal; mais on le classe ordinairement parmi
les fossiles (§. CXL).

§. XXXVI. A.

☞ Il n'y a point d'acide dont les combinaisons aient
été aussi peu examinées que celles de l'acide du succin:
sans doute sa très-grande foiblesse en est la cause. Barchusen
& Boulduc le père sont les deux premiers qui ont reconnu
que le sel volatil du succin, que l'on prenoit autrefois
pour un alkali, est un véritable acide, & qu'il en a toutes
les propriétés.

§. XXXVII.

L'ACIDE AÉRIEN se trouve combiné non-seulement avec les eaux, mais encore avec plusieurs
fossiles, comme les alkalis (§. 54-56), les terres
(§. §. 62, 66), & quelques métaux (§. §. 71, 183,
192, 217, 234, 243). Cet acide existe libre &
pur dans l'atmosphère; sa gravité spécifique est
de 0,0018.

§. XXXVII. A.

☞ L'acide aérien est le même acide qui a reçu les
différens noms d'acide crayeux, d'acide méphitique & d'air

&c. Les trois règnes de la nature le fourniſſent abondamment, ſans doute parce qu'exiſtant tout formé dans l'atmoſphère, il ſe combine avec l'air à toutes les ſubſtances que celui-ci peut pénétrer, ou dont il fait partie conſtituante.

§. XXXVII B.

Cet acide n'a pas une grande énergie; cependant il eſt ſuſceptible d'une infinité de combinaiſons; il rougit les couleurs bleues des végétaux; il s'unit à l'argile, la terre peſante, la chaux, la magnéſie, & forme avec elles différens ſels neutres, ainſi qu'avec les alkalis : enfin il a de l'action ſur pluſieurs métaux, principalement ſur le fer. Ses propriétés particulières, qui le différencient des autres acides, c'eſt d'être mortel ou méphytique, & de s'oppoſer à la combuſtion des corps enflammés, lorſqu'il eſt ſous l'état de gaz ou de ſubſtance aériforme.

§. XXXVIII.

Les Alkalis ſe diſtinguent facilement à leur ſaveur lixivielle, à leur grande affinité avec des acides, & à la propriété de verdir les teintures bleues des végétaux. On peut dire de l'exiſtence iſolée des alkalis, à peu près la même choſe que nous avons dite des acides; car leur affinité avec les autres corps eſt ſi grande, qu'ils n'exiſtent pour ainſi dire que combinés : quand ils ne ſeroient pas unis à un acide puiſſant, ils le ſeroient avec l'acide aérien, qui nage perpétuellement dans l'atmoſphère. Ce n'eſt donc que par art qu'on peut les obtenir purs.

§. XXXVIII. A.

☞ Les alkalis en général paroiſſent des ſubſtances beaucoup plus ſimples que les acides, puiſqu'il eſt beaucoup plus difficile de les décompoſer que ces derniers. Quand on les met ſur la langue, ils développent une ſaveur urineuſe & brûlante; ils attirent puiſſamment l'humidité de l'air, &

s'uniſſent facilement avec l'eau ; & au moment du mélange ils produiſent de la chaleur , & au contraire du froid avec la glace. Nous avons remarqué dans les acides une très-grande tendance à la combinaiſon ; les alkalis ſont doués de la même propriété , & preſqu'au même point d'énergie : ce qui fait qu'il eſt preſqu'impoſſible de les rencontrer purs dans la nature.

§. X X X V I I I. B.

Dans la diſtribution d'un cabinet d'hiſtoire naturelle, ſuivant ce ſyſtême , je conſeille de poſer à la tête des combinaiſons alkalines, chaque alkali pur obtenu artificiellement, comme on le verra à l'article de chacun.

§. X X X I X.

On découvre tous les jours de nouveaux acides, mais de tout temps on n'a connu que trois alkalis.

§. X L.

L'Alkali fixe végétal, dépourvu de tout acide, ne ſe rencontre pas ſur la ſurface de la terre ; mais il eſt tantôt uni à l'acide vitriolique (§. 44), tantôt au muriatique (§. 46), le plus ſouvent au nitreux (§. 45), & très-rarement à l'acide aérien. (§. 54).

§. X L. A.

☞ On obtient l'alkali fixe végétal auſſi pur qu'il eſt poſſible , en mettant dans un creuſet & pouſſant au feu de l'alkali fixe végétal ordinaire, ou du tartre ou de la potaſſe, que l'on a pris pour un alkali pur, juſqu'à ce que M. Black ait démontré que ce n'étoit qu'un ſel neutre réſultant de la combinaiſon de l'alkali fixe végétal pur & de l'acide aérien ; il ſe fond aiſément au feu, & tout l'acide ſe dégage. Comme l'alkali pur qui reſte a une très-grande affinité avec l'acide aérien qui nage dans l'atmoſphère, il faut avoir ſoin de le tranſporter très-promptement dans un flacon qui doit être rempli entièrement, & qui bouche exactement.

§. X L. B.

L'alkali fixe végétal pur ou cauftique (*potaffe* de Morveau), eft fous forme pulvérulente & blanche ; il eft beaucoup plus cauftique que le fel neutre qu'il forme avec l'acide aérien ; il ronge même la peau ; il change en vert foncé les couleurs bleues des végétaux ; il fe liquéfie au feu, ne fe volatilife qu'à une extrême chaleur, & forme un verre blanc caffant & opaque. Il attire puiffamment l'humidité de l'air, fe réfout en liqueur, & devient dès ce moment un fel neutre, en fe combinant avec l'acide aérien de l'atmofphère ; il fe diffout avec chaleur dans l'eau , fe combine avec tous les acides, mais fans efferve fcence (*voyez* ce que j'ai dit de l'efferve fcence, §. 10, A), & forme avec eux des fels particuliers ; il aide la fufion de la terre filiceufe, & forme avec elle le verre blanc : enfin, il calcine les métaux & brûle les matières combuftibles.

§. X L. C.

Au chalumeau cet alkali devient d'abord opaque, il décrépite long-temps, donne un globule permanent dans la cuiller, mais qui s'étend & s'abforbe avec bruit fur le charbon.

§. X L I.

L'ALKALI FIXE MINÉRAL n'eft jamais feul, mais toujours combiné à quelqu'acide, rarement à l'acide vitriolique (§. 47), ou au nitreux (§. 48), le plus fouvent au muriatique (§. 49), ou à l'aérien (§. 55).

§. X L I. A.

☞ L'alkali fixe minéral pur ou cauftique s'obtient en employant le même procédé que pour l'alkali fixe végétal. On met dans un creufet de la foude, & on la pouffe au feu, pour en dégager l'acide aérien, avec lequel il formoit un fel neutre : c'eft au Docteur Blake que l'on doit la découverte que l'alkali minéral n'eft qu'un fel neutre.

§. X L I. B.

Cet alkali pur ou cauſtique (*ſoude* de Morveau), jouit des mêmes propriétés que l'alkali fixe végétal ; il eſt ſous forme pulvérulente & blanche, verdit les couleurs bleues des végétaux, ſe fond au feu dès qu'il commence à rougir, ſe volatiliſe à une chaleur violente, attire puiſſamment l'humidité de l'atmoſphère, & ſe combinant avec l'acide aérien qu'il contient, il forme un ſel neutre ; il aide la fuſion des terres, ſe combine avec elles, & il en réſulte un beau verre, plus parfait que celui qui eſt fait avec l'alkali végétal. Cet alkali ſe combine aux acides, mais ſans efferveſcence, & à beaucoup d'autres ſubſtances, avec leſquels il forme des ſels neutres différens du ſel produit par l'alkali végétal.

§. X L I. C.

Au chalumeau il ſe comporte comme l'alkali végétal (§. 40 C.).

§. X L I I.

L'Alkali volatil eſt adhérent aux argiles ; certainement dans l'état aéré (§. 56), car ce n'eſt que par art qu'on l'obtient cauſtique : on le trouve encore combiné à l'acide vitriolique (§. 50) ; & au muriatique (§. 52).

§. X L I I. A.

☞ L'alkali volatil pur cauſtique (*ammoniac* de Morveau), eſt celui qui n'eſt combiné avec aucun acide, pas même l'acide aérien ; il diffère par pluſieurs qualités eſſentielles de deux alkalis, végétal & minéral : 1°. par ſa nature aériforme ou gazeuſe ; car l'alkali volatil pur, n'eſt qu'un gaz alkalin étendu dans l'eau, comme l'a démontré M. Prieſtley. 2°. Par ſa volatilité : 3°. par la nature des ſels qu'il forme avec les acides, & qui ſont très-différents des ſels neutres à baſe d'alkali végétal ou minéral.

§. X L I I. B.

Si l'on veut connoître l'alkali volatil dans toute ſa pureté, il faut le considérer dans l'état de gaz alkalin isolé & non combiné. Comme tel, il ressemble à l'air atmosphérique ; mais il est plus pésant que lui ; son odeur est pénétrante, sa saveur âcre & caustique ; il verdit promptement les couleurs bleues des végétaux ; il est très-méphitique ; comme tel il tue les animaux qui le respirent, & s'oppose à la combustion des corps enflammés. L'eau l'absorbe facilement, & dans l'instant de la combinaison, il se produit de la chaleur : si au contraire l'eau est dans l'état de glace, elle se fond en produisant un très-grand froid.

§. X L I I. C.

Quand ce gaz alkalin est uni à l'eau, on a alors l'alkali volatil pur caustique en liqueur, qui a les mêmes propriétés que le gaz alkalin ; il a une action marquée sur la plupart des substances métalliques, sur-tout le cuivre.

§. X L I I. D.

Au chalumeau il se liquéfie un peu & s'évapore à la longue.

§. X L I I I.

Les acides unis aux alkalis produisent des sels neutres, qui, dissous dans l'eau, ne sont point décomposés par l'addition d'un alkali, & ils cristallisent presque tous par évaporation. Si les deux principes qui les composent résistent aux réactifs, on les nomme *sels neutres parfaits* ; & *imparfaits* au contraire, quand l'un des deux, ou parce qu'il est en moindre quantité, ou parce qu'il est plus foible, laisse éclater plus ou moins les propriétés spécifiques de l'autre : voici les sels neutres natifs.

§. X L I V.

S E L S   N E U T R E S.

L'Alkali végétal vitriolé (le tartre vitriolé),

eft très-rare naturel & ifolé, à moins que ce ne
foit dans les débris des vaftes forêts incendiées.

§. XLIV. A.

☞ L'alkali végétal vitriolé (ou comme le nomme M.
de Morveau dans fa nomenclature chymique, *le vitriol de
potaffe*) , eft un fel neutre parfait, qui réfulte de la combinaifon de l'acide vitriolique avec l'alkali fixe végétal pur
ou cauftique. On l'obtient facilement en verfant de l'acide
vitriolique fur une diffolution d'alkali végétal , jufqu'à fa-
turation ; par l'évaporation , enfuite il fe forme des criftaux d'alkali végétal vitriolé; il fe criftallife beaucoup mieux
par l'évaporation que par le refroidiffement. Sa faveur eft
falée, défagréable ; & il faut dix-huit parties d'eau froide
pour diffoudre une partie d'alkali végétal vitriolé , mais
l'eau bouillante en diffout prefque le quart de fon poids ; il
décrépite au feu , & dans un creufet expofé à une extrême
chaleur, il fe fond , fe volatilife à la fin, mais fans fe décompofer. Il n'a point d'action fur les terres fimples : prefque
tous les acides ont de l'action fur le tartre vitriolé & le décompofe , ainfi que les matières combuftibles , principalement le charbon.

§. XLIV. B.

Aucun Auteur minéralogifte, n'a encore cité de l'alkali
végétal vitriolé natif ; d'après la fuppofition de M. Bergman , il faudroit examiner les réfidus des incendies de
vaftes forêts ; fi le terrein étoit piriteux ou bitumineux ,
fans doute que l'acide vitriolique qu'il contiendroit , réagiffant fur l'alkali végétal des cendres , formeroit de l'alkali
végétal vitriolé ; mais pourroit-on dire même alors que ce
feroit un fel natif ?

§. XLIV. C.

Expofé fubitement à la flamme du chalumeau, il décrépite avec bruit , fe fond , coule fur le charbon , & laiffe une
maffe jaune ou rougeâtre qui répand une odeur hépatique ,
fur-tout fi l'on y verfe quelqu'acide ; cette maffe eft un vrai
foufre produit par l'acide vitriolique & le phlogiftique du
charbon ; l'alkali végétal, réagiffant fur ce foufre, produit du foie de foufre.

§. XLV.

§. XLV.

L'Alkali végétal nitré (nitre prifmatique), fe rencontre fur la furface de la terre, par-tout où les végétaux, mêlés fur-tout à des parties animales, fe décompofent par la putréfaction. La bafe alkaline exifte dans les plantes (1) ; mais on n'a pas encore découvert la formation de l'acide : exifte-t-il caché parmi les acides végétaux, & l'acte de la putréfaction le déphlogiftique-t-il & le met-il à nud ? ou bien l'air pur, mêlé avec celui de l'atmofphère, contient-il l'acide du nitre parfaitement faturé, dé phlogiftiqué (2), & attiré par l'alkali dégagé par la putréfaction, fe produit-il en reprenant fon ancienne forme après la féparation du principe inflammable ? Peut-être la'nature fe fert-elle de ces deux moyens ; du moins des expériences journalières femblent affurer le fecond (§. 60).

Le nitre qui fe reproduit fi facilement, fe rencontre quelquefois dans les puits & les fontaines, comme on l'a remarqué à Berlin (3), à Londres (4) & dans plufieurs autres endroits ; & fouvent il y eft en fi grande quantité, que la viande que l'on fait cuire dans cette eau prend une belle couleur rouffe.

§. XLV. A.

☞ Le nitre ou falpêtre (*nitre de potaffe* de Morveau), eft un fel neutre parfait, qui réfulte de la combinaifon de l'acide nitreux avec l'alkali fixe végétal pur. Ce fel a une faveur falée, un peu fraîche, légèrement défagréable ; il fe diffout facilement dans l'eau ; trois ou quatre parties

---

(1) D. Margraf. Wiegleb. (2) Opuf. Chym. vol. II, p. 368.
(3) Margraf. Opuf. (4) Cavendifch. phil. Tran. 1767.

d'eau froide diffolvent une partie de nitre , tandis que l'eau
bouillante en diffout le double de fon poids : au feu il fe
liquéfie avant de rougir ; fi on le laiffe long-tems dans cet
état, il fe décompofe & s'alkalife de lui-même en faifant
échapper l'acide qui le neutralifoit. Si le nitre eft expofé au
feu avec des corps combuftibles , comme fur un charbon
allumé, alors il produit une flamme blanche très-vive qui
réfulte de la combuftion de l'air déphlogiftiqué , qui fait
une partie de l'acide nitreux ; cette flamme eft accompagnée
d'une efpèce de détonnation , ce que l'on appelle détonnation ou fufion du nitre ; mêlé avec les terres vitrifiables, il
les fait entrer en fufion & les réduit en verre.

§. X L V. B.

Le nitre exifte tout formé dans bien des endroits de la
terre. Le falpêtre de *Houffage* n'eft qu'un nitre naturel &
criftallifé qui fe produit fur les murs , fur les terres & fur
les pierres. Dans les Indes on rencontre fouvent du nitre
natif fur certains rochers. M. Pallas cite dans le fecond
vol. de fon voyage p. 63 , que les Bafchirs tirent des environs de l'embouchure de l'Ulugir dans d'Ai, une terre très-
riche en falpêtre, avec laquelle ils préparent de la poudre ; il
dit encore, tom. I, pag. 164, que l'on trouve une écorce
affez épaiffe de nitre criftallifé fur une pierre calcaire du ri-
vage de la Wolga près le village Koftytfchi, & que les animaux mangent avec avidité la terre des environs qui en
eft pénétrée. Le pays des Mongales & d'Aftracan en font
remplis, au rapport de M. Gmelin. Dans la province du
Tucuman , dans l'Amérique méridionale, il y a de vaftes
plaines, fi riches en falpêtre, qu'il fuffit d'en leffiver la terre
pour l'obtenir : il ne paroît point mêlé de fel marin, fuivant
Thomas Falkner dans fa defcription de la Patagonie ; on en a
trouvé dans une mine de charbon, près de celle de Turweci-
ler. Une obfervation à faire, c'eft que cette mine brûlant
toujours, le nitre devroit peut-être ici fa formation au feu.
On lit dans les Effais de Chimie d'Hierne (P. II , p. 169),
que ce favant faifant l'analyfe chimique d'un granit en décompofition de Rapakivi en Finlande, y trouva du nitre
tout formé. M. Bowles l'a rencontré tout formé en Ef-
pagne : M. Dombey au Perou (Journ. de Phyfiq. 1776 ,
t. VIII , p. 405 & 1780, t. XV, p. 272), & M. le duc de

la Rochefoucauld, sur les terres calcaires qui environnent son château de la Roche-Guyon. Burghart dans son Traité sur le sel Seignette p. 41, parle aussi d'une pierre calcaire de l'Ukraine en Pologne, qui se délite à l'air, & fournit du nitre. Enfin on peut l'extraire encore des eaux pluviales & neigeuses, des eaux de fontaines & de l'eau même de la mer.

§. XLV. C.

Nous ne parlerons pas du nitre qui se rencontre dans les végétaux, sur-tout dans les plantes amères, les Borraginées, dans la Fumeterre, le Beccabunga, l'Héliotrope, &c. Les Turcs ont l'art d'en extraire des feuilles & des branches du saule.

§. XLV. D.

Le nitre au chalumeau se fond & demeure fixe dans la cuiller ; mais sur le charbon, lorsqu'il prend feu, il s'allume bientôt par le contact du phlogistique en ignition, & lance avec bruit une flamme bleue assez vive.

§. XLVI.

L'ALKALI VÉGÉTAL MURIATIQUE (sel digestif de Sylvius), se rencontre quelquefois, mais rarement ; il doit sa naissance à la destruction des végétaux & des animaux.

§. XLVI. A.

L'alkali végétal muriatique (ou *muriate de potasse de Morveau*), est un sel neutre, qui résulte de la combinaison parfaite de l'alkali végétal avec l'acide marin ; ses caractères le rapprochent un peu du sel marin ordinaire, avec lequel on l'a confondu mal-à-propos, puisque sa base est différente ; sa saveur salée & piquante, est désagréable ; il décrépite au feu, s'y fond & se volatilise, sans se décomposer ; il faut trois parties d'eau froide pour le dissoudre, & presqu'autant d'eau chaude.

§. XLVI. B.

Quoique la nature fournisse abondamment les principes

de ce sel neutre, sur-tout dans les endroits où des parties
végétales & animales sont en décomposition ; & cependant on
ne le trouve jamais en grande quantité. On **** contre
dans les eaux de la mer & dans quelques font**. L'in**
nération de plusieurs plantes & l'analyse de plusie** humeurs
animales, le donneront encore.

§. X L V I. C.

Il décrépite au chalumeau & se comporte à-peu-près comme
le sel marin.

§. X L V I I.

L'Alkali minéral vitriolé (sel admirable de
Glauber), se trouve quelquefois dans les eaux. On
rencontre dans la Sibérie & dans le royaume d'Astra-
can, plusieurs lacs dont les eaux en contiennent,
ainsi que dans d'autres endroits.

§. X L V I I. A.

☞ L'alkali minéral vitriolé (ou *vitriol de soude* de
Morveau), est un sel neutre parfait, résultant de la combinaison de l'acide vitriolique avec l'alkali minéral ; ses propriétés le rapprochent du tartre vitriolé (vitriol de potasse)
dont il ne diffère que par sa base ; sa saveur est fraîche ;
mais d'une très-grande amertume ; ses cristaux s'effleurissent
à l'air ; il se fond au feu, s'y dessèche, & finit par s'y volatiliser, lorsque le feu est poussé à l'extrême. Quatre parties
d'eau froide dissolvent une partie de ce sel, mais il ne faut
qu'une partie d'eau bouillante. Les acides nitreux & marin,
& même l'alkali fixe végétal caustique (la potasse pure),
suivant M. Bergman, décomposent ce sel neutre. Cette décomposition a lieu en vertu des doubles affinités.

§. X L V I I. B.

Ce sel neutre tout formé est fort commun dans la nature ; elle nous l'offre dans l'eau de la mer, dans presque
toutes les eaux minérales ; plusieurs lacs de la Sibérie en
contiennent, suivant Georgi (voy. en Russie pag. 44) ; &

l'on peut affurer, avec M. Macquer (dict. de Chymie), qu'il n'eft point d'eau contenant naturellement du fel commun en diffolution, qui ne contienne en même tems plus ou moins de fel de Glauber.

§. XLVII. C.

Au chalumeau & fur le charbon, il coule & laiffe une maffe jaune ou rougeâtre hépatique (voy. §, 44, c.).

§. XLVIII.

L'Alkali minéral nitré (nitre cubique), fe rencontre rarement, fi ce n'eft dans les endroits où les plantes marines pourriffent.

§. XLVIII. A.

☞ L'alkali minéral nitré (ou *nitre de foude* de Morveau), eft un fel neutre parfait, réfultant de la combinaifon de l'alkali minéral avec l'acide nitreux. Il a prefque tous les caractères du nitre (voyez §. 45, a,), dont il ne diffère que par la bafe & parce qu'il eft plus altérable à l'air, qu'il attire plus puiffamment l'humidité, que par conféquent il fe diffout mieux dans l'eau ; il ne faut que deux parties d'eau froide pour diffoudre une partie d'alkali minéral nitreux.

§. XLVIII. B.

Je ne connois aucun auteur, foit minéralogifte foit chymifte, qui ait rencontré ce fel neutre natif.

§. XLVIII. C.

Au chalumeau, comme le nitre, excepté qu'il donne une flamme jaune.

§. XLIX.

L'Alkali minéral muriatique (fel de cuifine ou fel commun), fe rencontre très-abondamment, foit dans l'intérieur de la terre, où il forme des couches considérables (sel gemme), soit dans les fontaines (sel de fontaine), & les lacs, & dans la mer (sel marin).

§. X L I X. A.

☞ L'alkali minéral muriatique (ou *muriate de soude* de Morveau), est un sel neutre parfait, résultant de la combinaison de l'alkali minéral avec l'acide marin; il a une saveur salée, mais agréable. Il faut quatre parties d'eau froide, pour en dissoudre une de ce sel, & presqu'autant d'eau bouillante. Il attire l'humidité de l'air & s'y résout en liqueur, sur-tout s'il est mêlé de sel marin à base terreuse; exposé au feu, il y décrépite, & pétille, sur-tout s'il est chauffé brusquement; ce phénomène est dû à son eau de cristallisation, & à une portion d'air retenu entre les parois des cristaux, qui, se dilatant tout d'un coup, brisent les liens qui les retenoient. Poussé au feu, il se fond lorsqu'il est rouge, mais sans se décomposer, & finit par se volatiliser. Les acides & l'alkali fixe végétal caustique ont de l'action sur le sel marin & le décomposent en raison des affinités.

§. X L I X. B.

Ce sel neutre est de tous ceux que la nature nous offre, le plus commun; on le trouve en grandes masses ou par couches dans l'intérieur de la terre en Hongrie, en Moscovie, en Pologne, en Calabre, quelquefois même cristalisé en gros cubes clairs & transparens, comme à Cracovie en Pologne; ou blanc & opaque comme en Ethyopie & en Cappadoce; quelquefois aussi en cristaux rhomboïdaux. Tantôt il est en poussière de différentes couleurs, gris & blanc en Pologne, en Russie; jaune en Angleterre; rouge ou bleu en Catalogne, à Salzburg; tantôt il effleurit sur la superficie de la terre comme sur les toits & les murs des fourneaux de mines de sel; enfin il s'offre encore en amas dans la Sibérie, la Transilvanie. Dans ces différens états le sel marin naturel porte le nom de sel gemme. Ce que l'on appelle Spack en Pologne, n'est qu'une argille mêlée de sel commun. Hasselquist dans son Voyage à la Palestine, rapporte que la terre des environs de Jericho, & dans bien des endroits de l'Egypte, est imprégnée de ce même sel. En Pologne & à Salzburg, on trouve des pierres qui en contiennent de tout formé. Les fontaines falées font très-communes, & il n'eſt peut-être point de Royaumes où l'on n'en rencontre; la Lorraine, l'Alſace, la Franche-Comté, la Gaſcogne, en France; en Allemagne, le Palatinat du Rhin, l'Evêché de Spire, la Heſſe, le Duché de Lunebourg, Halle en Saxe, l'Oſtrobothnie, la Weſt-manie, &c. &c. en fourniſſent, dont on retire une grande quantité de ſel: enfin, les principaux réſervoirs de la nature ſont les lacs ſalés & la mer.

§. XLIX. C.

Au chalumeau, il décrépite, ſe fond & ſe volatiliſe.

§. L.

L'ALKALI VOLATIL VITRIOLÉ (ſel ſecret de Glauber), ne ſe rencontre guère que dans les en-droits où les matières ſulphureuſes, en combuſtion, répandent une vapeur d'acide vitriolique phlogiſti-qué, qui ſe combine avec l'alkali volatil exhalé par des matières en putréfaction. C'eſt ainſi qu'à Fahlun la vapeur acide du grillage des mines forme de l'alkali volatil vitriolé ſur le bord des latrines; il en forme quelquefois à l'embouchure des volcans.

§. L. A.

L'alkali volatil vitriolé (*vitriol ammoniacal de Morveau*), eſt un ſel neutre qui réſulte de la combinaiſon de l'acide vitriolique & de l'alkali volatil; ſa ſaveur eſt acre & urineuſe, il attire un peu l'humidité de l'air. Il eſt très-diſſoluble dans l'eau, puiſqu'il ne faut que deux parties d'eau froide pour en diſſoudre une de ce ſel, & l'eau bouillante en diſſout ſon poids. Au feu il ſe liquéfie à un feu léger; il rougit & ſe fond en ſe volatiliſant en partie ſi on le pouſſe au feu. L'acide nitreux & marin le décompoſent en ſe combinant avec l'alkali volatil; la chaux, la terre peſante & l'alkali fixe pur en dégagent l'alkali volatil, en ſe com-binant avec l'acide vitriolique.

D 4

§. L. B.

On rencontre souvent autour des bouches des volcans en ignition & à la solfatare, des incrustations de sels ammoniacaux, qui prennent la figure de choux-fleurs. Plusieurs de ces sels examinés, ont été reconnus pour des vitriols ammoniacaux, sur tous ceux qui sont jaunâtres & verdâtres ; les premiers sont combinés avec le soufre, & les second avec l'acide vitriolique.

§. L. C.

Au chalumeau il se liquéfie d'abord, se fond ensuite & s'évapore.

§. L I.

L'Alkali volatil nitré (nitre brûlant), se rencontre assez souvent avec le nitre ordinaire.

§. L I. A.

☞ L'alkali volatil nitré (ou *nitre ammoniacal de Morveau*), est un sel neutre résultant de la combinaison de l'acide nitreux avec l'alkali volatil. Sa saveur est piquante, amère, nitreuse & un peu fraîche ; il est friable comme le vitriol ammoniacal ; il attire l'humidité de l'air, est dissoluble dans l'eau, beaucoup plus dans l'eau bouillante que dans la froide, car une demi-partie de la première suffit pour le tenir en dissolution ; au feu il se liquéfie d'abord, se dessèche, & long-temps avant que de rougir il détonne seul, & même sans le contact d'un corps combustible ; bien différent en cela du nitre, qui a besoin du contact d'un corps actuellement en ignition. Comme dans ce sel l'union de l'acide nitreux & de l'alkali volatil n'est pas bien intime, il est facilement décomposé par toutes les substances qui ont quelque affinité avec l'un ou l'autre de ses principes.

§. L I. B.

Si l'on faisoit l'analyse avec exactitude du nitre qui se forme dans les endroits où les matières végétales ou animales entrent en putréfaction, on rencontreroit sûrement, le nitre ammoniacal, puisque la combinaison de l'alkali volatil, qui s'en exhale, avec l'acide nitreux qui s'y forme de toutes pièces, est si facile.

§. L I. C.

Au chalumeau il se fond, détonne, & s'évapore en donnant une flamme jaune.

§. L I I.

L'ALKALI VOLATIL MURIATIQUE (sel ammoniac commun), se produit journellement à la Solfatare & dans les bouches de volcans : j'en ai examiné qu'on avoit apporté de la Solfatare & du Vésuve.

§. L I I. A.

☞ L'alkali volatil muriatique (ou *muriate ammoniacal*, ou sel ammoniac de Morveau), est un sel neutre parfait, résultant de la combinaison de l'acide marin avec l'alkali volatil. Sa saveur est piquante, âcre & urineuse ; il jouit d'une propriété physique qui lui est particulière, & que l'on ne rencontre dans aucun autre sel ; c'est de pouvoir se plier & se courber, jusqu'à un certain point, comme un fil de métal, sans se rompre ; il est dissoluble dans l'eau, avec laquelle il produit un grand degré de froid. Six parties d'eau froide dissolvent une partie de ce sel, & l'eau bouillante en dissout jusqu'à son poids. Au feu ce sel est très-volatil ; la chaux, la terre calcaire, les alkalis, décomposent ce sel & en dégagent l'alkali volatil ; les acides au contraire s'emparent de l'alkali & dégagent l'acide marin.

§. L I I. B.

Le sel ammoniac naturel se rencontre non-seulement dans les bouches des volcans, à la Solfatare & dans les cavités des laves, comme le rapporte M. Ferber dans ses *Lettres sur l'Italie*, mais on le trouve encore efflorescent sur la superficie de la terre, ou adhérent aux rochers, sous une forme pierreuse & pulvéruleuse, dans la Perse & le pays des Kalmouks.

§. L I I. C.

Au chalumeau ce sel s'évapore.

Tous les *sels-neutres* dont nous venons de parler, sont des *sels neutres parfaits*; les suivans sont les *sels neutres imparfaits.* §. 54-56.

§. L I I I.

L'alkali minéral, saturé en partie par un acide propre, s'appelle d'abord *tinkal*, & après sa purification, Borax. On le trouve dans la terre au royaume du Tibet (1). Le borax ordinaire peut recevoir encore presque son poids de son acide avant de perdre toutes ses propriétés alkalines.

Personne, je crois, n'a encore trouvé l'acide du borax combiné avec l'alkali végétal ou l'alkali volatil.

§. L I I I. A.

☞ Le borax est un sel neutre imparfait, résultant de la combinaison de l'acide sédatif & de l'alkali minéral. Sa faveur est très-stiptique & astringente; il verdit le syrop de violette; il s'effleurit à l'air, & il faut douze parties d'eau froide pour en dissoudre une de ce sel; tandis qu'il n'en faut que six d'eau bouillante. Au feu il se liquéfie, se calcine, se gonfle & se convertit en une matière vitriforme; mêlé avec des terres; il leur sert de fondant, & les convertit en des verres plus ou moins transparens. Le borax calciné, & même poussé au feu jusqu'à ce qu'il soit réduit en verre, n'a été nullement altéré par le feu; & en le faisant dissoudre dans l'eau, on peut le faire cristalliser de nouveau; les acides le décomposent en s'emparant de l'alkali minéral & dégageant le sel sédatif (*voyez* §. 35).

---

(1) Aa Stockholm. 1772.

§. L I I I. B.

Le borax est certainement une production naturelle, quoique plusieurs Auteurs aient prétendu le contraire, puisqu'on le trouve tout formé, & même cristallisé, au fond du lac Necbal, dans le Sembul, province du royaume de Tibet, dans quelques cavernes de Perse, & dans les fosses préparées pour cela dans la Perse & le Mogol : l'Isle de Céylan, la grande Tartarie, l'Electorat de Saxe & les environs d'Halberstadt, offrent quelquefois du borax natif (voyez Journal de Physique 1779, t. 13, p. 437).

§. L I I I. C.

Au chalumeau le borax devient blanc, opaque, se boursoufle, & finit par se vitrifier en un petit globule sans couleur, qui conserve la transparence après le refroidissement. (Voyez dans l'introduction la manière d'employer le borax comme flux au chalumeau).

§. L I V.

L'ALKALI végétal aéré ne se rencontre presque jamais natif, si ce n'est auprès de quelques forêts détruites par le feu.

En 1744 on découvrit à Douai, en Flandres, une fontaine qui avoit été murée, & dont l'eau contenoit douze grains d'alkali végétal par livre, outre les autres substances (1).

§. L I V. A.

☞ L'alkali végétal aéré (méphite de potasse de Morveau), que l'on regardoit autrefois comme un véritable alkali, & que l'on désignoit sous le nom d'alkali végétal, potasse, tartre, a été reconnu, depuis la découverte des gaz, pour un sel neutre imparfait, résultant de la combinaison de l'alkali

___
(1) Baumé, Mémoir. des Sc. étrang. t. 4.

végétal avec l'acide aérien, ou l'air fixe. Comme ce sel neutre est presque toujours avec excès d'alkali, il en offre les caractères ; c'est-à-dire, qu'il fait effervescence avec les acides, verdit les couleurs bleues des végétaux, développe dans la bouche une saveur urineuse. A la vérité, ces propriétés sont moins énergiques que dans les alkalis purs (§. XL). Quatre parties d'eau froide & un peu moins d'eau chaude, suffisent pour le dissoudre ; traité au feu, il se fond aisément, l'acide aérien se dégage & l'alkali resté pur. Il sert de fondant aux terres. La terre pesante & la chaux le décomposent, parce qu'elles ont plus d'affinité avec l'acide aérien que l'alkali végétal. Tous les acides ont la même action sur lui ; & s'unissant à l'alkali pur, ils dégagent l'acide aérien.

§. L I V. B.

Le règne végétal offre l'alkali végétal aéré tout formé, & on l'en retire par l'incinération. Quelques Chymistes attribuoient cette formation, non à l'acte de la végétation de la plante, mais aux acides qu'elle contenoit ou à l'acte même de l'incinération. M. Berniard a prouvé le contraire & démontré la vérité du premier sentiment, dans un excellent mémoire inséré dans le *Journal de Physique* 1781, *tom. XVII*, *pag.* 179. Quoiqu'en général, ce sel se trouve rarement isolé, cependant l'analyse des eaux l'offre quelquefois, & M. Monnet l'a rencontré dans quelques eaux telles que celles de Spa.

§. L I V. C.

Au chalumeau il se fond & disparoît sur le charbon ; dans la cueiller, il donne un globule fixe qui perd sa transparence en se réfroidissant (Voyez dans l'Introduction, la manière de s'en servir au chalumeau comme flux).

§. L V.

L'ALKALI MINÉRAL AÉRÉ (le nitre ou natron des anciens), se rencontre abondamment dans plusieurs endroits de l'Asie & de l'Afrique, ou concret en couches cristallines, ou en poussière, ou effloreſcent ſur les parois des vieux murs, ou enfin diſſous dans de l'eau dé fontaine. Il naît preſque toujours de la décompoſition du ſel muriatique. Je ſais cependant que l'acide du ſel adhère avec la plus grande force à ſa baſe, & que le feu ſeul ne peut l'en dégager ; mais les viciſſitudes de l'atmoſphère agiſſant pendant des ſiècles, ſont encore bien plus fortes. Au reſte, dans les champs qui ſont couverts de cet alkali, on le rencontre preſque pur à la ſuperficie ; & plus vous creuſez en terre, plus vous le trouvez combiné avec l'acide marin, non encore décompoſé par le défaut d'air.

§. L V. A.

☞ L'alkali minéral aéré, ou natron des anciens, (*méphite de ſoude* de Morveau) avoit été regardé comme un alkali pur ; mais la doctrine des gaz a découvert l'erreur & a prouvé que c'étoit un ſel neutre imparfait, réſultant de la combinaiſon de l'alkali minéral avec l'acide aérien ou air fixe. Il a toutes les propriétés d'un alkali pur ; mais elles ſont moins énergiques. Il verdit le ſirop de violette, fait efferveſſence avec les acides, développe une ſaveur urineuſe dans la bouche. Deux parties d'eau froide & ſon poids égal d'eau bouillante ſuffiſent pour le diſſoudre. Il s'effleure facilement à l'air. Au feu, il fond aiſément, mais ſans ſe décompoſer. Il facilite la fuſion de toutes les terres vitrifiables, avec leſquelles il fait un verre plus ou moins beau, ſuivant leur nature. La terre peſante & la chaux décompoſent l'alkali minéral aéré, & s'emparent de l'acide aérien, tandis que les acides minéraux le décompoſent pareillement, mais en s'emparant de la baſe alkaline.

§. L V. B.

En général, la nature offre ce ſel tout formé dans bien des endroits ; en Egypte, dans des lacs, des puits, des foſſes ; en Sibérie, dans des endroits ſemblables ; en France, &c. dans certaines eaux minérales. Quelquefois il tapiſſe de ſes

efflorescences, des pierres & des murailles, comme l'a
observé M. Prouft, (*Journal de Physique* 1778, *supplément*,
page 443,). C'est cette espèce que Vallerius désigne sous le
nom d'Aphonatron ; & dans cet état on le confond souvent
avec le salpêtre de Houssage. Le règne végétal l'offre encore
tout formé dans certaines plantes, comme la soude, d'où
on l'obtient par incinération. M. Külbel a démontré la présence de ce sel neutre dans les terres végétales, & il le
regarde comme un grand principe de fertilité ; il ne peut l'être
qu'en tant qu'il forme un vrai savon avec les principes hui-
leux qui se dégagent dans la terre par la décomposition des
matières animales & végétales. (Voyez le nouveau Diction-
d'Agriculture où cette grande théorie est développée).

§. L V. C.

Au chalumeau il se comporte comme l'alkali végétal. On
l'emploie comme flux. (Voyez l'Introduction).

§. L V I.

L'ALKALI VOLATIL AÉRÉ a été trouvé dans l'eau
d'un puits à Londres (1), à Lauchstad (2) & à
Francfort sur le Mein (3) : il pouvait même dissoudre le cuivre en bleu.

§. L V I. A.

☞ L'alkali volatil aéré, ou alkali volatil concret (*méphite ammoniacal* de Morveau), est un sel neutre imparfait,
résultant de la combinaison de l'alkali volatil avec l'acide aérien. On le regardoit autrefois comme un alkali pur ; mais la
découverte des gaz nous a appris le contraire ; il a toutes ses
propriétés des alkalis purs, mais moins énergiques à cause de
son état de combinaison. Il a une saveur urineuse & une odeur
particulière, qui est forte & pénétrante. Il verdit les couleurs
bleues des végétaux, & fait effervescence avec les acides ; ce
qui le distingue principalement des alkali fixes, c'est sa très-
grande volatilité ; la moindre chaleur suffit pour le sublimer
en entier. Deux parties d'eau froide, & moins que son poids

---

(1) Phil. Transf. 1767.
(2) Henckel, Bethesda port.
(3) Bomare, Diction.

d'eau bouillante, suffisent pour le dissoudre. Tous les acides le décomposent, en dégagent l'acide aërien, & s'emparent de l'alkali volatil, avec lequel ils font différents sels ammoniacaux. Ce sel a de l'action sur les substances métalliques, & sur-tout sur le cuivre, avec lequel il prend une couleur bleue.

§. L V I. B.

Outre les endroits cités par Bergman, où l'on a trouvé l'alkali volatil aëré, Hierne, Henkel, Brandt l'ont rencontré dans la terre végétale, la craie, diverses espèces d'argille, & dans quelques espèces de pierres ; Vogel l'a reconnu dans les incrustations de Gættingue, & M. Malouin dans quelques eaux acidules de France.

§. L V I. C.

Au chalumeau il s'évapore.

Les trois alkalis dont nous venons de parler, bien saturés de l'acide aërien, diffèrent des alkalis caustiques par une saveur plus douce, par la faculté de cristalliser, par leur effervescence avec les acides, qui en dégagent l'acide aërien ; mais ils changent également en vert les teintures bleues des végétaux ; la couleur n'en est pas si vive qu'avec les alkalis caustiques : ainsi, quoique l'acide aërien en fasse des vrais sels neutres, cependant, par rapport aux réactifs, cette neutralisation est en quelque sorte imparfaite.

§. L V I I.

SELS MOYENS TERRESTRES.

Les combinaisons des terres avec les acides qui jouissent de la solubilité propre aux sels (§. 20), font détruites & précipitées par les alkalis aérés, mais non pas par l'alkali phlogistiqué.

§. LVIII.

LA TERRE PESANTE VITRIOLÉE se place parmi les terres (§. 89) : peut-être que la *nitrée* se rencontre quelque part native, mais personne ne l'a encore trouvée ; ce qu'il faut dire pareillement de la terre pesante *aérée*. M. Cl. Hielm m'a raconté qu'on trouvoit la terre pesante muriatique dans les eaux du lac Vettern & dans le voisinage (1).

§. LVIII. A.

☞ La terre pesante vitriolée (*vitriol barotique* de Morveau), est un sel neutre terrestre qui résulte de la combinaison de l'acide vitriolique, avec une terre que l'on a reconnue depuis peu être une terre particulière ; le produit de cette combinaison est connu plus particuliérement sous le nom de spath pesant. Nous renvoyons aux §. 87, 88, 89 & suivans, tout ce qu'il y a à dire sur cette terre, considérée du côté de la Chymie, & du côté de la Minéralogie.

§. LIX.

LA CHAUX VITRIOLÉE (gypse, sélénite), se rencontre non-seulement dans les eaux, mais encore elle forme de très-grandes couches dans le sein de la terre. Tous les Minéralogistes la classent parmi les terres, mais, je crois, sans raison : le gypse calciné s'échauffe, à la vérité, avec l'eau, mais moins que la chaux calcinée.

§. LIX. A.

☞ La chaux vitriolée (*vitriol calcaire* de Morveau), est un sel moyen terrestre, résultant de la combinaison l'acide vitriolique avec la chaux. Il est connu sous le nom de gypse,

---

(1) Conf. præl. Schefferi. §. 188, not. 2.

pierre à plâtre, félénite. Il n'y a que très-peu de temps que l'on commence à regarder cette fubftance comme un fel : on l'avoit confondue jufqu'à préfent avec les pierres : fa pefanteur, fa dûreté, fon peu de folubilité l'avoit fait placer dans une claffe où l'on ne foupçonnoit autrefois aucune combinaifon. Les Naturaliftes même qui ne confultent que les formes extérieures, & négligent les principes conftituans, ont dû naturellement claffer le gypfe avec les pierres proprement dites. Mais ceux qui fcrutant la nature de plus près, ont compté pour tout ces mêmes principes, ont bientôt reconnu que le gypfe n'étoit pas une fimple pierre, mais une combinaifon d'une terre première avec un acide, & qu'il falloit néceffairement faire dans la diftribution des minéraux, une claffe particulière des fubftances terreftres combinées avec un acide. C'eft ce qu'ont fait MM. Monnet, Fourcroy & Bergman, fous le nom de fels neutres ou moyens terreftres.

§. LIX. B.

Cependant fi les premiers Naturaliftes avoient étudié bien attentivement le gypfe, ils lui auroient reconnu des caractères falins extérieurs. Il a une faveur particulière, & telle qu'il communique à l'eau une qualité qui a été défignée fous le nom de crudité, & qui la rend pefante à l'eftomac. Il n'eft point altérable à l'air fec, mais l'humidité de l'atmofphère l'altère à la longue, & lui fait éprouver une efpèce de décompofition. Il eft diffoluble dans l'eau, puifque fuivant les Académiciens de Dijon, il faut cinq cents parties d'eau froide & même chaude pour en diffoudre une de Gypfe. Expofé au feu il fe deffeche, perd fon eau de criftallifation, prend une couleur d'un blanc mat, devient très-friable & conftitue alors le plâtre, proprement dit. Si l'on pouffe le feu jufqu'à la dernière violence, le gypfe fe fond & fe vitrifie. MM. Macquer & d'Arcet l'ont fondu au miroir ardent & au feu de porcelaine. Ce dernier a même obfervé (*Journ. de Phyfiq.* 1783, t. 22), que l'acide vitriolique s'en dégage abfolument par l'action du feu, pendant que le gypfe fe convertit en un verre tranfparent ; car fi cet acide ne fe dégageoit pas, il en troubleroit la tranfparence, comme dans le tartre vitriolé & le fel de Glauber, dont l'acide ne fe dégage point, & qui pour cela ne donnent

E

qu'un verre opaque. Le gypſe , mis ſur un fer très-chaud,
devient phoſphorique. Le gypſe calciné, mêlé & pétri avec
de l'eau, s'échauffe un peu, fait un vrai mortier, qui ſe
durcit très-promptement, & que l'on emploie dans les conſ-
tructions ſous le nom de plâtre. Ce ſel pierreux eſt décompoſé par les alkalis, qui ont plus d'affinité avec la chaux ;
& par la raiſon que l'alkali volatil en a moins, il ne le
décompoſe pas. Les acides ne font point effervescence avec
le gypſe, parce qu'ils ne le diſſolvent point & n'en dégagent aucun principe.

§. L I X. C.

La nature nous offre la chaux vitriolée ou le gypſe en
grande maſſe & par couches, dans un très-grand nombre
d'endroits ; tantôt il eſt en maſſe informe, & c'eſt la pierre
à plâtre ; tantôt il eſt criſtallisé ; quelquefois ſoyeux ou
ſtrié, comme le gypſe de la Chine ; quelquefois il jouit
d'une demi-tranſparence, & eſt veiné comme l'albâtre, d'où
il prend le titre d'albâtre gypſeux. Les plus fameuſes carrières de gypſe, ſoit pour les accidens, comme os foſſiles,
& débris d'animaux que l'on y rencontre, ſoit pour les
belles criſtalliſations qui s'y trouvent, ſont certainement
celles de Montmartre, près de Paris (*voyeʒ-en* une excellente deſcription par M. Pralon, *Journ. de Phyſiq.* 1780,
t. 16. *p.* 286 ; il faut lire encore, dans le même Recueil,
1782, *t.* 19. *p.* 173, le ſavant Mémoire de M. Lamanon,
où il explique la formation de ces carrières & en général
celle des pierres gypſeuſes, pourquoi ces gypſes ne contiennent point de coquilles, mais des os, tandis que les
bancs de pierre calcaire qui ſont au-deſſous, contiennent des
coquilles & point d'os). Ces carrières offrent très-ſouvent
des colonnes baſaltiques : effet de la retraite & du deſſèche-
ment. M. Deſmareſt eſt le premier qui les ait obſervé.

§. L I X. D.

Toutes les eaux que l'on nomme *crues*, ne doivent cette
qualité qu'au gypſe ou à la ſélénite, qu'elles tiennent en
diſſolution. Le règne végétal nous offre encore ce ſel neutre,
& M. Demoret a reconnu que les traces blanches que l'on
remarque dans la rhubarbe, n'étoient rien autre choſe que
de la ſélénite. (*Voyeʒ Journ. de Phyſiq.* 1775, *t.* 6. *p.* 14).

§. LIX. E.

Le gypfe fe fond au chalumeau en un inftant, fi on préfente à la flamme bleue le tranchant de fes lames ; dans l'autre fens il décrépite, devient opaque & perd fon eau fans bouillonnement. Il eft foluble avec effervefcence dans le borax & le fel microcofmique.

§. LIX. F.

LA FARINE FOSSILE eft une terre gypfeufe, qui ne diffère du vrai gypfe que par l'état terreux où on la trouve toujours. Sa couleur eft ordinairement blanche, quelquefois elle tire fur le rouge ou fur le bleu ; fes particules font brillantes & extraordinairement fines, ce qui lui donne l'apparence de farine, fur-tout lorfqu'elle a été amaffée par les eaux. On la trouve dans les fentes des montagnes gypfeufes, & quelquefois dépofée à leurs pieds par petites couches ; fes caractères gypfeux, & non effervefcens, diftinguent la farine foffile de l'agaric minéral (§. 115).

§. LX.

LA CHAUX NITRÉE fe rencontre fouvent dans les eaux, mais elle eft toujours en petite quantité. On trouve en France quelques colines crétacées, dont la fuperficie eft imprégnée d'acide nitreux, au point qu'on peut l'en retirer par des lotions, & qu'après un temps donné, il s'en forme de nouvelle.

§. LX. A.

☞ La chaux nitrée (*nitre calcaire* de Morveau), lorfque l'acide nitreux eft en petite quantité, doit être regardée comme un fel moyen pierreux, du même genre que la chaux vitriolée ; mais lorfqu'elle eft avec excès d'acide, alors les caractères falins étant plus marqués, ils la rapprochent davantage des fubftances falines proprement dites. Dans cet état la chaux nitrée a une faveur amère, défagréable, & quelque chofe de frais comme le nitre : elle attire vivement l'humidité de l'air. Il ne faut que deux parties d'eau froide & une d'eau bouillante pour la diffoudre ; elle fe liquéfie au feu, & devient folide par le refroidiffement. Quand on pouffe au feu la chaux nitrée préparée dans les laboratoires, elle devient phofphorique, & produit le phofphore de *Baudoin*. Je ne crois pas que l'on ait effayé fi la chaux nitrée naturelle devenoit phofphorique ; l'analogie doit le faire penfer : enfin un feu continué long-temps finit par décompofer la chaux nitrée, en dégageant abfolument fon acide ; elle eft auffi décompofée par le fable, l'argile, la terre pefante & même l'eau de chaux (*Journ. de Phyfiq.* 1781. *t.* 17. *p.* 224). Les alkalis ont le même effet. L'acide vitriolique en dégage l'acide nitreux avec effervefcence. Il feroit affez facile, dans cette expérience, de confondre la chaux nitrée avec la chaux aérée ou terre calcaire, fi l'on ne faifoit attention qu'à l'effervefcence ; mais la nature du gaz dégagé empêche de les prendre l'une pour l'autre (§. 10, A).

§. L X. B.

La chaux nitrée eft affez rare dans la nature, encore n'eft-elle prefque jamais pure, & toujours mêlée d'un peu de nitre. M. Monnet rapporte, dans fon fyftême de Minéralogie, qu'elle eft prefque toujours colorée en rouge, & Vallerius parle d'un nitre calcaire rouge trouvé fur les murs de la forterefle d'Upfal (*Vall. Spec.* 241. B. nouv. édition).

§. L X I.

La chaux muriatique (fel ammoniac fixe), fe trouve fouvent dans les eaux.

§. L X I. A.

☞ La chaux muriatique (*muriate calcaire* de Morveau), eft un fel moyen pierreux, réfultant de la combinaifon de l'acide muriatique avec la terre calcaire. Comme dans les laboratoires on l'obtient quelquefois de la décompofition du fel ammoniacal par la chaux, on lui a donné très-improprement le nom de fel ammoniac fixe, puifque la vraie chaux muriatique ne contient pas un atôme d'alkali volatil qui conftitue les fels ammoniacaux. Ce fel pierreux a une faveur falée, amère & très-défagréable ; on croit affez généralement que c'eft lui qui communique à l'eau de la mer fon âcreté & fon amertume. Il attire puiffamment l'humidité de l'air & tombe en deliquium ; une partie & demie d'eau froide & une partie d'eau chaude fuffifent pour le diffoudre ; au feu il fe liquéfie, à caufe de fon eau de criftallifation, & fe fige par le refroidiffement ; pouffé au feu, il ne s'y décompofe pas, fuivant M. Baumé ; il devient phofphorique à-peu-près comme la chaux nitrée (§. 6o. A). Quand on le ietire de la décompofition du fel ammoniac par la chaux, il fe fond en une efpèce de fritte, qui fait feu avec le briquet, & donne des étincelles phofphoriques dans l'obfcurité : c'eft le phofphore de Homberg. La terre pefante, les alkalis fixes, décompofent la chaux muriatique, en s'emparant de l'acide : les acides vitriolique & nitreux le décompofent pareillement, en dégageant l'acide muriatique avec effervefcence.

§. L X I. B.

Ce fel pierreux eft affez commun, & fe rencontre en général abondamment dans tous les endroits où fe trouve le vrai fel marin, foit dans la terre, foit dans les eaux.

§. L X I I.

LA CHAUX AÉRÉE, diffoute par un excès d'acide aérien, fe rencontre très-fréquemment dans les eaux, ce qui les rend crues : ces eaux dépofent, par l'évaporation ou l'ébullition, une croute calcaire.

La chaux aérée ne fe diffout point dans l'eau, s'il n'y a pas excès d'acide ; & alors on la claffe avec raifon parmi les terres (§. 21).

§. L X I I. A.

☞ La chaux aérée (ou *méphite calcaire* de Morveau) eft un fel moyen pierreux, que l'on peut confidérer comme la chaux nitrée (§. 6o A.), fous deux rapports un peu différens. Ou la chaux eft combinée avec l'acide aérien, au point que le réfultat de cette combinaifon foit une fubftance dure, folide, infiniment peu foluble dans l'eau, alors on a du fpath calcaire dont nous parlerons §. 94 ; ou l'acide aérien eft combiné avec excès, & communique au réfultat de la combinaifon toutes fes propriétés falines, comme la faveur & la folubilité ; & alors on a le vrai fel moyen terreftre, la chaux aérée que nous allons examiner. Elle a une faveur un peu piquante, amère, & rend crues les eaux qui le tiennent en diffolution, comme la chaux vitriolée ; elle fe liquéfie au feu & s'y décompofe facilement.

§. L X I I I.

LA MAGNÉSIE VITRIOLÉE (fel d'Angleterre, d'Epfom, de Seidlitz, de Seydfchüts, fel amer, &c.), fe rencontre fouvent dans les eaux d'Angleterre, de Bohême & de quelqu'autre pays. Ce fel eft décompofé par l'eau de chaux, ce qui le diftingue de l'alkali minéral vitriolé.

§. L X I I I. A.

☞ La magnéfie vitriolée (*vitriol de magnéfie de Morveau*), eft un fel moyen formé par la combinaifon de l'acide vitriolique avec la magnéfie (*Voyez* l'Hiftoire naturelle & les propriétés chymiques de cette terre, §. 104 & fuiv.). Sa faveur eft très-amère, ce qui lui a fait donner le nom de fel amer, fel cathartique amer ; il eft très-diffoluble dans l'eau. Une partie de ce fel fe diffout dans une & demie d'eau froide, & deux dans une d'eau chaude. Il s'effleurit à l'air fec, & fe réduit en une poudre blanche ; au feu il fe liquéfie à la faveur de fon eau de criftallifation, & fe fige en une maffe informe par le refroidiffement. Si l'on continue à le pouffer au feu, il perd toute fon eau de criftallifation, & fe réduit en une maffe blanche & friable. D'après le calcul de M. Bergman (*Opuf. Chym.*, t. 1, p. 405), la perte de l'eau de criftallifation va à prefque la moitié de fon poids, & par conféquent le quintal de la magnéfie vitriolée contient dix-neuf parties de magnéfie pure, trente-trois d'acide vitriolique, & quarante-huit d'eau. Ce fel eft décompofé par les alkalis fixes & volatils : l'eau de chaux le décompose aussi & précipite la magnésie par la nouvelle combinaison de la chaux avec l'acide vitriolique, en raison de sa plus grande affinité. Ce caractère est excellent pour reconnoître la présence de la magnésie vitriolée, & la distinguer de l'alkali minéral vitriolé (ou vitriol de soude), avec lequel elle paroît d'abord avoir quelque rapport.

§. L X I I I. B.

Ce sel neutre se rencontre dans certaines fontaines, comme celle d'Epsom, d'Egra, de Creutzbourg, d'Oberaensul, d'Umea, &c. &c.

§. L X I I I. C.

Au chalumeau le vitriol de magnésie écume & peut se fondre en l'exposant plusieurs fois à la flamme. Il est soluble avec effervescence par le borax & le sel microcosmique.

§. L X I V.

LA MAGNÉSIE NITRÉE se rencontre ordinairement avec le nitre.

§. L X I V. A.

☞ La magnésie nitrée (ou *nitre de magnésie* de Morveau) est un sel moyen terrestre, résultant de la combinaison de l'acide nitreux & de la magnésie. Il a une saveur âcre, très-amère, il attire l'humidité de l'air, & est très-dissoluble dans l'eau; au feu il se décompose. La terre pesante, la chaux & les alkalis le décomposent.

§. L X I V. B.

La magnésie nitrée se rencontre abondamment dans les eaux mères du nitre; & comme l'eau de chaux la décompose, M. de Morveau a indiqué ce procédé, non-seulement pour completter leur analyse, mais encore pour séparer en grand & sans beaucoup de dépense la magnésie de la terre calcaire.

§. L X I V. C.

Au chalumeau elle se boursoufle avec bruit, mais sans détonner.

§. L X V.

LA MAGNÉSIE MURIATIQUE se trouve dans beaucoup d'eaux, & sur-tout dans l'eau de la mer en grande quantité, ce qui lui communique son amertume.

§. L X V. A.

☞ La magnésie muriatique (*muriate de magnésie* de Morveau) est un sel moyen terrestre qui résulte de la combinaison de l'acide muriatique avec la magnésie. Sa saveur est très-amère ; & comme il est toujours dans l'eau de la mer, il accroît encore son amertume causée par le nitre calcaire. Il est très-déliquescent & très-dissoluble dans l'eau. La chaux & tous les alkalis le décomposent ; les acides vitriolique, nitreux & sédatif en dégagent l'acide marin.

§. L X V. B.

On trouve ce sel abondamment dans les lacs salés & dans la mer.

§. L X V. C.

Au chalumeau elle se comporte à-peu-près comme le nitre de magnésie, lorsqu'elle est bien sèche.

§. L X V I.

LA MAGNÉSIE AÉRÉE, avec excès d'acide, se dissout dans l'eau froide ; mais quand cet excès n'existe pas, elle ne s'y dissout point, ou qu'en très-petite partie ; & alors on la classe parmi les pietres (§. 2 1).

§. L X V I. A.

☞ La magnésie aérée (*méphite de magnésie* de Morveau) eft un fel moyen que l'on peut confidérer avec ou fans excès d'acide. Dans le fecond cas elle eft très-peu diffoluble dans l'eau ; & , en général , fa diffolubilité plus ou moins grande dépend de la proportion de l'acide aérien qu'elle contient. Au feu elle fe décompofe , fon eau & fon acide fe dégagent ; & , fuivant l'obfervation de M. Tingry, elle peut devenir phofphorique. Pouffée au feu elle s'aglutine ; & M. Darcet a remarqué qu'elle fondoit au grand feu. La chaux la décompofe en lui enlevant fon acide, ainfi que les alkalis & les trois acides minéraux qui la diffolvent avec effervefcence comme la terre calcaire ; & d'après les mêmes principes, la magnéfie aérée fans excès d'acide forme une pierre ; comme elle n'eft jamais en grande maffe dans la nature ; elle eft très-peu connue.

§. L X V I I.

L'ARGILE VITRIOLÉE (alun), fe produit d'elle-même par la décompofition & l'efflorefcence des pyrites qui fe trouvent dans l'argile ou le fchifte argileux.

On la rencontre dans la fontaine de Steckenitz en Bohême (1), dans l'Oftrobothnie & ailleurs. Ce que l'on appelle communément *alun de plume,* n'eft pas un fel.

Perfonne, je crois, n'a encore trouvé dans les eaux l'argile nitrée, muriatique ou aérée.

§. L X V I I. A.

☞ L'argile vitriolée (*vitriol d'argile* de Morveau) eft un fel moyen terreftre., réfultant de la combinaifon de l'acide vitriolique avec l'argile pure. Sa faveur eft douceâtre & aftringente , il s'effleurit légérement à l'air ; il eft très-peu diffoluble dans l'eau froide, puifque, fuivant M. Baumé, il faut deux livres d'eau pour diffoudre quatorze gros d'alun , tandis que l'eau bouillante en diffout plus de la moitié

(1) Margraf. Kl. Schrift. tom. 2. p. 191.

de son poids. Au feu il se liquéfie, à une chaleur douce se boursoufle beaucoup, & finit par offrir une masse légère, spongieuse & d'un blanc mat. Dans cet état on le nomme alun calciné ; sa saveur devient plus considérable, & l'évaporation de l'eau de cristallisation ayant concentré l'acide vitriolique, l'alun calciné jouit des propriétés de cet acide à un degré plus marqué. Toutes les substances qui ont plus d'affinité avec l'acide vitriolique que l'argile, décomposent l'argile vitriolé, & précipitent l'argile pure avec tous les caractères qui lui sont propres (S. III) ; mêlé avec les substances inflammables, minérales & animales, & traité au feu, ce sel moyen produit le pyrophore connu sous le nom de pyrophore de Homberg. Plusieurs Auteurs ont cherché la cause de l'inflammation du pyrophore, entr'autres MM. Proust & Pilatre des Rozier. *Voyez* Jour. de Phys. Sup. t. 13, p. 432, & 1780, t. 16., p. 381.

§. LXVII. B.

La nature ne nous offre que très-peu d'alun natif pur ; il est presque toujours mêlé à des matières hétérogènes. On le rencontre à la surface de quelques pyrites efflorescentes ou du schiste alumineux, en forme de poussière & de filets très-fins ; en Égpyte, dans l'isle de Milo, en Sardaigne, en Espagne, en Bohême, en Laponie, à Tavary, en Vestrogothie, à Hunneberg & à Andrarum, en Scanie ; il est sous forme farineuse dans ces deux derniers endroits : on le trouve encore dans quelques fontaines minérales, mais il faut bien prendre garde de le confondre alors avec le sel d'Epsom. S'il est si rare natif, ses mines en récompense sont assez communes ; il y en a un très-grand nombre de connues, dans presque tous les pays : elles sont ou en terres alumineuses ou en pyrites. M. Suabe en a découvert une sous forme de tourbes à Helsinburg en Scanie. On peut croire que par-tout où il y aura des amas considérables de pyrites qui pourront entrer en décomposition, il se formera bientôt une mine d'alun. Une des plus fameuses est celle d'Italie de la Tolfa.

§. LXVII. C.

L'alun de roche ne tire pas ce nom d'une pierre de roche alumineuse, comme M. Macquer le dit dans son Dictionnaire de Chymie, mais d'une ville de Syrie nommée anciennement *Roche*, & connue à présent sous le nom d'Edesse.

§. LXVII. D.

Il s'est introduit une fripponerie dans le commerce ; on vend pour de l'alun de plume de l'amiante ou de l'asbeste dont les filets sont durs & roides.

§. LXVII. E.

La terre alumineuse est de plusieurs couleurs, ou noire & très - riche en alun, comme celle de Freyenwald, & Schwensel en Allemagne ; ou brune jaunâtre, comme celle de Torgau en Saxe, de Duben, de Belgern ; ou enfin blanche, comme celle de la Tolfa. On trouve encore dans l'aluminière de la Solfatare des pierres imprégnées d'exhalaisons alumineuses. Les schistes alumineux sont très - communs ; presque toutes les fabriques d'alun de Suède & d'Allemagne ne le retirent que de cette espèce de pierre, comme celle d'Andrarum en Scanie, de Moëckelby en Œlandie, de Kafwelasen, d'Imbo & Billingen en Westrogothie, celles de Tyfsling en Néricie, celles de Wittern à Erfurt & de Gotha, &c. &c.

§. LXVII. F.

Au chalumeau l'alun se boursouffle, bouillonne ; le bouillonnement passé, la masse reste immobile, sans éprouver d'autre changement que de se gercer ; elle se couvre de taches bleuâtres pendant l'incandescence.

§. LXVIII.

SELS MOYENS MÉTALLIQUES.

Les sels natifs qui appartiennent à cette classe, peuvent se reconnoître par l'alkali phlogistiqué, parce qu'il les précipite tous. Nous n'en citerons ici que quelques-uns, ceux qui ont des caractères vraiment falins (§. 20) : nous renverrons les autres parmi les minéraux.

§. L X I X.

Le cuivre vitriolé (vitriol de cuivre, vitriol bleu), fe rencontre dans les mines d'Herregrund, de Falhun, & dans d'autres qui contiennent des pyrites cuivreufes.

§. L X I X. A.

☞ Le cuivre vitriolé (*vitriol de cuivre* de Morveau) eft un fel moyen métallique réfultant de la combinaifon de l'acide vitriolique avec le cuivre. La couleur de ce fel eft bleue, fa faveur auftère, ftiptique & métallique : fi on le frotte fur une lame de fer polie & humide, il laiffe deffus des traces rougeâtres & cuivreufes. Ce phénomène eft dû à la décompofition du fer par l'acide vitriolique qui abandonne en même temps une portion du cuivre qu'il tenoit en diffolution ; il fe diffout facilement dans l'eau ; au feu il fe fond affez vîte, perd fon eau de criftallifation, & fe réduit en une pouffière d'un blanc bleuâtre ; à la fin il fe décompofe prefqu'entièrement, l'acide vitriolique abandonnant fa bafe ; mais pour cela il faut un très-grand degré de feu. Toutes les fubftances qui ont plus d'affinité avec l'acide vitriolique que le cuivre le décompofent : les alkalis fixes précipitent le cuivre en pouffière bleue, qui, en féchant, devient verdâtre ; mais le précipité par l'alkali volatil eft d'abord d'un blanc bleuâtre, & en féchant, il prend une belle couleur de bleu foncé ; &, en général, l'alkali volatil annonce toujours la préfence du cuivre par cette couleur.

§. L X I X. B.

Il y a peu de mines de cuivre où l'on ne rencontre du vitriol de cuivre natif ; ordinairement il eft fous trois formes, ou criftallifé, & c'eft le plus rare, comme dans quelques mines de Hongrie & celles de Neufohl ; ou en ftallactique, comme au Ramelsberg près de Goflar au

Hartz, à Altemberg en Saxe, à Falhun, aux mines de Chaiſſi & de Saint-Bel près de Lyon ; ou en effloreſcence ſur les rochers & parois des ouvrages des mines de cuivre.

§. LXIX. C.

Quelques eaux tiennent du vitriol de cuivre en diſſolution, & alors on les appelle eaux cémentatoires ou de cémentation. M. Monnet penſe qu'il n'exiſte dans les mines, du vitriol de cuivre concret que par l'évaporation de ces eaux de cémentation.

§. LXIX. D.

Au chalumeau le vitriol de cuivre ſe bourſouffle au premier feu avec bruit & bouillonnement ; puis il reſte tranquille & le métal reprend quelquefois ſon brillant métallique, ſur-tout ſur le charbon, en laiſſant une ſcorie informe ; avec le borax la ſcorie ſe diſſout, & le régule ſe raſſemble mieux ; la flamme prend une couleur verte.

§. LXX.

Le **FER VITRIOLÉ** (vitriol de fer, vitriol vert), doit ſon origine à la décompoſition des pyrites ordinaires.

§. LXX. A.

☞ Le fer vitriolé (*vitriol de fer* de Morveau) eſt un ſel moyen métallique, qui eſt le réſultat de la combinaiſon de l'acide vitriolique avec le fer. La couleur de ce ſel eſt d'un verd d'émeraude ; ſa ſaveur eſt aſtringente & très-forte : expoſé à l'air, il jaunit un peu & ſe couvre de rouille ; l'eau froide en diſſout la moitié de ſon poids, & l'eau chaude davantage. A une chaleur douce, même à celle du ſoleil, il s'effleurit, devient jaunâtre & tombe en pouſſière : ſi on le chauffe bruſquement, il ſe liquéfie ; &, en ſe refroidiſſant, il devient d'un gris blanchâtre ; enfin, pouſſé au feu il perd ſon acide & prend une couleur rouge ; & dans cet état on le nomme colcothar. Si on diſtile le vitriol martial, on obtient ſur la fin de l'opération, ſuivant M. Hellot, l'acide vitriolique concret (*Voyez* §. 27 B.).

Toutes les substances qui ont plus d'affinité avec l'acide vitriolique que le fer, décomposent le vitriol de fer, & précipitent le fer sous diverses couleurs, l'alkali fixe pur en flocons d'un verre foncé; l'alkali aéré en précipité d'un blanc verdâtre; l'alkali volatil pur en verd si foncé qu'il paroît noir; l'alkali volatil en gris verdâtre. Toutes les substances végétales astringentes, comme la noix de galle, le thé, le quinquina, &c.. précipitent le fer en noir; ce précipité délayé dans l'eau, & suspendu par la gomme arabique, forme l'*encre*.

§. L X X. B.

Le vitriol de fer natif est ordinairement le produit des pyrites ferrugineuses qui tombent en efflorescence. On le trouve dans les mines & sur la surface de la terre en quatre états différens; 1°. cristallisé, mais c'est l'état le plus rare, parce que, s'efflorissant facilement à l'air, il conserve très-peu de temps sa forme régulière; 2°. en stalactites, sur les parois des mines & des fillons, comme à Fahlun en Suède; 3°. en végétation, en filets soyeux très-friables; & comme il repose quelquefois sur le vitriol verd comme sur une base, on lui a donné en Hongrie le nom d'*atlas-vitriol*; 4°. enfin en poussière, c'est la forme ordinaire qu'il a lorsqu'il recouvre les pyrites en décomposition. J'en ai trouvé de pareils dans un fillon des mines d'Allevard en Dauphiné.

§. L X X. C.

Le fer vitriolé se trouve quelquefois dans les eaux minérales ferrugineuses, comme celles de Passy près de Paris.

§. L X X. D.

Au chalumeau le vitriol de fer se comporte à-peu-près comme le vitriol de cuivre (§. 69 D.), excepté qu'il ne colore pas la flamme.

§. L X X I.

Le FER AÉRÉ, avec excès d'acide, se trouve dans les eaux martiales légères. Personne n'a encore rencontré le fer nitré & muriatique pur.

§. LXXI. A.

☞ Le fer aéré, (*méphite de fer* de Morveau) eſt un ſel moyen métallique, qui eſt le réſultat de la combinaiſon de l'acide aérien avec le fer. M. Lane & M. Rouelle ont démontré que l'acide aérien ou air fixe avoit de l'action ſur quelques ſubſtances métalliques & entr'autres le fer, & qu'en laiſſant ſéjourner ſur de la limaille de l'eau impregnée de cet acide, elle l'attaquoit inſenſiblement, & devenoit elle-même calibée ou martiale. Comme cet acide eſt très-fugace, il n'eſt pas étonnant que l'on rencontre ſi rarement cette combinaiſon. La ſeule action par laquelle on fait évaporer les eaux minérales que l'on veut analyſer, ſuffit pour le dégager ; & alors tout le fer qu'il tenoit en diſſolution ſe précipite ſous la forme d'une ochre ſubtile. Les eaux gazeuſes martiales, comme celles de Spa, expoſées à l'air libre, laiſſent bientôt précipiter le fer qu'elles contenoient.

§. LXXII.

Le NICKEL VITRIOLÉ ſe rencontre quelquefois produit par la décompoſition des mines ſulphureuſes.

§. LXXII. A.

☞ Le Nickel vitriolé (*vitriol de Nickel* de Morveau) eſt un ſel moyen qui réſulte de la combinaiſon de l'acide vitriolique & du nickel. Il eſt très-rare dans la nature, & ne doit ſon origine peut-être qu'à la décompoſition de la mine pyriteuſe & ſulphureuſe de kupfer - nikel (*Valler. p.* 290, *édit. de* 1779). Cette mine contient du nitre minéraliſé par le fer, le cobalt, l'arſenic & le ſoufre : ſi cette mine vient à ſe décompoſer dans les entrailles de la terre, alors l'acide vitriolique du ſoufre attaquera le nickel & le fer, & formera avec ces deux métaux le vitriol de fer (§. 70), & le vitriol de nickel.

§. LXXII. B.

« LE COBALT VITRIOLÉ (*vitriol de cobalt* de Mor-
» veau) eſt un ſel moyen métallique qui réſulte de la com-

» binaifon de l'acide vitriolique avec le cobalt : ce fel neutre
» eft couleur de rofe ; expofé à l'air, il s'effleurit & prend
» une couleur verdâtre, mêlée de lilas : on le trouve ra-
» rement natif & toujours en efflorefcence, ce qui eft caufe
» qu'il n'a pas cette belle couleur de rofe qu'il devroit avoir,
» mais il eft verdâtre fouvent mêlé de rouge grifâtre (*Elém.*
» *de Minér. de M. Sage, t. II, art.* Cobalt) ».

§. LXXIII.

Le ZINC VITRIOLÉ (vitriol de zinc, vitriol blanc) ;
doit fa naiffance à la décompofition de la *pfeudo-
galène* ; mais il eft très-rare, parce que cette mine
fe décompofe difficilement d'elle-même.

§. LXXIII. A.

☞ Le zinc vitriolé (*vitriol de zinc* de Morveau) eft un fel
moyen métallique réfultant de la combinaifon de l'acide
vitriolique & du zinc. Ce fel eft de couleur blanche ; il a
une faveur ftiptique affez forte ; il s'altère peu à l'air,
fe diffout en quantité un peu plus grande dans l'eau chaude
que dans l'eau froide, & dépofe un précipité gris un peu
jaunâtre : au feu il perd une partie de fon acide. La chaux
& les alkalis le décompofent.

§. LXXIII. B.

Le zinc vitriolé fe rencontre natif dans plufieurs mines
& fous trois états différens : 1°. criftallifé ; 2°. en ftallac-
tites blanches, comme aux mines de Ramelsberg en Allemagne, à Zurich en Suiffe ; 3°. en végétation, en filets
foyeux comme l'amiante ; dans cet état on lui a donné
fouvent le nom impropre d'alun de plume ; il s'en rencontre
de tel en Italie & dans les mines de Goflard au Hartz.

§. LXXIII. C.

Au chalumeau il fe comporte comme les vitriols
métalliques (§. 69 D.), excepté que, lorfqu'il fe réduit,
le zinc donne une flamme brillante, & laiffe échapper des
fleurs blanches.

§. LXXIV.

§. LXXIV.

La MANGANÈSE MURIATIQUE fe rencontre dans certaines eaux, fuivant M. Hielm. Nous ignorons encore fi on la rencontre dans les eaux aérées, comme le fer.

§. LXXIV. A.

 La manganèfe muriatique (muriate de manganèfe de. Morveau) eft un fel moyen métallique réfultant de la com-binaifon de l'acide muriatique, avec le régule de manganèfe. On ne connoît guères les qualités de ce fel.

§. LXXV.

SELS TRIPLES.

Nous n'avons confidéré jufqu'à préfent que des fels doubles, c'eft-à-dire, compofés feulement de deux principes prochains, mais fouvent on en trouve qui en contiennent trois, & même davan-tage; tellement combinés, que l'on ne peut les féparer par la criftallifation. Les vitriolés, fur-tout ceux qui font connus, fe rencontrent très-rarement purs, mais ils font unis à deux ou trois autres fels.

Il arrive encore que les fels neutres font mêlés avec les fels terreftres, & les terreftres avec les mé-talliques. En général, je diftingue les fels compofés par le nombre de leurs principes, foit que le même acide foit uni à plufieurs bafes, foit que la même bafe foit commune à plufieurs acides; foit enfin qu'il y ait enfemble & plufieurs bafes & plufieurs acides : de-là naiffent des fels triples, des fels quadruples, &c. que l'observation découvrira quelque jour. Voici les sels triples & quadruples que je connois.

§. LXXVI.

Alkali minéral muriatique *souillé de magnésie muriatique.* L'alkali minéral muriatique pur ne tombe point en deliquium ; mais on le trouve rarement tel : le fossile lui-même (le sel gemme), a ce défaut.

§. LXXVI. A.

☞ C'est à l'union du muriate de magnésie avec l'alkali minéral muriatique (muriate de soude, de Morveau), qu'il faut attribuer la déliquescence de ce sel triple, & l'on sait que tous les muriates terreux, en général, ou les sels marins à base terreuse, sont très-déliquescens, comme le muriate calcaire, &c. Ce sel triple se rencontre dans les eaux salées & dans la mer.

§. LXXVII.

Magnésie vitriolée *souillée de vitriol de Mars* (1).

§. LXXVIII.

Alun natif *souillé de vitriol de Mars.* Dans le schiste alumineux il s'effleurit en bouquet de plume. N'est-ce point l'alun de plume des anciens ?

§. LXXVIII. A.

☞ M. Wallerus, dans sa nouvelle édition, spec. 234, observe au sujet de l'alun de plume natif, trichites Dioscor., qu'on en a donné différentes descriptions qui ne conviennent pas entre elles. Lemery, dans son Histoire

____

(1) Monnet, des eaux minérales.

générale des drogues, le décrit ainsi : l'alun de plume est composé de petits filets droits, blancs, cristallisés & brillans ; mis sur la langue il s'y fond, en développant une saveur douce astringente ; il ajoute qu'on le trouve en Macédoine, en Egypte & à Milo, & qu'il est le produit de l'évaporation & de la cristallisation d'une liqueur blanchâtre, laiteuse, alumineuse, qui se rencontre dans quelques endroits. Cartheuser, dans ses élémens de Minéralogie, rapporte l'alun de plume aux substances vitrioliques martiales, & il le nomme *vitriol* martial natif blanc, composé de petits filets longitudinaux, un peu flexibles & très-serrés les uns contre les autres. Il ajoute qu'il a une saveur acide stiptique, que sa dissolution avec l'infusion de noix de Galles produit une encre d'un violet noir, & avec les sels alkalis, une couleur d'un vert obscur, qui passe ensuite au jaune ; dans les deux cas, la transparence disparoît, & il se précipite une poussière martiale. Par ces deux descriptions, il est clair que Lemery & Cartheuser n'ont pas décrit le même sel. Le premier a décrit l'alun natif dont nous avons parlé §. 67 B. C. D., & le second décrit l'alun natif souillé de vitriol martial, dont il est ici question. D'après ses caractères on reconnoît facilement du vitriol de fer qui n'existe point dans celui de Lemery.

§. L X X V I I I. B.

Par la description même que Dioscoride donne du Trichites, il paroît plus vraisemblable que c'est l'alun dont nous parlons, & non pas le suivant, comme le pense M. Bergman. M. Bertrand, dans son Dictionnaire Oryctologique, confond le trichites avec la mine d'argent capillaire ; & M. Valmont de Bomare, dans son Dictionnaire d'Histoire naturelle, édit. de 1775, ne fait que rapporter les idées fausses qu'en ont données quelques Minéralogistes.

§. L X X I X.

ALUN NATIF *souillé par le vitriol de cobalt.* On le trouve dans les mines d'Herregrund & d'Hidria, en forme de filets longs & très-déliés ; c'est peut-être le trichites des grecs. Si l'on diffout ce sel dans l'eau

diſtillée, & qu'on y jette de la terre peſante muriatique, on en dégage l'acide vitriolique; avec l'alkali
phlogiſtiqué, le précipité reſſemble à du cobalt;
& traité avec le borax ou le ſel microcoſmique, il
donne un verre bleu.

§. L X X I X. A.

☞ Voyez quel eſt notre ſentiment ſur le trichites, §. 78.
A. & B.

§. L X X I X. B.

M. Bergman cite ici de l'alun natif ſouillé de vitriol de
cobalt, venant d'Hidria; cependant, d'après M. Ferber,
Scopoli & M. le Baron de Dietrich, il paroît conſtant que
l'on n'a point encore trouvé de cobalt parmi les minéraux de
cette mine.

§. L X X X.

Vitriol de cuivre *ſouillé de vitriol martial.*

§. L X X X. A.

☞ C'eſt le *vitriolum ferreo cupreum cyaneum*, de Linné,
105. 4. Sa couleur varie, quelquefois elle eſt plus ou moins
verte, & quelquefois plus ou moins bleue. On le trouve à
Saltzberg, à Falhun. Le vitriol connu ſous le nom de vitriol
de Hongrie, parce qu'on le trouve dans les mines de Hongrie, eſt de cette nature.

§. L X X X. B.

Vitriol de cuivre ſouillé par le vitriol de zinc.
C'eſt le *vitriolum zinceo cupreum cœruleum* de Linné, 105. 7.
Sa couleur eſt d'un bleu pâle, & il ſe trouve à Gotſlar. Comme
ici le vitriol de cuivre domine, il influe particulièrement ſur
la couleur du mixte, & c'eſt ce qui le doit diſtinguer d'un
vitriol ſurcompoſé. §. 81. C.

§. L X X X I.

Vitriol de fer *ſouillé de vitriol de Nickel.*

§. LXXXI. A.

 Sa couleur est d'un beau verd, & on le trouve à Los en Gestricie.

§. LXXXI. B.

VITRIOL DE FER souillé de vitriol de zinc.
C'est le *vitriolum zinceo ferreum viride* de Linné. 105. 6. Sa couleur est d'un verd pâle, & on le trouve a Gotslar.

§. LXXXI. C.

VITRIOL DE ZINC souillé de vitriol de cuivre.
Ce vitriol offre des cristaux d'un très-beau rouge. Il a été découvert depuis peu dans les mines de cuivre de Fahlun. Wall. Spec. 231. E.

§. LXXXII.

VITRIOL DE CUIVRE souillé des vitriols de Mars & de zinc : tel est celui de Fahlun.

§. LXXXII. A.

C'est le *vitriolum ferreo zinceo cuprum cyaneum* de Linné. 105. 5. Sa couleur est d'un bleu un peu verdâtre, & si on le frotte sur du fer poli, il ne précipite pas le cuivre, comme nous l'avons observé pour le vitriol de cuivre pur. §. 69. A, ce qui annonce que la saturation de l'acide vitriolique par les trois métaux est parfaite.

SECONDE CLASSE.

§. LXXXIII.

LES TERRES.

POUR bien connoître les terres, il faut examiner leur composition. Les terres *primitives* sont celles que l'on ne peut pas réduire en plus simples ; &

les *dérivées* ou compofées, font celles qui contiennent deux ou plufieurs principes intimément unis. Nous ne parlons pas ici d'un mélange méchanique; au moins il ne faut pas qu'il foit tel qu'on puiffe le diftinguer facilement aux yeux, comme celui des roches.

§. LXXXIV.

LES TERRES PRIMITIVES doivent donc faire autant de *genres* dans une claffification de Minéralogie, dont les *efpèces* feront déterminées fuivant les fubftances hétérogènes avec lefquelles elles font combinées.

Si l'on faifoit plufieurs genres particuliers de chaque terre primitive, il faudroit auffi diftribuer en autant de genres les mines d'argent vitreufes, les mines d'argent rouges, les mines d'argent grifes, les mines d'argent cornées, & les autres qui diffèrent entr'elles par leur compofition, à moins que d'être en contradiction avec foi-même.

§. LXXXIV. A.

☞ Toutes les mines d'argent dont parle ici M. Bergman ne font que des efpèces du même genre, puifqu'elles ne font effentiellement que de l'argent minéralifé ou combiné avec différentes fubftances. On auroit donc tort d'en faire autant de genres particuliers ; de même que l'on auroit tort de faire autant de genres des efpèces de chaux, comme la chaux aërée ou terre calcaire, le vitriol de chaux, ou gypfe, le muriate de chaux ou fel marin calcaire, &c. &c. Dans toute divifion le genre doit toujours être déterminé par la fubftance, confidéré fuivant fa plus grande fimplicité, & les efpèces doivent être compofées de cette même fubftance, fuivant fes combinaifons. Le genre fe divife en efpèces, & l'efpece fe fous-divife en variétés.

§. LXXXV.

On ne compte jufqu'à préfent que cinq terres primitives : ceux qui en comptent moins n'appuient leur
fentiment que fur des métamorphofes chimériques,
& non fur de bonnes expériences (1). En admettant le nombre de cinq, déterminé d'après les expériences faites jufqu'à préfent, les efpèces qui naiffent
de leur feul mélange ne peuvent monter qu'à vingt ;
favoir, dix doubles (formées de deux terres), fix
triples, trois quadruples, & une feule, qui réful-
teroit du mélange des cinq, comme il paroît par la
doctrine des combinaifons. Quoique ces différens
mélanges foient poffibles, & que peut-être ils exif-
tent tous dans la nature, on ne les a pas encore
tous rencontrés. Au refte, les combinaifons naturelles des acides avec les terres, qui ne peuvent fe
diffoudre dans mille fois leur poids d'eau bouillante,
& que l'on peut appeler *terres falines*, augmentent
encore le nombre des efpèces, parce que ce font
autant de mélanges chymiques.

§. LXXXV. A.

☞ Il eft très-difficile de pouvoir déterminer & fixer le
nombre des terres primitives. L'idée des anciens, qui n'ad-
mettoient qu'une feule terre, qu'un feul élément terreux,
eft peut-être la plus jufte. Cette terre primitive doit fervir
de bafe à toutes les autres, & toutes les autres n'en doivent être que des modifications plus ou moins pures, plus
ou moins rapprochées de leur premier état. Mais quelle eft
cette terre ? La connoiffons-nous ? La Nature nous l'offre-t-elle
parmi l'amas immenfe de fes productions ? L'art eft-il venu

---

(1) Opufc. chym. vol. I. p. 394. — 399, édit. lat. — 422-429]
édit. franç.

à bout de l'extraire, de l'ifoler ? Non. C'eft en vain que les Alchimiftes ont fait les plus grandes recherches pour obtenir ce qui devoit combler leur vœu, puifque cette terre élémentaire étoit, fuivant eux, la bafe de l'or. La Nature ne contient peut-être rien d'abfolument pur ; lumière, feu, air, eau, terre, tout eft compofé, tout annonce des combinaifons, des mêlanges. Contentons-nous donc de regarder les plus fimples comme les plus pures, plaçons-les à la tête de toutes les autres ; & abandonnons tout fyftême qui voudra affigner une terre élémentaire : il ne peut que nous induire en erreur. Les découvertes journalières en annonceront de plus en plus la fauffeté. Pour le prouver, citons feulement le fyftême dans lequel on regarde la terre vitrifiable comme la terre élémentaire. Qu'on eft loin encore de l'avoir démontré ! Les qualités dont on veut faire dépendre la prééminence de la terre vitrifiable, ne font que des qualités relatives & non effentielles, encore quelques-unes ne lui conviennent pas. La terre primitive doit être la plus *pefante* & la plus *dure*. Le cryftal de roche que l'on place à la tête de toutes les autres, n'eft pas la terre la plus pefante, puifque, comme on peut le voir à l'article de la terre pefante, cette dernière pèfe prefque le double. Il n'eft pas non plus la terre la plus dure, puifque le diamant l'entame facilement ; & ce dernier encore n'eft qu'un être compofé. Nos connoiffances font encore trop bornées dans la fcience de la Nature, pour pouvoir décider abfolument & nous vanter d'avoir découvert fon premier principe.

§. L X X X V. B.

Quelques Auteurs n'ont reconnu que deux terres primitives, la terre vitrifiable & la terre calcaire. Beccher admettoit trois principes auxquels il donnoit le nom de terre, la terre vitrifiable, la terre inflammable & la terre mercurielle. Son fyftême n'a pas eu de partifans, & Stahl, lui-même, dans l'explication de ce fyftême, en admettant ces trois terres, place encore la terre vitrifiable avant, & la regarde comme la feule terre élémentaire. M. Pott en a admis quatre efpèces différentes & primitives, la terre vitrifiable, la terre calcaire, la terre argileufe & la terre gypfeufe. M. Buquet admettoit auffi quatre efpèces de terres, la terre vitreufe, la terre quartzeufe, la terre argileufe & la fauffe argile ;

encore des deux premières ne faifoit-il qu'une feule claffe, fous le nom de *terre vitrifiable*. Nous ne nous arrêterons pas à démontrer le peu de fondement de ces divifions, dans la plupart defquelles on prend pour des terres fimples ce qui n'eft que des combinaifons falino-terreufes. Les découvertes modernes fur la nature des différentes terres, ce que nous avons déjà dit dans la claffe des fels moyens terreftres, & ce que nous dirons au fujet des cinq terres primitives de M. Bergman fuffiront, pour le démontrer.

§. L X X X V I.

Les terres primitives découvertes jufqu'à préfent, font, *la terre pefante*, *la chaux*, *la magnéfie*, *l'argile* & *la terre filiceufe*. On doit les regarder comme telles jufqu'à ce qu'il foit démontré, par des expériences fûres, qu'on peut les réduire en de plus fimples, ou qu'elles puiffent fe changer les unes dans les autres.

Nous allons d'abord les confidérer dans leur plus grande fimplicité & pureté, quoique la nature ne les offre jamais telles, & que l'on ne puiffe pas les dépouiller de toute fubftance hétérogène. L'eau & l'acide aérien font prefque toujours avec les quatre premières. Si on les en dépouille par le moyen du feu, la matière de la chaleur s'y combine à fon tour, jufqu'à ce qu'elle en foit chaffée par une attraction fupérieure : il n'y a pas de meilleur moyen que celui-là de les ramener à l'état de fimplicité. Il eft donc de la plus grande importance de les bien connoître après la calcination, afin de pouvoir plus aifément diftinguer les qualités dépendantes de celles qu'elles acquièrent pour le moment, d'avec leurs qualités primitives.

§. LXXXVII.

TERRE PESANTE.

POUR l'obtenir pure autant qu'il eſt impoſſible, il faut bien pulvériſer le ſpath peſant (§. 58), le mettre dans un creuſet fermé avec de l'alkali fixe & de la pouſſière de charbon en proportion égale, & le pouſſer au feu pendant une heure : on verſe enſuite ſur la maſſe pulvérulente de l'acide nitreux ou muriatique étendu d'eau, juſqu'à ce que toute l'efferveſcence ſoit paſſée & que la liqueur reſte acide. Par le moyen de l'alkali fixe aéré, on précipite la terre peſante aérée; s'il reſte encore quelque portion d'acide vitriolique mêlé aux acides & aux alkalis, il ſe régénère bientôt du ſpath peſant. Tout ce qui, dans cette opération, échappe à l'acide, eſt du ſpath non décompoſé, & qu'il en faut ſéparer par une nouvelle opération. La terre que l'on obtient alors change de couleur dans dés vaſes de fer ou d'argile; ce qui annonce la pureté de la terre obtenue dans la première opération.

§. LXXXVII. A.

☞ Il y a encore un procédé fort ſimple pour obtenir la terre peſante pure, (barote de Morveau) indiqué dans les Leçons élémentaires de Chymie de M. de Fourcroy. On expoſe au feu dans un creuſet du ſpath peſant pulvériſé avec un huitième de ſon poids de charbon en poudre, on fait rougir le creuſet pendant une bonne heure ; on le retire du feu & on verſe la matière dans de l'eau diſtillée. Cette eau prend ſur le champ une couleur jaune rougeâtre, & a tous les caractères d'une diſſolution de foie de ſoufre. En effet, l'acide vitriolique qui s'eſt emparé du phlogiſtique

du charbon a formé du foufre qui a attaqué la terre pefante.
On précipite la liqueur à l'aide d'un acide. On choifit l'acide
marin, parce qu'il forme avec cette terre un fel foluble. On
filtre la liqueur décompofée par l'acide marin ; le foufre
féparé par cet acide refte fur le filtre, & l'eau filtrée tient en
diffolution ce fel marin à bafe de terre pefante. On le décompofe par une diffolution d'alkali fixe végétal aëré, & la
terre pefante fe précipite unie à l'acide aërien … Pour l'en
dépouiller, il faut pouffer fortemement au feu ce nouveau
mixte, & l'on parviendra enfin à dégager entièrement l'acide
aërien, & à obtenir la terre pefante abfolument pure.

§. L X X X V I I. B.

La terre pefante abfolument pure eft fous forme pulvérulente, d'une extrême fineffe & d'une très-grande blancheur.
Elle n'a pas de faveur décidée fur la langue. Expofée à l'air
elle attire l'acide aërien, avec lequel elle a une grande affinité ; fon union avec la matière calorifique (§. 88.), la
rend diffoluble dans l'eau ; mais il en faut neuf cens parties
pour en diffoudre une de terre pefante ; quand l'eau en eft
chargée, elle précipite en jaune le mercure fublimé corrofif ; en noir le mercure doux, & elle altère comme l'eau
de chaux les couleurs bleues végétales ; elle fond à un feu
très-violent, fuivant M. Darcet, dans un creufet d'argile
ou de fer ; elle donne une légère teinture bleue au creufet,
& elle prend elle-même cette couleur. Mêlée avec d'autres
terres, elle ne fond que très-difficilement. Les acides la diffolvent fans effervefcence, & elle forme avec eux des fels
moyens terreux ; avec l'acide vitriolique, le fpath pefant ordinaire (§. 58. & 89) ; avec l'acide nitreux, un nitre à bafe
de terre pefante (nitre barotique de Morveau), qui, fuivant M. Darcet, cryftallife en gros cryftaux hexagones ou
en petits cryftaux irréguliers ; il eft diffoluble dans l'eau,
mais il en faut une très-grande quantité, attire l'humidité de l'air & fe décompofe au feu ; avec l'acide muriatique
un fel muriatique à bafe de terre pefante (muriate barotique de Morveau). Suivant M. Bergman, ce fel peut crif-
tallifer & il eft peu diffoluble dans l'eau ; avec l'acide aërien
de la terre pefante aërée (méphite barotique de Morveau).
Ce fel fera examiné plus en détail §. 88.

§. LXXXVII. C.

La nature n'offre nulle part la terre pefante pure & ifolée; elle eft toujours combinée avec l'acide vitriolique pour former le fpath pefant. Il n'y a que fort peu de temps que l'on connoît cette terre ; MM. Gahn, Scheele, Margraff & Monnet, font ceux qui ont le plus travaillé fur cette fubftance. Les deux derniers la regardoient même comme une terre calcaire, & ce n'a été que les travaux des deux Chimiftes Suédois, & ceux de M. Bergman , qui enfin ont démontré que cette terre étoit d'une nature particulière, & dont les combinaifons avec les autres fubftances , produifoient des compofés abfolument différens de ceux dont la terre calcaire eft la bafe.

§. LXXXVII. D.

Au chalumeau la terre pefante fait peu d'effervefcence avec l'alkali minéral, mais elle eft fenfiblement diminuée ; elle fe diffout avec effervefcence dans le borax , & encore plus dans le fel microcofmique.

§. LXXXVIII.

La TERRE PESANTE AÉRÉE a une gravité fpécifique = 3,773 ; elle contient par quintal environ 28 l. d'eau, 7 d'acide aérien, & 65 de terre pure. Les acides l'attaquent avec effervefcence ; le vitriolique régénère du fpath pefant non foluble dans l'eau ; le nitreux & le muriatique forment avec elle des combinaifons qui criftallifent en criftaux très-peu folubles ; mais combinée avec l'acide du vinaigre, elle tombe facilement en deliquium.

Au feu elle ne fond prefque pas, fi elle eft purgée abfolument de tout acide & de tout alkali, mais elle y perd $\frac{25}{100}$ de fon poids : par le moyen de fon union avec la matière calorifique, neuf cent parties d'eau en diffolvent une de terre pefante , qui, étant en contact avec l'air de l'atmosphère, s'en sépare sous la forme du crème ou pellicule, qui fait effervescence avec les acides. Après sa calcination, les acides la dissolvent sans effervescence, mais avec chaleur, plus lentement cependant que la terre pesante aérée (1). Dans ce même état elle dégage l'alkali volatil caustique du sel ammoniac, & fait avec le soufre un hépar : cet hépar dissous dans l'eau, ne se décompose qu'imparfaitement dans l'acide nitreux ou muriatique, à cause de la très-grande affinité entre la terre & l'acide dans le soufre, par le moyen duquel cet acide est dégagé de l'alkali végétal (2).

En comparant ces propriétés avec celles qui appartiennent à la chaux, & dont nous parlerons (§. 92 & 93), on verra facilement en quoi ces deux terres se ressemblent ou diffèrent entr'elles.

§. L X X X V I I I. A.

☞ La terre pesante aérée se dissout plus facilement dans les acides que la terre pesante pure, en raison de l'acide aérien qui l'abandonne, & qui, en se dégageant, laisse chaque molécule terreuse dans l'état le plus propre à une nouvelle combinaison.

§. L X X X V I I I. B.

On n'a pas encore vu ce composé, mais M. Bergman pense qu'on pourroit peut-être le rencontrer dans les eaux minérales, il donne les moyens de le reconnoître. L'acide vitriolique est le meilleur, parce qu'il forme sur le champ du spath pesant, en chassant l'acide aérien qui tenoit la terre pesante en dissolution, & qui s'en dégage sous forme de bulles.

______

(1) Opusc. vol. I. p. 21, 398.
(2) N. act. Upf. vol II. p. 198.

§. LXXXIX.

TERRE PESANTE VITRIOLÉE (*spath pesant ordinaire*), a une gravité spécifique quadruple & au-delà d'un pareil volume d'eau distillée.

Elle se dissout totalement en bouillonnant dans l'acide vitriolique concentré; il faut que le menstrue soit en grande quantité, & une seule goutte d'eau versée dans la dissolution, en précipite une partie. Il en arrive de même au gypse, mais il faut moins d'acide, & il se précipite plus tard. Si le soufre étoit uni au spath pesant, il seroit sensible par la dissolution totale de la pierre; mais je n'en ai jamais pu trouver aucun indice. (Cronstedt, *Min.* édit. Suéd. §. 18, n°. 2. *Marmor metallicum,* §. 19. 2).

§. LXXXIX. A.

☞ La terre pesante vitriolée (vitriol de barote de Morveau, gypse pesant de M. Darcet) est un sel moyen terrestre (§. 58), que l'on avoit classé simplement parmi les pierres, avec lesquelles on le confondoit. L'ignorance de ses principes constituans l'a fait prendre pour le spath fluor ou fluor phosphorique, qui est un sel pierreux résultant de la combinaison de l'acide spathique avec la terre calcaire (§. 30 & 96). Le moyen le plus simple pour le distinguer est de verser un peu d'huile de vitriol sur ce spath réduit en poudre; cet acide mouille le spath pesant sans en dégager aucune vapeur, aucune odeur, tandis que le spath fluor, traité de même, exhale peu-à-peu un gaz d'une odeur piquante & des fumées blanches, que l'on reconnoît bientôt pour l'acide spathique. Le spath pesant est insoluble dans l'eau; il peut se fondre à une chaleur violente; au feu il devient phosphorique. Les alkalis fixes purs ne peuvent le décomposer, & c'est une de ses propriétés les plus singulières, parce que la terre pesante a plus d'affinité avec l'acide vitriolique, que n'en ont les alkalis.

Les acides n'ont point d'action fur le fpath pefant, excepté l'acide vitriolique en grande quantité & bouillant.

§. LXXXIX. B.

La nature offre affez fréquemment le fpath pefant fur-tout accompagnant les mines métalliques ; on le trouve cependant quelquefois par veines ou par rognon, criftal-lifés ou en maffes informes. Sa dureté eft affez confidé-rable ; il ne fait point feu avec le briquet ; & fa pouffière mife fur le charbon n'étincelle point comme celle du fpath fluor ; expofé même au foleil pendant quelques heures, il y acquiert de la phofphorefcence. La pierre de Bologne eft un fpath pefant. On en trouve dans beaucoup de mines & à Roïa en Auvergne.

§. LXXXIX. C.

Quelques Auteurs ont défigné fous le nom de *fpath gyp-feux* ou *féléniteux*, le fpath pefant, & ils ont cru que ce n'étoit qu'une variété du gypfe, en affurant même que le gypfe ne différoit du fpath féléniteux que parce que le pre-mier étoit une combinaifon de l'acide vitriolique avec la terre abforbante ou terre bafe de la terre calcaire, & le fecond la combinaifon de cette même terre abforbante avec deux acides, l'acide vitriolique & l'air fixe. Mais les belles expériences de MM. Scheele & Bergman, en prou-vant que la terre bafe du fpath pefant étoit une terre parti-culière, détruifent ce fyftême.

§. LXXXIX. D.

Au chalumeau le fpath pefant décrépite, fe fond fans bouillonnement, attaque le charbon, & acquiert une faveur hépatique, en raifon de l'acide vitriolique qu'il contient ; fur le charbon & avec l'alkali, il forme un foie de foufre jaune : les flux le diffolvent avec effervefcence.

§. XC.

TERRE PESANTE *vitriolée, pénétrée de pétrole & fouillée de gypfe, d'alun & de terre filiceufe* (Cronf-tedt, *Min.* §. 24, *Lapis hepaticus*).

Un morceau qui venoit des mines d'alun d'Andrarum en Scanie, m'a donné par l'analyse par
quintal 33 de terre siliceuse, 29 de terre pesante caustique, presque 5 d'argile, & 3,7 de
chaux caustique, outre l'eau & l'acide vitriolique.
Si on soustrait du calcul le poids que les bases qui
peuvent se combiner à l'acide vitriolique, doivent
donner en se saturant, on trouve environ 71 livres,
qui, augmentées de 33, excèdent de quelque livres
le quintal : cette augmentation fait voir la différence
de la masse cristallisée & bien séchée.

§. X C. A.

☞ La pierre hépatique est d'une structure spathique &
brillante, de couleur jaunâtre, brune ou même noire. Quelquefois son odeur hépatique ou de foie de soufre est si
exaltée, qu'il n'y a pas besoin de la frotter pour la sentir.
Elle ne fait point d'effervescence avec les acides, & c'est
par-là qu'elle diffère de la pierre de porc.

§. X C. B.

Au chalumeau elle se comporte à-peu-près comme le
spath pesant, excepté qu'elle laisse échapper une odeur bitumineuse ; elle forme sur le charbon un vrai foie de soufre.

§. X C I.

Comme la terre pesante n'a commencé à être
connue que vers l'année 1774, & que même à
présent plusieurs Minéralogistes ne la connoissent
pas, il ne doit pas être étonnant que l'on ignore
encore les espèces de ce genre ; & je doute presque
si l'on trouvera la terre pesante aérée mêlée avec
d'autres terres, d'après les analyses les mieux
faites.

§. X C I I.

§. XCII.

Chaux.

Quoique la chaux aérée se rencontre presque par-tout dans le sein de la terre, il faut un procédé particulier pour l'avoir pure. Pour cet effet, prenez de la craie, réduisez la en poussière, faites-la bouillir plusieurs fois dans l'eau distillée : on la dépouillera ainsi de la chaux & de la magnésie muriatique qu'elle contient assez souvent ; dans cet état elle ne contient plus que quelques corps étrangers, qui ne lui sont qu'unis & non combinés. Si on désire l'en dépouiller absolument, il faut la dissoudre dans le vinaigre distillé, la précipiter par l'alkali volatil aéré, la laver suffisamment & la dessécher.

§. XCII. A.

☞ La chaux, c'est-à-dire la terre qui, combinée avec l'acide aérien ou l'air fixe, constitue la terre calcaire dépouillée de cet acide & d'eau, & réduite à son état de simplicité est une substance blanchâtre ; mise dans la bouche, elle développe une saveur urineuse ; elle verdit même le syrop de violette, & ne fait point effervescence avec les acides. Exposée à l'air, elle en attire l'humidité, & l'acide aérien disséminé dans l'atmosphère. L'humidité qui la pénètre le fait fendre, se gonfler, & elle se réduit en poudre ; son poids augmente, & son union avec l'acide aérien la rend effervescente avec les acides ; elle repasse ainsi insensiblement à l'état de terre calcaire, & de *chaux vive* qu'elle étoit elle devient *chaux éteinte*. La chaux peut se dissoudre dans l'eau, en très-petite quantité à la vérité, & cette dissolubilité est ce qui la distingue encore de la terre calcaire. Si l'on verse une grande quantité d'eau sur de la chaux vive, il se produit un degré de chaleur considérable avec gonflement & bouillonnement; la matière calorifique qui pendant la calcination s'étoit combinée avec la chaux, se dégage, échauffe l'eau, & la réduit en vapeurs; sa présence même, lors de ce dégagement, est sensible par une lueur phosphorique, comme l'a remarqué M. Pelletier. L'eau qui tient la chaux en dissolution ou l'eau de chaux a les mêmes propriétés que la chaux vive; elle verdit le sirop de violettes, & attire l'acide aérien, avec lequel elle régénère la terre calcaire sous la forme d'une pellicule blanche a laquelle on a donné le nom de crême de chaux; traitée à un très grand feu, elle se fond en un verre jaune & transparent. Pour les autres qualités de la chaux pure, voyez l'article suivant §. 93.

§. XCII. B.

La nature ne nous offre presque jamais la chaux pure; sa très-grande tendance à la combinaison fait qu'elle est toujours altérée par des principes étrangers, surtout par l'acide aérien, avec lequel elle forme la chaux aérée ou la terre calcaire, encore la terre calcaire proprement dite est-elle rarement pure. §. 92.

§. XCII. C.

Au chalumeau la chaux bien pure ne fait point d'effervescence avec l'alkali minéral, se dissout dans le borax, ainsi que dans le sel microcosmique, mais sans effervescence.

§. XCIII.

La chaux ainsi épurée a une gravité spécifique = 2,720, & tient par quintal environ 34 liv. d'acide aérien, 11 d'eau & 55 de chaux pure. Les acides la dissolvent avec effervescence, & un quintal produit 12 degrés de chaleur; avec l'acide vitriolique elle forme du gypse, qui se dissout difficilement dans l'eau (§. 59); avec le nitreux & le marin, des sels déliquescens (§§. 60 & 61); mais avec l'acéteux, elle cristallise.

La chaux pure ne se détruit pas au feu, elle y perd $\frac{45}{100}$ de son poids; elle s'échauffe alors avec l'eau, & il en faut 700 parties pour la dissoudre (1). Les acides, en dissolvant un quintal de chaux calcinée, produisent 140 degrés de chaleur, mais sans effervescence. On peut très-bien observer ce phénomène, si l'on plonge d'abord dans l'eau la chaux, afin de dissiper la portion de chaleur qui feroit bouillir le menstrue, & de chasser l'air atmosphérique qui pénètre la masse spongieuse refroidie; que l'on verse ensuite de l'acide nitreux ou muriatique sur ce morceau de chaux plongée dans l'eau, l'on ne verra aucune effervescence. La dissolution se fait lentement (2); mais par la saturation l'on obtient les mêmes sels qu'avec la chaux aérée. La chaux calcinée dégage l'alkali volatil caustique du sel ammoniac, & dissout le soufre; mais on le précipite facilement avec tous les acides, même l'aérien.

§. X C I V.

La première espèce de ce genre doit certainement être la chaux aérée, qui forme de si grandes couches dans la terre. Nous en avons détaillé les principales propriétés (§. 92); rarement ne contient-elle point de fer; on en trouve même dans le spath d'Islande le plus transparent, & l'on peut dire en général de tous les fossiles, qu'ils en contiennent (Cronstedt, *Min.* §. 5·12).

§. X C I V. A.

☞ La CHAUX AÉRÉE OU la TERRE CALCAIRE, que

____

(1) Opusc. chym. vol, I, p. 23.
(2) Ibid. p. 398.

nous fuppofons ici pure , réduite en poudre, eft ordinairement blanchâtre ; elle n'a pas de faveur marquée, cependant, comme l'a très-bien remarqué M. de Fourcroy, elle
refferre un peu les fibres du palais & de la langue , ce qui eft
occafionné peut-être par une portion de fer qu'elle contient toujours ; l'air pur ne l'altère point ; mais les vicif-
citudes de l'atmofphère & le paffage fucceffif de la chaleur
& de l'humidité décompofent infenfiblement le gluten qui lie
toutes les molécules qui la compofent , & la font tomber infenfiblement en pouffière. Elle eft indiffoluble dans
l'eau , & les eaux qui forment des dépôts calcaires ne tiennent pas la terre calcaire en vraie diffolution ; mais elle
la charient avec elle dans une divifion extrême. La terre
calcaire expofée au feu perd & fon eau & fon acide, &
devient chaux vive (§. 92 , A). Tous les acides la diffolvent
avec effervefcence , & forment avec elle des fels moyens
terreux particuliers.

§. X C I V. B.

Les caractères extérieurs de la terre pierre & calcaire
en général , c'eft de ne point faire feu avec le briquet , de
faire effervefcence avec les acides, de devenir chaux vive
par la calcination, d'abforber une certaine quantité d'eau
quand on l'humecte , de prendre la confiftance d'une pâte
fans avoir jamais la ductilité de l'argile , & de fe défunir en
fe féchant.

§. X C I V. C.

Au chalumeau la terre calcaire fe calcine , devient chaux ,
& acquiert la propriété de fe diffoudre dans l'eau ; fait
peu d'effervefcence avec l'alkali minéral ; quand elle eft
bien pure, elle ne paroît pas y diminuer , elle donne à
peine quelques bulles dans le borax , ainfi que dans le fel
microcofmique.

§. X C I V. D.

La nature nous offre la chaux aérée ou terre calcaire
en très-grande abondance ; tantôt elle eft en grande maffe ,
tantôt elle eft réduite en pouffière. Nous n'entrerons pas
ici dans une longue difcuffion, pour favoir fi la terre calcaire eft de première origine ou formation, ou fi elle n'eft

que l'ouvrage des animaux marins, qui, suivant quelques Auteurs, ont changé la terre vitrifiable en terre calcaire. La nature paroît s'être réservé ce secret : cependant, s'il m'est permis de dire mon sentiment, je crois que la terre calcaire n'est point l'ouvrage des animaux marins, & qu'elle est aussi ancienne que les autres terres. Il existe de très-grandes chaînes de montagnes calcaires, sans la moindre apparence de débris de coquilles, comme l'ont remarqué MM. Delius, Jaskevifch, Besson, &c. &c. & comme je l'ai remarqué moi-même dans les Pyrénées : peut-être même que si le globe n'avoit pas éprouvé autant de révolutions, toutes les montagnes calcaires seroient dépourvues absolument de débris marins ; car je pense que la terre calcaire étant celle que l'eau en général divise beaucoup plus facilement, les eaux de la mer ont dû la détacher des montagnes primitives, la charier & la déposer pêle-mêle avec les débris marins, par-tout où par leurs séjours successifs elles ont formé des montagnes secondaires.

§. X C I V. E.

La terre calcaire se présente à nos regards sous des formes extrêmement variées, qui malgré cela sont essentiellement la même substance. On peut cependant les réduire, avec M. Daubenton, à cinq genres principaux : *premier genre*, terres calcaires, qui sont ou compactes comme la craie, ou spongieuses comme la moëlle de pierre, ou en poudre comme l'agaric minéral, ou en bouillie comme le lait de Lune, ou figurées comme les congélations, qui diffèrent des stalactites en ce que ces dernières sont moins friables : *second genre*, pierres calcaires dont la cassure est grenue, qui ont une mauvaise couleur & qui ne prennent jamais un beau poli ; telles sont les pierres à bâtir calcaires : *troisième genre*, les marbres, qui ont une cassure grenue, d'une belle couleur & susceptibles d'un beau poli ; ils varient prodigieusement pour les couleurs ; les principales sont le blanc, le gris, le vert, le jaune, le rouge & le noir, qui, combinées une à une, deux à deux, trois à trois, &c. peuvent former soixante-trois variétés : *quatrième genre*, les spaths calcaires, dont la forme est régulière ou cristallisée & dont la cassure est spathique : *cinquième genre*, enfin les concrétions calcaires, qui se forment par couches fucceffives, & qui renferment les ftalactites, les incruftations & les fédimens.

§. X C I V. F.

Il eft conftant, d'après les belles analyfes que M. Bayen a faites de quelques marbres (*Journ. de Phyfiq.* 1778, *t.* 11 & 12), que l'on pourroit conclure qu'il n'exifte point de marbre abfolument pur, & qu'il s'y trouve toujours des parties argileufes & ferrugineufes, & quelquefois même des quartzeufes, comme dans le cipolin. Si l'on vouloir les claffer chimiquement, il faudroit les diftribuer, 1°. fuivant le nombre de fubftances hétérogènes qu'ils contiendroient; 2°. fur la proportion de la terre calcaire, comme matière principale. Ce travail intéreffant a été commencé par l'habile Chimifte dont je viens de parler : qui mieux que lui pourroit le completer ?

§. X C V.

CHAUX AÉRÉE BITUMINEUSE (*pierre de porc*). La chaux aérée eft quelquefois plus ou moins imprégnée de pétrole ; elle fait efferveffence & fe diffout dans les acides, mais elle noircit fouvent l'acide vitriolique. Si on chauffe ou que l'on frotte cette pierre, elle rend une odeur défagréable ; la partie huileufe y eft en fi petite quantité, qu'elle tapiffe à peine d'un enduit gras les vaiffeaux dans lefquels on la diftille : rarement coule-t-elle par gouttes, à moins qu'on ne travaille fur une quantité confidérable. La couleur que lui donne le pétrole s'en va facilement au feu ; elle contient toujours une portion d'argile martiale (Cronftedt, *Min.* §. 22-23, *pierre de porc*).

§. X C V. A.

☞ La pierre de porc eft une pierre calcaire ; fa couleur eft plus ou moins foncée : quand on la frotte ou qu'on la racle, elle répand une odeur fétide & d'urine de chat, ce qui lui a fait peut-être donner, par quelques Auteurs, le nom de pierre de chat, *lapis felinus* ; elle fait effervescence avec les acides, ce qui la distingue de la pierre hépatique (§. 90), avec laquelle on la confond presque toujours. Cette pierre, exposée à un grand feu, décrépite comme le sel marin, perd son odeur, sa couleur, fournit une chaux blanche, & fond parfaitement (Darcet, Mém. cité); elle donne à la distillation, quand on travaille sur une grande quantité, 1°. une liqueur un peu moins fétide que la pierre, qui colore en vert le syrop de violette & fait effervescence avec les acides ; 2°. une huile très-odorante, noire & semblable à celle que l'on retire des charbons de terre & du schiste gras ; 3°. de l'alkali volatil. Le résidu dans la cornue offre des vestiges de sel marin. Il est hors de doute que l'odeur singulière de cette pierre ne soit due à la matière bitumineuse & à l'alkali volatil.

<h3 style="text-align:center">§. X C V. B.</h3>

Cette pierre paroît quelquefois formée de particules lamelleuses & spathiques plus ou moins grandes, noirâtres ou d'un gris très-foncé : c'est la plus commune ; on la trouve en France dans la forêt de Villers-Cotterets, à Plombières, à Ingrande en Anjou, à Rattwik en Dalecardie, à Kinekulle dans la Westrogothie ; quelquefois elle est prismatique, de couleur noirâtre comme celle de l'isle d'Œlandie, à Hellekis, à Molletorp en Westrogothie ; quelquefois elle est radiée & composée de cristaux non déterminés & très-serrés les uns contre les autres : enfin on en trouve de sphérique cristallisée, de manière que tous les cristaux forment des stries qui vont du centre à la circonférence, comme celle de Krasnaselo en Ingermanie. On en apporte encore de Portugal, de quelques autres endroits de Suède & d'Allemagne : on en trouve aussi près de Quebec.

<h3 style="text-align:center">§. X C V. C.</h3>

Outre la pierre de porc dont on vient de parler, on trouve encore certaines pierres calcaires, des marbres, des schistes & des pétrifications qui en approchent plus ou moins, & qui étant frottés, répandent une odeur bitumineuse & fétide : la pierre calcaire grise des Pyrénées est de ce genre-là.

G 4

§. X C V. D.

Au chalumeau la pierre de porc se comporte comme la terre calcaire, excepté qu'elle blanchit & laisse échapper des fumées bitumineuses.

§. X C V I.

CHAUX FLUORÉE, *fluor minéral.* Lorsqu'elle est pure, elle peut se dissoudre tout entière dans les acides nitreux & muriatiques; exposée à un degré de feu moindre que l'ignition, elle devient phosphorique. Si l'on verse de l'acide fluor sur de l'eau de chaux, il s'en précipite une terre qui aquiert toutes les propriétés de la chaux fluorée. La chaux fluorée naturelle contient toujours de l'argile, de la terre siliceuse & quelquefois une petite portion d'acide muriatique. (Cronstedt, *Min.* §. 97. — 101, *fluor minéral*).

§. X C V I. A.

☞ La chaux fluorée, ou fluor minéral, spath fluor, spath phosphorique, &c. est un sel moyen terreux, résultant de la combinaison de l'acide spathique (§. XXX) avec la terre calcaire. Cette substance est ordinairement sous forme cristalline en cristaux cubiques de diverses couleurs, plus ou moins réguliers & d'une transparence vitreuse; & sa cassure est spatique. Il ne fait point feu au briquet & il se brise facilement. Il n'est point altérable à l'air ni dissoluble dans l'eau; à un feu médiocre il devient phosphorique; & réduit en poussière, si on le répand sur des charbons allumés, il jette des aigrettes lumineuses & phosphoriques : ce caractère le fait aisément distinguer des autres spaths; si on pousse un peu le feu, il décrépite, se fend & saute en éclats; il perd bientôt sa couleur & sa phosphorescence, sans cependant se calciner, mais il finit par se fondre en un verre transparent; il ne fait point effervescence, si on ne fait que l'humecter avec les acides; mais si on met une partie de

fluor minéral pulvérifé dans trois parties d'acide vitriolique, le mélange s'échauffe, & il fe produit une effervefcence
par le dégagement du gaz fpathique. C'eft le procédé pour
obtenir ce gaz ou l'acide fpathique (§. 30, A) : en général,
les trois acides décompofent cette fubftance ; & on précipite la terre calcaire en forme pulvérulente & blanche de
ces diffolutions, avec l'alkali fixe.

§. X C V I. B.

Le fluor minéral ou fpath fluor fe trouve fréquemment
dans les pays à mines, & il en indique même la préfence.
Les couleurs qu'il affecte le plus généralement font, le
blanc, le jaune, le rougeâtre, le vert pâle, le violet & le
vert : fa criftallifation cubique offre un très-grand nombre
de variétés.

§. X C V I. C.

Au chalumeau il décrépite, fe fond fans bouillonnement ;
il eft foluble en entier, mais fans beaucoup d'effervefcence
dans l'alkali minéral, le borax & le fel microcofmique.

§. X C V I I.

CHAUX *faturée d'un acide particulier, peut-être
métallique* (§. 33).
Dans les acides, & fur-tout l'acide muriatique,
à la chaleur d'une fimple digeftion, elle prend une
belle couleur jaune, mais fe diffout peu. (Cronftedt,
Min. §. 210, *pierre pefante*).

§. X C V I I. A.

☞ Cette pierre fingulière, défignée dans Cronftedt
fous cette phrafe : *ferrum calciforme terrâ quâdam incognitâ
intime mixtum* (§. 210), & que quelques Chimiftes ont
confondu avec la mine d'étain à criftaux blancs, eft un fel
moyen terreftre réfultant de la combinaifon de la terre
calcaire avec un acide particulier découvert par M. Scheele,
& reconnu par M. Bergman. Comme les Suédois nomment

cette pierre *tungsten*, la savante Traductrice du Mémoire de Scheele, où il donne l'analyse de cette pierre (*Journ. de Physiq.* 1783, t. 22), lui a conservé ce nom, & a nommé son acide, *acide de la tungstène*. (*Voyez* §. 33, A, les détails sur cet acide, la manière de l'obtenir & ses combinaisons).

§. X C V I I. B.

Cette pierre, la plus pesante de toutes, puisqu'elle va depuis 4,988 jusqu'à 8,725 :: 1,000, est de couleur blanchâtre ou jaunâtre, ou rouge, & ressemble assez à la mine d'étain blanche nommée *zinngraupen*, avec laquelle on la confond souvent ; elle ne fait point d'effervescence avec les acides, & quelquefois elle donne de foibles étincelles au briquet ; réduite en poussière, elle devient blanche, & calcinée, jaune ou rouge ; elle résiste au feu, mais si on le pousse violemment, sa superficie se vitrifie ; au chalumeau, avec le sel microcosmique, elle donne un verre coloré en vert de mer ; elle n'est point dissoluble même dans l'eau bouillante : l'acide vitriolique distillé dessus, passe non altéré & donne du vitriol calcaire. Ce n'est que par de longues distillations & souvent répétées, que l'on vient à bout de dissoudre la tungstène, encore en petite quantité, avec les acides nitreux & muriatiques ; quelques gouttes d'alkali prussien, jettées sur la dissolution nitreuse, en précipite un peu de bleu de Prusse : enfin, la dissolution obtenue par l'alkali volatil & précipitée par l'acide nitreux, dépose un précipité blanc & de nature acide (§. 33, A). La pierre pesante ou tungstène est donc un mélange de terre calcaire, d'un peu de fer & d'un acide d'une nature particulière.

§. X C V I I. C.

On n'a encore trouvé que très-peu de variétés de cette pierre ; la première, la moins pesante, est en petits grains rougeâtres ou jaunes ; elle a été tirée des mines de Bastnaès, près de Ritterhutte en Westmanie ; la seconde, dont la cassure étoit brillante & un peu spathique, est blanchâtre à Marienberg & Altenberg en Saxe, ou elle a une couleur perlée, comme celle des mines de fer de Bittberg en Dalecarlie.

§. X C V I I. D.

Un moyen très-facile de distinguer la tungstène de toutes les autres espèces de pierres connues jusqu'à présent, est de la réduire en poudre & de verser dessus de l'eau-forte ou de l'acide muriatique, & d'exposer le tout à la chaleur de la digestion. On ne tarde pas à voir, sur-tout avec le dernier, que la poudre prend à la fin une belle couleur jaune clair. Ce qu'on nomme ordinairement *mine d'étain blanche* ou *cristaux d'étain blancs* (zinn-graupen) appartient souvent à cette espèce.

§. X C V I I. E.

Au chalumeau la tungstène décrépite, & les morceaux que le feu attaque se durcissent ; elle n'est pas soluble dans l'alkali minéral, mais elle se divise sans effervescence ; elle se dissout dans le borax sans effervescence : le flux devient à peine bleuâtre ; quand le minéral est par excès, le flux devient blanc, & opaque en refroidissant. Avec le sel microcosmique, elle fait d'abord effervescence, mais elle se dissout à peine ; le flux est d'un beau bleu, sans mélange de rouge. La couleur s'efface à la flamme extérieure ou par l'addition d'une parcelle de nitre, mais elle reparoît à la flamme intérieure : une dose plus forte produit une couleur brune transparente, qui ne s'efface point ; en l'augmentant encore, le tout devient noir & opaque.

§. X C V I I I.

CHAUX AÉRÉE *fouillée par un peu de magnésie muriatique.*

§. X C I X.

CHAUX AÉRÉE *fouillée par l'argile.*

§. X C I X. A.

☞ Il se trouve quelquefois des terres ou pierres calcaires mêlées d'argile, & qui forment ainsi des marnes argileuses ou de fausses marnes, tant pulvérulentes que solides. *Voyez* §. 101.

§. C.

CHAUX AÉRÉE *souillée par la terre siliceuse.*

§. C. A.

☞ Souvent, lorsque l'on veut essayer une pierre calcaire au briquet, on est tout étonné de lui voir donner
des étincelles. Si l'on examine bien attentivement cette
pierre à l'aide d'une loupe, l'on y distinguera des parcelles
de quartz ou de silex, qui donnent des étincelles lorsqu'elles
sont atteintes par le briquet : beaucoup de pierres de taille
sont de cette espèce.

§. C I.

CHAUX AÉRÉE *souillée par la terre argileuse &*
siliceuse. (Cronstedt , *Min.* §. 25. , *marne cal-*
caire).

§. C I. A.

☞ La marne , dont les principes les plus abondans
sont la terre calcaire & la terre argileuse, admet aussi la
terre siliceuse ou le sable , & alors elle est marne parfaite ;
dans cet état ses principaux caractères tiennent de ses trois
principes. Friable plus ou moins, suivant la proportion du sable, elle attire l'humidité & l'eau ; si on en verse une certaine
quantité sur elle , il se dégage aussi-tôt des bulles d'air
atmosphérique disséminées entre ses molécules ; sa tenacité
& sa ductilité est en raison de la terre argileuse qu'elle
contient ; elle se délite à l'air & tombe en poussière ; elle
fait effervescence avec les acides, qui en dissolvent la portion calcaire ; au feu elle durcit à-peu-près comme l'argile,
mais à la fin elle se fond plus ou moins facilement, suivant la proportion des trois principes.

§. C I. B.

On trouve la marne déposée dans beaucoup d'endroits,
entre les bancs d'argile ou de sable, très-rarement sur la

superficie de la terre, mais plutôt à 20, 30, & même jufqu'à 100 pieds. Depuis la marne très-pure jufqu'à la plus
mélangée, on a plufieurs variétés, qui font. 1°. la marne
blanche ; 2°. la marne feuilletée ; 3°. la marne d'engrais :
les bols, les terres à foulons, la terre à porcelaine & la
terre à pipe, n'appartiennent pas à cette efpèce, comme on
l'avoit cru, mais doivent être reportés ; les bols, §. 114, A ;
les terres à foulons, §. 116, A ; la terre à porcelaine,
§. 113, A, & la terre à pipe, §. 115, A.

§. C I. C.

Au chalumeau la marne fe fond fans bouillonner ; elle
n'eft pas entièrement foluble dans l'alkali minéral ; elle fe
fond dans le borax & le fel microcofmique avec effervefcence.

§. C I I.

CHAUX AÉRÉE *fouillée par le fer & la manganèfe.* (Cronftedt, *Min.* §. 30).

§. C I I. A.

☞ Cette pierre, fauffement nommée *mine de fer blanche*,
a été claffée, par quelques Auteurs, parmi les mines de fer,
& elle eft ou fous forme pulvérulente, noire ou brune
obfcure ; ou durcie, & alors elle eft quelquefois rouge,
quelquefois blanche, & quelquefois noire. Les mines d'Hal-
lefors donnent ces variétés.

§. C I I I.

Il n'y a pas à douter que les quatre premières
terres (§. 94-97), & la dernière, ne foient des
efpèces bien diftinctes, mais les autres n'offrent de
difficultés, que peut-être feulement parce qu'elles
ne font qu'une feule combinaifon méchanique. Si
on peut difcerner à l'œil les parties hétérogènes
qui les compofent, il faut alors les reporter
parmi les roches ; mais ici l'œil ne peut rien diftin-

guer. De plus, les terres jouiſſent de la propriété
de pouvoir s'attirer les unes les autres, & forment
ainſi, comme nous le ſavons, des combinaiſons
beaucoup plus intimes que les combinaiſons méchaniques. La terre précipitée de l'alun par l'alkali
cauſtique & jetée dans de l'eau de chaux, perd
bientôt ſa figure ſpongieuſe & ſa tranſparence; elle
blanchit & ſe condenſe en précipitant la chaux de
l'eau qui la tenoit en diſſolution, & forme avec
elle une nouvelle combinaiſon, qui ne peut être
détruite que par des moyens chimiques. D'après
ces raiſons, je n'ai pas oſé exclure ces eſpèces am-
biguës; & j'ai exprimé par le mot *ſouillé* (*inqui-
nata*) les combinaiſons qui m'ont paru analogues
aux ſimples mélanges méchaniques; & par le mot
unie, celles qui ſont dues à la force de l'attraction.

§. CIV.

Magnésie.

La magnésie, que l'on déſigne en Pharmacie
ſous le nom de *magnéſie blanche*, ſe tire ordinairement du ſel d'Angleterre ou ſel d'Epſom, qui la
contient ſous forme vitriolée. Si on veut l'avoir
abſolument pure, il faut prendre du ſel d'Epſom
criſtalliſé & bien purifié, le diſſoudre dans de l'eau
diſtillée, & le précipiter avec l'alkali volatil aéré :
on fait bouillir la liqueur pendant quelques mo-
mens, afin de dégager la dernière portion de magnéſie qui reſtoit ſuſpendue dans la liqueur, au
moyen de l'acide aérien.

§. C IV. A.

☞ Ce n'est guères qu'au commencement de ce siècle que l'on a connu la magnésie. Ce fut un Chanoine régulier qui la vendit le premier à Rome, sous le nom de *magnésie blanche* ou de *poudre du Comte de Palme*. Il en fit un secret, jusqu'à ce que Valentini publia en 1707 la manière de séparer cette poudre de l'eau mère du nitre, par la calcination. Deux ans après, Slévogt donna un procédé plus avantageux pour l'obtenir par précipitation. Enfin insensiblement cette poudre est devenue d'un usage très-commun en Pharmacie. Tous les Auteurs, jusqu'au temps de MM. Black & Margraff, croyoient que la magnésie n'étoit que de la terre calcaire; Hoffman soupçonna bien qu'elle différoit de la terre des yeux d'écrevisses, des coquilles d'œuf : mais enfin les deux Chimistes cités plus haut ont démontré clairement que c'étoit une terre particulière.

§. C I V. B.

Outre le procédé indiqué §. 104, qui est le plus avantageux pour obtenir la magnésie pure, on peut encore la retirer des eaux mères du nitre & du sel marin, qui en tiennent une grande quantité, en les précipitant ou en les faisant évaporer jusqu'à siccité, & traitant le résidu à la calcination : la magnésie obtenue ainsi tient cependant toujours un peu d'acide nitreux ou muriatique.

§. C V.

La MAGNÉSIE que l'on obtient par ce procédé, a une gravité spécifique $= 2,155$; elle contient environ par quintal 25 liv. d'acide aérien, 30 liv. d'eau & 45 de terre (1); elle se dissout dans les acides sans chaleur, mais avec une très-grande effervescence; avec l'acide vitriolique, elle régé-

---

(1) Opusc. Chim. vol. I. p. 29, 373. — édit. franç. 33-40.

nère le fel amer d'Epfom; avec le nitreux elle cril-
tallife, mais en criftaux déliquefcens; avec le muriatique & l'acéteux, elle forme une maffe faline
qui ne criftallife point; & après qu'on l'a bien defé-
chée, elle attire avidement l'humidité de l'air.

A un degré léger de feu elle ne fond point,
mais elle perd $\frac{55}{100}$ de fon poids; dans cet état elle
ne fe diffout point dans l'eau comme la chaux,
les acides l'attaquent lentement, fans effervefcence,
mais avec un peu de chaleur. La magnéfie calcinée dégage du fel ammoniac l'alkali volatil cauftique; fe combine avec le foufre : mais cette
dernière combinaifon eft très-foible.

§. C V. A.

☞ Les propriétés générales de la magnéfie pure font
d'être fous forme pulvérulente très-fine & fèche; elle n'a
pas de faveur fenfible fur la langue, mais elle en a fur
l'eftomac, comme le remarque M. de Foureroy, puifqu'elle
eft purgative; elle verdit un peu la teinture de violettes
expofée à l'air, elle attire infenfiblement l'acide aérien, &
devient ainfi effervefcente avec les acides, mais il faut un
temps très-long pour cela; elle eft très-peu diffoluble dans
l'eau; quatre onces deux gros d'eau pure ont à peine diffous
un quart de grain fur un gros de magnéfie calcinée; pouffée
au feu, elle perd toute l'eau & tout l'acide aérien qu'elle
pouvoit contenir; mais d'après les expériences de MM. Darcet, de Morveau & Butini, elle ne fe fond point. Cependant le premier obferve (*Journ. de Phyfiq.* 1783, *t.* 22,
p. 27), qu'elle ne fort jamais intacte du feu, qu'elle s'y
agglutine, fe fritte plus ou moins, & prend toujours un
commencement de fufion; chauffée dans une cornue, elle
acquiert une propriété phofphorique affez marquée; avec
les acides, elle forme différens fels moyens terreftres, dont
on peut voir les propriétés §§. 63, A, 64, A, 65, A, 66, A;
elle décompofe toutes les diffolutions métalliques, même
celle de la platine : elle fe fond aifément avec le borax &
le fel microcofmique.

§. CV. B.

§. C V. B.

La nature ne nous a pas encore offert la magnéfie pure abfolument ifolée & native ; elle eft comme l'argile, une terre très-fubtile, très-tendre & fpongieufe, & dès-lors elle ne peut manquer de fe combiner promptement à toutes les fubftances avec lefquelles elle fe trouveroit mélangée dans la terre. Ainfi on la rencontre ou combinée chimiquement avec différens acides, ou mêlée méchaniquement à des fubftances terreufes. L'analyfe la fait rencoutrer dans quelques argiles mêlée avec la chaux & le filex ; ce qui fait une variété de marne (§. 101) ; dans la terre de Lemnos, avec l'argile, la terre filiceufe & le fer, &c. &c.

§. C V. C.

Au chalumeau la magnéfie pure ne fait point d'effervefcence avec l'alkali minéral, & paroît à peine diminuée ; elle fe diffout dans le borax & le fel microcofmique avec effervefcence.

On n'a pas encore trouvé la magnéfie aérée native pure, fi ce n'eft dans certaines eaux où elle y eft diffoute avec excès d'acide aérien.

§. C V I.

MAGNÉSIE AÉRÉE *mêlée de terre filiceufe* ; elle fait effervefcence avec les acides, & fait feu quelquefois avec le briquet.

§. C V I I.

MAGNÉSIE *intimément combinée avec la terre filiceufe.* La partie foluble fe diffout dans les acides lentement & fans effervefcence.

Conftedt, *Min.* §§. 79-83, & peut-être §§. 102-105 lui appartiennent encore ; mais je n'ai pas encore achevé exactement l'analyfe de l'asbefte.

§. C V I I. A.

☞ Cette combinaison de la magnésie & de la terre siliceuse forme l'espèce de pierres connues sous les noms de STÉATITE, SERPENTINE & OLLAIRE. La différence dans les proportions de la magnésie, de la terre siliceuse, & surtout du fer, qui y est toujours uni, est la seule cause de toutes les variétés que nous offre ce genre de pierres auquel nous donnerons le nom *de pierres magnésiennes*.

M. Margraff ayant analysé quelques serpentines, a reconnu le premier qu'elles étoient composées de magnésie & d'une matière insoluble, qu'il a cru être de la terre vitrifiable ou siliceuse, & il paroît que c'est d'après les expériences que M. Bergman a fait la phrase avec laquelle il définit les serpentines. M. Bayen ayant répété les expériences de M. Margraff, a eu les mêmes résultats ; mais il ne regarde pas la partie insoluble comme siliceuse, mais comme talqueuse & argileuse ; & la serpentine contient, suivant lui, $\frac{20}{48}$ de cristaux talqueux, $\frac{5}{48}$ d'argile, $\frac{1}{48}$ de fer, $\frac{16}{48}$ de magnésie, & $\frac{6}{48}$ d'eau. (*Voyez Journ. de Physiq.* 1779, *t.* 13, *p.* 46). D'après cela, au lieu de la phrase de M. Bergman, il faudroit dire : *magnésie intimément combinée avec une terre talqueuse & argileuse. Bayen, pierres serpentines.*

Alors le talc (§. 122) ne différeroit de la serpentine que parce que dans la dernière la magnésie seroit la base principale, & qu'elle contiendroit du fer, & que dans le premier, ce seroit l'argile sans fer. Il faut convenir cependant que le talc étant une combinaison d'argile, de terre siliceuse & de magnésie, ce que M. Bayen nomme terre ou cristaux talqueux, n'est peut-être que la terre siliceuse elle-même dans un degré d'atténuation si considérable, qu'elle offre quelques caractères particuliers qui ont pu induire en erreur & la faire confondre avec le talc, pierre composée, & qui auroit dû se décomposer lui-même dans l'analyse de M. Bayen.

§. C V I I. B.

Les caractères principaux des stéatites, des serpentines & des ollaires, que nous réunissons ici, sont d'être de couleurs plus ou moins vertes, douces au toucher comme du suif, rarement cristallisées. Je possède cependant un frag-

ment d'une pierre du Drac , torrent du Dauphiné , qui
renferme des aiguilles de ftéatites. Leur pefanteur eft inférieure à celle du marbre ; leur dureté n'eft pas confidérable,
elles fe laiffent entamer facilement au couteau ; communément elles ne font point feu avec le briquet, excepté l'efpèce §. 106 ; elles durciffent plutôt à l'air qu'elles ne s'y
détruifent : cependant à la longue elles fe décompofent &
fe réduifent en une efpèce d'argile jaune ou grife, ou verdâtre, que l'on rencontre encore quelquefois dans les fciffures des pierres ollaires ; quand elles font fèches, elles
s'humectent facilement à l'eau, mais elles ne s'y ramol-
liffent point ; elles acquièrent, par la calcination, affez de
dureté pour faire feu au briquet ; elles jauniffent au feu,
fi elles font renfermées dans des vafes clos , mais elles blanchiffent à feu ouvert, & elles y acquièrent du poids. La
craie de Briançon s'y vitrifie. Les acides minéraux les diffolvent très-lentement & avec une très-légère effervefcence.

§. C V I I. C.

On trouve les ferpentines non-feulement par veines &
par couches dans les montagnes, mais elles forment encore
des maffes de rochers. On a affez généralement confondu
enfemble les ftéatites, les ferpentines & les pierres ollaires ;
l'on peut cependant les diftinguer entr'elles, en obfervant
que la *ftéatite* eft compofée de particules très-fines & prefqu'indifcernables ; on en voit de blanche, de vert clair, de vert
obfcur, & quelquefois de jaune. La dureté des ftéatites varie
jufqu'à s'écrafer entre les doigts comme celles de Landfend
en Cornouailles, & de Dauphiné. La *ferpentine* eft compofée
de parties vifibles & indiftinctibles à l'œil nud ; quelquefois
elle eft en parties fibreufes très-ferrées les unes contre les
autres, & qu'on n'apperçoit plus lorfqu'on la coupe ou
qu'on la polit ; il y en a de couleur vert obfcur & de couleur vert clair ; quelquefois elle eft compofée de petits
grains, & alors fa couleur varie prodigieufement ; il y en
a de noire, de vert obfcur, de vert clair, de rouge,
de grife bleuâtre & de blanche. La *pierre ollaire* proprement
dite, eft d'un tiffu plus groffier, & moins dure que la ferpentine, & fouvent elle eft mêlée de mica. Son nom lui vient
de ce qu'on peut la tourner, & qu'on en fait des marmites
& d'autres vafes dont l'ufage eft très-commun en Allemagne

& chez les Grifons. M. Sage poſſède, dans ſon riche cabinet, une variété de pierre ollaire griſe mêlée de mica
couleur roſe & tranſparent, & qui châtoie comme l'avan-
turine.

§. C V I I. D.

Il faut placer parmi les ſtéatites pulvérulentes la *craie* de
Briançon, & parmi les ſolides, la *pierre de lard*, la *craie
d'Eſpagne*, & parmi les ſerpentines, la *pierre néphrétique*.

§. C V I I. E.

La CRAIE DE BRIANÇON, ou mieux ſtéatite de Briançon,
eſt une ſtéatite pulvérulente, dont les molécules ne ſont
qu'agglutinées les unes avec les autres, & qu'on peut ſéparer facilement; ce qui fait qu'elle laiſſe ſur les doigts ou
ſur les étoffes une pouſſière fine qui a l'air talqueuſe; elle
eſt douce & onctueuſe au toucher; ſa couleur eſt d'un
blanc verdâtre; quelquefois on y remarque des taches d'un
vert noirâtre qui ſont dues au fer, ſuivant M. Sage. La
ſtéatite de Briançon, calcinée à un feu violent, devient
plus légère, perd ſon onctuoſité; celle qui eſt verdâtre
devient alors jaunâtre, & les taches prennent une couleur
noire par la calcination du fer.

§. C V I I. F.

La PIERRE DE LARD eſt une ſtéatite d'un vert jaune ſolide,
demi-tranſparente, qui reſſemble, pour la couleur & l'aſpect,
à du lard jaune ou à de l'huile figée par le froid; elle a
l'air onctueuſe & graſſe au toucher, ce qui vient de la
fineſſe & de la douceur des particules dont elle eſt compoſée; elle eſt ſuſceptible d'une eſpèce de poli: on la taille
& on la tourne facilement, & les Chinois en font de
petites figures.

§. C V I I. G.

On donne le nom de *pierre néphrétique* à une eſpèce de
ſerpentine qui paroît n'être qu'une variété de la pierre
de lard; ſa couleur eſt d'un vert obſcur, & elle eſt graſſe
au toucher. On a auſſi donné ce nom au jade (§. 126, *M.*).

Les nouvelles expériences de M. Bergman fur l'asbefte & l'amiante viennent de démontrer que l'asbefte étoit une vraie pierre magnéfienne, par conféquent nous l'allons placer ici.

§. C V I I. H.

MAGNÉSIE *unie à une portion confidérable de terre fili-ceufe & à une moindre de calcaire & d'argileufe, & fouillée de chaux de fer.* Asbefte.

L'ASBESTE eft une pierre magnéfienne ordinairement d'une couleur blanche argentine, quelquefois bleuâtre ou verdâtre : on peut attribuer cette dernière couleur & au fer dont l'asbefte eft prefque toujours fouillée, & je crois auffi à la portion de terre magnéfienne qui en fait le caractère principal ; car j'ai obfervé, en général, que les fubftances pierreufes qui en contiennent une portion confidérable, affectoient cette couleur, comme les ftéatites, les ollaires, la pierre de lard, &c. &c. L'asbefte, comme l'amiante, eft compofée de filets plus ou moins longs placés parallèlement les uns aux autres. La différence entre l'asbefte & l'AMIANTE, c'eft que dans les premiers les filets adhèrent tellement enfemble, qu'on ne peut les féparer que difficilement, & que dans l'amiante au contraire, ils fe détachent d'eux-mêmes très-aifément : ces filets font fragiles, très-mous, brillans & opaques. On doit réunir à l'asbefte le LIEGE & le CUIR DE MONTAGNE ; le premier n'eft qu'un asbefte blanche, compacte & élaftique comme du liège, & dont les filets font entrelacés dans différens fens, & le fecond, ou le cuir de montagne, ne diffère du premier que parce qu'il eft en maffe lamelleufe & d'une texture plus lâche.

§. C V I I. I.

L'asbefte paroît n'éprouver aucune altération de la part de l'air & de l'eau, fi ce n'eft qu'elle abforbe une certaine quantité d'eau, comme toutes les pierres magnéfiennes & argileufes ; le couteau l'entame facilement, & elle ne fait point feu avec le briquet ; les acides l'attaquent très-peu, encore faut-il employer l'ébullition, & par quelques opérations particulières, on vient à bout d'en extraire toutes les terres folubles dans les acides ; traité au feu par une longue calcination, il perd quelques centièmes de fon poids ; il fe fond à un feu violent, & en se refroidissant, il forme une masse filamenteuse, qui, poussée de nouveau à un feu plus considérable, se fond en un verre verdâtre qui perce le creuset. Les analyses que M. Bergman a faites de ces substances, lui ont donné, pour l'amiante de Tarentaise, qui est la plus belle & la plus fine, par quintal, 6 de terre pesante vitriolée, $6,\frac{9}{10}$ de chaux, $18\frac{6}{10}$ de magnésie, $3\frac{3}{10}$ d'argile, 64 de terre siliceuse, $1\frac{2}{10}$ de chaux de fer; pour l'asbeste, 6 de chaux, $16\frac{8}{10}$ de magnésie, 6 d'argile, 67 de terre siliceuse, & $4\frac{2}{10}$ de chaux de fer; pour le liège de montagne, 10 de chaux, 22 de magnésie, $2\frac{8}{10}$ d'argile, 62 de terre siliceuse & 3 de chaux de fer : enfin pour le cuir de montagne, $12\frac{7}{10}$ de chaux, $26\frac{1}{10}$ de magnésie, 2 d'argile, $56\frac{2}{10}$ de terre siliceuse & 3 de chaux de fer.

On trouve cette espèce de pierre dans les mines & sur les rochers. Plusieurs Naturalistes modernes pensent, avec assez de vraisemblance, qu'elles doivent leur naissance à une décomposition de la stéatite. L'analyse que M. Bergman a faite & de l'asbeste & de la stéatite (*Mém. cité*), semble confirmer cette idée. M. Daubenton en a distingué trois variétés principales, sous le nom générique d'*amiante*; 1°. l'amiante en filamens souples plus ou moins longs, ou lin fossile; 2°. l'amiante en filamens durs, ou asbeste; 3°. l'amiante en feuillets, liège & cuir de montagne.

§.   C V I I.   K.

Au chalumeau l'asbeste & l'amiante se fondent, & forment un globule opaque qui devient brunâtre, si on le laisse long-temps au feu; ils se dissolvent dans le borax & le sel microcosmique; l'alkali minéral les dissout avec effervescence. Le cuir de montagne se comporte de même; mais le liège de montagne donne au chalumeau un globule transparent.

§.   C V I I I.

MAGNÉSIE *mêlée de terre argileuse, siliceuse, & de pyrite.* M. Monnet a découvert cette espèce.

§.   C V I I I.   A.

☞ *Voyez* la description de cette substance, qui fournit

de l'alun & du fel d'Epfom affez abondamment, dans le nouveau Syftême de Minéralogie de M. Monnet, genre IX, p. 161. Il en diftingue deux variétés ; l'une qu'il nomme *mine d'alun ordinaire*, & l'autre, *fchifte noir & pyriteux*, ardoife friable.

§. C I X.

MAGNÉSIE *mêlée de terre argileufe, filiceufe, de pyrite & de pétrole.* Cette efpèce reffemble au fchifte alumineux ; mais par l'analyfe on voit qu'elle contient plus de magnéfie que d'argile.

§. C I X. A.

☞ Cette variété, que l'on pourroit nommer SCHISTE ALUMINEUX MAGNÉSIEN, a le plus grand rapport avec la variété précédente, §. 108, & elle n'en diffère que par la matière bitumineufe dont elle eft imprégnée.

§. C X.

Toutes ces efpèces, excepté la première, font plus ou moins fouillées de fer ; cependant ce n'eft pas à ce métal qu'il faut attribuer abfolument toute la couleur, car au feu la couleur verte difparoît ordinairement, & il ne refte plus qu'une maffe blanche opaque.

§. C X. A.

☞ La préfence du fer eft fi marquée dans les ftéatites, les ferpentines & les pierres ollaires, que prefque toutes font mouvoir le barreau aimanté. On a cru long-temps que toutes les couleurs vertes des pierres étoient dues au cuivre ; mais les expériences modernes ont démontré clairement que c'eft le fer qui en eft prefque toujours le principe.

§. C X I.

Argiles.

Par le mot d'*argile*, nous n'entendons pas ici
l'argile ordinaire, celle qui eft toujours mêlée de
terre filiceufe, mais l'argile pure & dépouillée de
toute autre terre; on la retire telle affez facilement
de l'alun de Rome, diffous dans l'eau diftillée &
précipitée par l'alkali volatil aéré.

§. C X I I.

Cette argile a une pefanteur fpécifique $= 1,305$;
elle fe diffout dans les acides avec peu d'effervefcence; avec l'acide vitriolique elle forme de l'alun,
& avec le nitreux, le muriatique & l'acéteux, des
fels déliquefcens.

Defféchée fimplement, elle attire avec force
l'eau, elle fe ramollit & prend une certaine ténacité qui la rend fufceptible de fubir toutes les
formes qu'on veut lui donner; au feu elle fe refferre
& prend de la retraite, ce qui occafionne plufieurs
fciffures; mais infenfiblement elle prend une telle
dureté, qu'elle peut faire feu avec le briquet; par
une longue calcination, le gluten qui produifoit
fa ténacité fe diffipe, & elle perd toute l'eau qu'elle
renfermoit dans fes pores, qui fe contractent par le
feu; elle ne peut reprendre fon premier état que
par une nouvelle diffolution & précipitation : la
diffolution peut fe faire & par la voie fèche, au
moyen du fel alkali fixe, & par la voie humide, au

moyen des acides. On ne peut préférer l'acide vitriolique aux autres, que parce que sa concentration
est plus facile : l'argile ne dissout point le soufre &
ne décompose point le sel ammoniac.

§. C X I I. A.

☞ Aux qualités détaillées par M. Bergman, nous en
ajouterons encore quelques-unes qui ne serviront qu'à la
mieux faire connoître. L'ARGILE est ordinairement dense,
compacte & serrée ; & comme ses molécules sont très-fines,
très-rapprochées & très-mobiles, avec le doigt & un peu
d'humidité on la polit ; elle se polit elle-même, lorsqu'on
la frotte sur un autre corps poli ; si on la met sur la langue,
elle y happe ou s'y attache ; elle attire l'humidité de l'air
& s'y délite ; elle se délaye facilement dans l'eau, & y reste
flottante, ce qui la fait reconnoître & distinguer des autres
terres qui se précipitent ; si on l'expose brusquement au feu,
elle y décrépite & saute en éclats avec grand bruit, ce
qu'il faut attribuer à l'eau qui étoit enfermée entre ses
molécules ; quand elle est très-pure, elle résiste au feu le
plus violent sans se fondre ; seulement les particules se
rapprochent, s'agglutinent les unes aux autres très-forte-
ment, & forment de l'*argile cuite* ; dans cet état elle ne
se laisse plus pénétrer par l'eau ; & réduite en poussière très-
fine, elle ne s'humecte que comme du sable broyé ; enfin elle
a perdu toute sa viscosité & toute sa ductilité.

§. C X I I. B.

On n'a pas encore reconnu parfaitement de quel principe
dépendoit la ductilité de l'argile ; on l'a attribuée à un gluten,
à une matière visqueuse disséminée entre ses molécules ; mais
la présence de ce glutten n'a pas été démontrée, ce n'est
encore qu'une simple supposition. Il est plus probable que
cette ténacité n'est due qu'à l'eau, à l'attraction mutuelle
des molécules de l'argile entr'elles, & à la forme particulière de ces mêmes molécules, qui est telle, qu'elles peuvent
obéir à cette puissance avec la plus grande force. Nous
voyons que dans une infinité de circonstances, l'eau donne
une sorte de ductilité à des substances arides, en faisant

adhérer & couler leurs molécules les unes fur les autres ;
de plus, l'argile ne perd fa ductilité que quand elle a perdu
au feu toute ou prefque toute fon eau. La forme dans les
petites diftances & pour les petits corps, comme l'a très-bien
remarqué M. le Comte de la Cepède, influe infiniment fur
l'énergie de l'attraction ; il n'eft pas étonnant que l'argile
cuite n'ait plus de ductilité, puifque le feu détruit la forme
primitive en la changeant par l'adhérence que les molécules prennent entr'elles.

§. C X I I. C.

Si la nature ne nous offre jamais l'argile abfolument pure,
on peut dire auffi qu'elle l'a prodiguée fi généreufement,
qu'il eft très-peu de fubftances qui n'en contiennent : les
fubftances qui altèrent le plus ordinairement les argiles naturelles, font le fable, le quartz, la terre calcaire, le principe inflammable, les matières bitumineufes, l'acide vitriolique, les terres métalliques, les matières pyriteufes, le
mica & le gypfe. Les couleurs de l'argile font dues au
principe inflammable & aux terres métalliques qu'elle contient ; quand on calcine l'argile colorée par le principe
inflammable, elle devient blanche : telles font les argiles
grifes & brunes d'une feule couleur ; les autres au contraire
ne blanchiffent jamais au feu.

§. C X I I. D.

Au chalumeau l'argile durcit, diminue de volume & ne
fe fond pas ; elle fait peu d'effervefcence avec l'alkali minéral, mais ne fe diffout qu'en petite quantité ; elle fe diffout
dans le borax avec peu d'effervefcence, & le fel microcofmique en bouillonnant plus violemment.

§. C X I I I.

ARGILE *mêlée de terre filiceufe.* (*Argile de porcelaine.* Cronftedt, *Min.* §. 78). Je n'ai jamais examiné d'argile, que je ne l'aie trouvée contenir
une portion confidérable de terre filiceufe, & très-
fouvent au-delà de la moitié.

§. C X I I I. A.

☞ La vraie argile de porcelaine est une argile apyre, c'est-à-dire, infusible quand elle est pure, comme le kaolin de la Chine & l'argile de Saint-Iriez, dans le Limosin ; mais cette argile, outre la terre siliceuse, contient encore une portion de mica plus ou moins considérable, sur-tout celle de la Chine. On en a deux variétés principales ; 1°. l'argile à porcelaine solide blanche comme celle du Japon, de Saint-Iriez & de Saxe, ou couleur de chair, comme celle dont on se sert en Saxe pour les vases de porcelaine les plus beaux ; 2°. l'argile à porcelaine pulvérulente pure comme celle de Westmanie & celle de Boserup, ou brillante comme celle de la Chine : son brillant est dû aux parties micacées qui s'y trouvent mêlées ou naturellement ou par art.

§. C X I I I. B.

Les argiles pour les poteries, les fayences, &c. &c. ne diffèrent de celle à porcelaine que par les proportions & la nature du mélange de la terre siliceuse : plus cette terre sera grossière ou en grande quantité, & plus la poterie sera grossière.

§. C X I I I. C.

Au chalumeau à-peu-près comme la précédente.

§. C X I V.

ARGILE *mêlée de terre siliceuse & de fer.* (Cronstedt, *Min.* §§. 87 & 90).

§. C X I V. A.

☞ L'argile mêlée de terre siliceuse & de fer, constitue la classe des terres & pierres argileuses connues sous le nom de BOLS. On les reconnoît assez facilement aux caractères suivans : ils sont doux & gras au toucher, happent à la langue, sont composés d'un grain extrêmement fin ; leur fracture est brillante au moment qu'on vient de la faire ; ils tachent les doigts, ils abſorbent l'eau facilement & s'y diſſolvent ; ce qui fait dire, lorſqu'on en met un morceau dans la bouche, qu'il s'y fond ; la quantité de fer qu'ils contiennent leur ôte une partie de la duĉtilité qu'ils devroient avoir ; au feu ils prennent de la retraite, ſe durciſſent & acquièrent une couleur rouge ; quand ils contiennent une portion calcaire, ils font effervefcence avec les acides, & dès-lors il faut les placer dans la variété ſuivante, §. 115 ; par la calcination le fer dont ils ſont imprégnés devient attirable à l'aimant.

§. C X I V. B.

Les terres & pierres bolaires ſont aſſez communes, & l'on en trouve dans preſque tous les pays, & de différentes couleurs, comme de blanches, de griſes, de jaunes, de rouges, de brunes & de noires : ces deux dernières ſont mêlées d'un peu de bitume. Les bols lavés & réduits en petits pains ronds, & portant l'empreihte d'un cachet, ſe nomment terres ſigillées : elles ne diffèrent des bols que parce qu'elles ſont lavées & purifiées.

§. C X I V. C.

Après les bols, il faut placer l'argile commune, qui contient les mêmes principes, mais plus groſſiers ; elle s'attache aux doigts, eſt graſſe au toucher, ſe fendille en ſe deſſéchant, rougit ou jaunit au feu, & finit par ſe fondre en une matière vitreuſe verdâtre, & quelquefois noirâtre ; ſes couleurs ordinaires ſont le gris, le bleu & le rouge.

§. C X I V. D.

Au chalumeau les argiles bolaires noirciſſent communément.

§. C X V.

Argile *mêlée de terre ſiliceuſe & calcaire.* (*Marne argileuſe*). Cronſtedt, *Min.* §. 25.

§. C X V. A.

☞ *Voyez* l'article §. 101, où nous avons donné l'hiſtoire

de la marne calcaire; la marne argileufe en diffère parce que c'eft la partie argileufe qui eft la plus confidérable, & qui lui donne affez de ductilité pour pouvoir être pétrie; qualité qui manque à la marne calcaire; elle eft douce au toucher, friable fous les doigts; mais dans l'eau elle acquiert de la ductilité, & l'on en peut faire des vafes, qui, chauffés avec précaution, confervent leur forme; elle fait très-peu d'efferveſcence avec les acides; elle durcit au feu & y change de couleur : on en fait de la fayence groffière. On doit auffi placer dans cette claffe la TERRE A PIPE : la plus belle que nous connoiffions vient du pays de Bray, en Normandie; elle ne fond point au feu. (D'Arcet, *Mémoire cité*).

§. C X V. B.

On doit placer, après la marne argileufe, l'AGARIC MINÉRAL, qui n'eft qu'une terre calcaire mêlée d'argile extrêmement divifée. L'agaric minéral eft très-fubtil, fpongieux, doux au toucher, de couleur blanche; quand on le met dans l'eau, il y furnage long-temps & la rend laiteufe; il happe à la langue, en y développant une faveur douce : on le trouve dépofé dans les fentes des pierres & des roches calcaires. Les caractères que je viens d'indiquer, l'efferveſcence qu'il fait avec les acides & fa manière de fe comporter au feu du chalumeau, comme la terre calcaire, doivent empêcher de confondre l'agaric minéral avec la farine foffile, qui eft un dépôt gypfeux, §. 59.

§. C X V I.

ARGILE *mêlée de terre ſiliceuſe & magnéſienne.* (*Terre de Lemnos*). Cronftedt, *Min.* §. 85. B; ancienne édition, §. 84.

Cette argile a quelqu'affinité avec le talc, par fes principes prochains; mais ils ne font pas ici fi intimément unis, & ils en different encore par les proportions.

§. C X V I. A.

☞ Dans cette claffe on doit renfermer toutes les argiles

OU TERRES A FOULONS. Presque tous les Auteurs des syſtêmes de Minéralogie varient beaucoup pour la claſſification de cette eſpèce d'argile ; les uns l'ont mis parmi les marnes, d'autres parmi les bols ; d'autres enfin indiſtinctement parmi les argiles à porcelaine colorées. L'Analyſe chimique nous apprend qu'il faut la placer immédiatement après la marne argileuſe, dont elle ne diffère que par la terre magnéſienne qu'elle contient.

§. C X V I. B.

Les caractères principaux des terres à foulon ou argile ſavoneuſe, c'eſt d'être extrêmement fine, compacte, friable, ſèche, onctueuſe & douce au toucher comme le ſavon ; quelquefois une apparence feuilletée, mais ſe caſſant en morceaux, ſans figure propre ou en écaille, ne s'amolliſſant pas facilement dans l'eau, mais s'y diviſant par morceaux, qui, battus dans l'eau, y produiſent une eſpèce d'écume comme le ſavon ; elle a encore avec le ſavon d'autres propriétés communes, entr'autres de s'unir avec les parties graſſes & huileuſes ; au feu elle donne un verre blanc & poreux.

§. C X V I. C.

On la rencontre dans les lieux élevés & ſur les colimes ; rarement en France, mais abondamment en Angleterre. Vallerius en cite trois variétés principales ; 1°. l'argile ſavoneuſe griſe, qui offre quelques petites taches blanches, & qui à la calcination laiſſe appercevoir des particules micacées, dont la caſſure offre des portions concaves & convexes : on la trouve à Oſmund, Berget ; 2°. l'argile ſavoneuſe, d'un jaune blanchâtre : les habitans de la Tartarie Crimée la nomment *keffekil*, & s'en ſervent en guiſe de ſavon ; 3°. enfin l'argile ſavoneuſe couleur de chair, dite *terre de Lemnos*, que l'on place ordinairement parmi les bols, & qui appartient à cette variété.

§. C X V I. D.

Le SMECTIS des anglois doit être claſſé immédiatement après l'argile à foulon, puiſqu'il eſt abſolument de la même espèce. Quelquefois l'argile à foulon tient un peu de terre calcaire, & alors on la nommée *marne à fou-lons*.

§. C X V I. E.

M. Bergman a donné l'analyse de trois espèces de cette argile ; la terre de Lemnos ; l'argile d'Hampshire ; (la précieuse terre à foulon d'Angleterre, que l'on ne peut emporter que par contrebande), & celle d'Osmund ; & elles lui ont donné de la terre siliceuse en quantité, un cinquième d'argile & de chaux aérée, de magnésie aérée & de chaux de fer, environ $\frac{1}{20}$ chacune. Il pense, en conséquence, qu'on les doit distinguer sous le nom générique de *litho-margh*. S'il les classe parmi les argiles plutôt que parmi les terres siliceuses, quoique cette dernière y soit la partie la plus abondante, cela vient de la portion argileuse, dont le caractère y est infiniment plus marqué que celui de la terre siliceuse. *Voyez* §. 15.

§. C X V I. F.

Au chalumeau cette espèce d'argile décrépite plus ou moins, noircit, fond avec bouillonnement, en laissant une scorie ordinairement brune ; avec l'alkali fixe, il y a effervescence & bruit, & avec le sel microcosmique, elle se dissout d'abord avec effervescence, & disparoît ensuite toutoufois, mais lentement.

§. C X V I I.

ARGILE *souillée peut-être de soufre, du moins de son acide, & d'alkali végétal.* (*Mine d'alun de Rome*). Cronstedt, *Min.* §. 124. 2. b.

Cette mine contient réellement l'acide sulphureux (1), & peut-être une petite portion de soufre. L'alkali végétal qu'on y rencontre toujours, annonce assez que c'est un produit volcanique.

---

(1) N. act. Ups. vol. III. p. 121.

§. CXVII. A.

☞ L'alun, comme nous l'avons vu §. 67, est un sel moyen terrestre résultant de la combinaison de l'acide vitriolique & de l'argile ; quand l'argile s'y trouve en grande proportion, & qu'elle contient encore l'alkali végétal ou potasse, alors elle forme la mine d'alun argileuse de la Tolfa & de la Solfatare. Ses caractères principaux sont d'avoir un goût très-stiptique, astringent ; l'effervescence qu'elle fait avec les acides, vient peut-être plutôt de la portion d'alkali végétal qu'elle contient, que de la terre calcaire qu'on lui suppose unie ; sa couleur est blanchâtre ou rougeâtre ; on l'emploie à Lumini, proche de Civita-Vecchia en Italie, pour la préparation de l'alun rouge pâle, & cette espèce est celle qui contient le moins de fer. M. Monnet, dans son nouveau Système de Minéralogie, d'après MM. Maquer, l'Abbé Mazeas & le Baron de Dietrich (*voyez* Lettres de Ferber sur l'Italie, p. 317) a très-bien remarqué que cette mine d'alun, sur-tout la blanche, avoit été souvent prise, mal-à-propos, pour une pierre gypseuse ou une pierre à chaux, mais qu'elle est une union très-intime du soufre avec la terre argileuse. M. Bergman, dans sa Dissertation sur la préparation de l'alun (*Opus. chim. trad. franç.* p. 316, t. I.), regarde cette mine comme une production volcanique, & il pense qu'il est probable qu'elle a été autrefois endurcie par un feu souterrein, & pénétrée en même temps d'une vapeur d'acide vitriolique phlogistiqué, qui l'a blanchie.

§. CXVII. B.

Au chalumeau cette mine d'alun n'est pas entièrement soluble dans l'alkali minéral, mais elle s'y divise avec effervescence ; elle se dissout avec effervescence dans le borax & le sel microcosmique.

§. CXVIII.

ARGILE *mêlée de terre siliceuse, de pyrite & de pétrole.* (*Schiste alumineux* (1)). Cronstedt, *Min.* §. 124. 3.

---

(1) Opusc. vol. I. p. 291, 292. Edit. franç. 315.

§. CXVIII. A.

§. CXVIII. A.

☞ Le SCHISTE ALUMINEUX, fuivant M. Bergman (endroit cité), n'eft autre chofe qu'un fchifte argileux noirci par l'huile bitumineufe defféchée, dont il a été imprégné. Par l'analyfe, dans les diffolvans, il contient, 1°. une argile mêlée de fer, & qui va fouvent aux $\frac{1}{4}$ de la maffe, une matière filiceufe qui en fait $\frac{1}{8}$, & quelquefois plus; 2°. une petite portion de terre calcaire, fouvent un peu de magnéfie, & pour le furplus, de la pyrite & du bitume : pendant la calcination ce dernier principe fe diffipe.

§. CXVIII. B.

On trouve le fchifte alumineux non-feulement dans l'Italie, où on en retire l'alun, mais encore dans le pays de Liège, dans la Suède, dans le Jemteland, & dans quelques mines de charbon de terre. Il y en a peu de variétés; il eft ou en lames régulières avec des faces mates, ou ondé & cunéiforme à facettes brillantes; il eft fujet à tomber en efflorefcence par la décompofition des pyrites, & alors il fe recouvre d'aiguilles d'alun très-fines & très-délicates.

§. CXVIII. C.

Il faut ranger dans cette claffe tous les fchiftes alumineux gras, noirs ou bruns, qui teignent les doigts, & font employés comme crayons par quelques ouvriers, comme celui de la carrière de Bechet, près de Séez en Normandie; ils font plus ou moins folides ou friables; on les nomme *ampelithe*.

§. CXVIII. D.

Lorfque ce même fchifte alumineux & bitumineux a éprouvé un degré de feu par quelque caufe que ce foit, il paffe alors à l'état de *tripoli*. Dans la tripolitière de Feligné en Normandie, j'ai vu clairement que le tripoli n'étoit dû qu'à la combuftion du fchifte bitumineux. (*Journ. de Phyfique* 1784). Le tripoli offre une fubftance terreufe fèche, aride, compofée de particules très-fines & très-dures, adhérentes les unes aux autres, mais cependant pas affez

I

fort pour qu'on ne puiſſe les ſéparer avec les doigts ; au toucher même on ſent qu'il eſt grenu ; il s'imbibe d'eau ſans s'y ramollir ; il ne fait point d'efferveſcence avec les acides, à moins qu'il ne contienne par haſard un peu de terre calcaire. M. Darcet eſt venu à bout de le fondre ſans addition. On en connoît trois variétés principales, qui, je crois, ne diffèrent que par le degré de feu que le ſchiſte bitumineux a éprouvé ; 1°. le tripoli rouge, c'eſt le plus tendre, le plus doux & le plus ferrugineux ; 2°. le tripoli gris ; 3°. le tripoli jaune, c'eſt le plus rude au toucher & le plus eſtimé des ouvriers. En France on connoît deux fameuſes tripolitières ; celle de Poligné en Normandie, & celle de Menat en Auvergne.

§. CXVIII. E.

Au chalumeau le ſchiſte alumineux & bitumineux blanchit & paſſe à l'état de vrai tripoli ; il n'eſt pas entièrement ſoluble dans l'alkali minéral, mais il s'y diviſe avec efferveſcence ; dans le borax & le ſel microcoſmique, il ſe diſſout avec efferveſcence, très-bien dans le premier, & moins bien dans le ſecond ; les verres reſtent blancs & tranſparens : cependant le tripoli rouge leur donne une petite couleur verte, ce qui indique la préſence du fer.

§. CXVIII. F.

Nous croyons devoir placer ici le ſchiſte, parce qu'il n'y en a point qui ne contienne l'argile en grande proportion, & plus ou moins de terre ſiliceuſe & de bitume.

SCHISTE. Le nom de *ſchiſte* ou *de pierre ſchiſteuſe* a été donné en général à toute ſubſtance pierreuſe fiſſile qui ſe ſéparoit facilement en lames ou en feuillets plus ou moins épais ; mais on ſent que cette application eſt très-vague, & qu'elle entraîne néceſſairement de la confuſion. On trouve du ſchiſte qui contient ſi peu de terre calcaire, qu'il ne fait point d'efferveſcence ; & l'on en rencontre auſſi qui en contient dans une ſi grande proportion, qu'on peut en faire de la chaux, mauvaiſe à la vérité, à cauſe de la partie argileuſe. Il y a des ſchiſtes aſſez bitumineux pour pouvoir brûler, tandis que d'autres en paroiſſent abſolument privés ; quelques-uns ſont vitrioliques, alumineux, & s'effleuriſſent à l'air ; d'autres au contraire font compactes, durs & fans combinaifons falines : enfin, plufieurs font feu avec le briquet, & tous contiennent plus ou moins de fer. Dans quelle claffe donc les placer ? Je crois que le plus fimple fera de les diftribuer dans les claffes indiquées par les principes dont ils font compofés, en leur confervant le nom de *fchiftes*, comme indiquant particulièrement la nature *fiffile* de cette pierre : ainfi on aura les variétés fuivantes ; 1°. fchifte dur argileux, ou ardoife dure, ardoife de table ; 2°. fchifte tendre argileux, ou ardoife à couvrir ; 3°. fchifte tendre filiceux, ou pierre à polir les métaux : M. d'Aubenton en diftingue fept variétés, tirées de la fineffe de leur grain ; 4°. fchifte dur filiceux, ou pierre à rafoir verte ou jaune, & pierre à faux ; 5°. fchifte dur calcaire ; tel eft celui dont on a fait de la chaux à Allevard en Dauphiné. A mefure qu'on analyfera les fchiftes, on les connoîtra mieux, & on pourra les placer dans cette Sciagraphie.

§. CXVIII. G.

ARDOISE. L'ardoife eft une efpèce de fchifte, & par conféquent de pierre argileufe (*voyez* le mot *fchifte*) dont le caractère principal eft de pouvoir fe divifer en lames très-minces, fufceptibles d'être taillées & de recevoir une forte de poli. La couleur ordinaire de l'ardoife eft un bleu plus ou moins foncé, qui fouvent tire fur le noir : il y en a plufieurs variétés ; 1°. l'ardoife folide noire, qui reçoit un mauvais poli, & dont on fait des tables ; quand on la racle, la pouffière qu'on en détache eft blanche & fait un peu d'effervefcence avec les acides ; elle fe fond au feu en une fcorie poreufe légère, d'un vert obfcur ; 2°. l'ardoife des toits & feuilletée ; elle fe divife facilement en lames ; elle eft fonore, fa pouffière eft grife ; elle décrépite très-peu au feu, mais elle y devient rougeâtre & s'y réduit en une fcorie grife & brillante ; 3°. l'ardoife graffe, c'eft une efpèce de fchifte alumineux, §. 118 ; elle eft d'une couleur noire, d'une confiftance plus molle & prefque friable ; elle eft compofée de lames tantôt épaiffes & tantôt minces ; fa pouffière eft très-fine & noire ; mife au feu elle répand une odeur de pétrole ; quelquefois elle prend feu & brûle : lorfqu'elle ne brûle pas, elle rougit ; en la pouffant, elle fond en

I 2

donnant une fcorie poreufe, affez légère pour furnager
dans l'eau. Les autres variétés d'ardoife appartiennent plutôt
au fchifte proprement dit.

§. C X I X.

ARGILE *intimément unie à la moitié moins de fon
poids de terre filiceufe & à un peu de chaux aérée.*
Cronftedt, *Min.* §. 43-48. *Gemmes.*

Les gemmes, traitées au chalumeau avec l'alkali
minéral, ne paroiffent éprouver aucun changement,
mais elles fe diffolvent avec le fel microcofmique
& le borax. Les rubis, le faphir, la topaze & l'émeraude appartiennent à cette claffe : la tourmaline
tient le milieu entre les gemmes & les fchorls ;
cependant par fon caractère propre elle fe rapproche
davantage des derniers. La couleur des pierres
gemmes eft due au fer.

§. C X I X. A.

Les nombreufes & exactes expériences de M. Bergman
fur les pierres précieufes ou gemmes, que nous avons
inférées dans le *Journal de Phyfique* 1779, *t. XIV*, ont
jeté le plus grand jour fur la nature & la compofition de
cette efpèce de pierre : cependant le fervice que ce favant
Chimifte Suédois a rendu à la fcience a d'abord été prefqu'inutile. On a commencé en France par révoquer en doute leur
exactitude & en nier les réfultats, avant de les répéter :
c'étoit toutefois le feul moyen d'en démontrer la vérité
ou la fauffeté. A Berlin, M. Margraff s'eft exercé fur la
même matière ; & dans fon *Analyfe fur la Topaze de Saxe*,
il a trouvé les mêmes principes que M. Bergman. (*Voyez*
Suppl. au Journal de Phyfiq. 1782, t. XXI, p. 101).
M. Gerhard, de la même Académie, s'eft auffi rencontré
avec le Chimifte Suédois (*ibid. p. 56*). M. Achard a travaillé fur le même objet, & a eu les mêmes réfultats : c'eft
donc avec confiance que je cite ici les travaux de ces différens Savans.

§. C X I X. B.

LES GEMMES, en général, font compofées de quatre principes; de la terre argileufe, de la terre filiceufe, de la chaux
aérée ou terre calcaire, & d'une très-petite portion de fer,
auquel elles doivent fans doute leur couleur. Voici les proportions que M. Bergman a trouvées dans les cinq pierres
précieufes fuivantes :

	Argil.	Ter. fil.	Calc.	Fer.	
Emeraude orientale d'un vert gai,	60	24	8	6	
Saphir oriental d'un bel azur,	58	35	5	2	
Topaze de Saxe d'un jaune doré,	46	39	8	6	par 100.
Hyacinthe orientale jaunâtre,	40	25	20	13	
Rubis oriental d'un rouge écarlate,	40	39	9	10	

Il feroit trop long de donner le détail de fes expériences :
voyez Journ. de Phyfiq. 1779, t. XIV, p. 268.

§. C X I X. C.

L'*émeraude* eft une pierre gemme compofée de lames; fa
couleur eft verte de plufieurs teintes. L'émeraude orientale
dont parle Vallerius, eft d'un vert bleuâtre, quelquefois
fi foncé, qu'à la lumière elle paroît noire; fa couleur peut
être moins intenfe, telle que celle de l'émeraude dont
M. Bergman a fait ici ufage; les plus communes viennent
de l'Amérique, & on les nomme *occidentales* : le Pérou &
le Bréfil fourniffent les plus belles. Il eft affez facile de les
diftinguer; celle du Pérou eft d'une couleur fatinée, & l'autre
d'une couleur terne. L'émeraude eft la plus tendre des gemmes, & fe laiffe rayer par la topaze, le faphir, le rubis, excepté le fpinel; mais elle l'emporte de dureté fur toutes les
autres. Au feu de porcelaine l'émeraude perd fa tranfparence & une partie de fa couleur, mais ne fe fond point.
Darcet, *Mém. cité.*

§. C X I X. D.

Le *faphir* eft une pierre gemme compofée de lames &
de couleur bleue; elle eft auffi dure que le rubis & la topaze : on en connoît trois variétés; 1°. le faphir d'Orient,
d'un bleu célefte; quelquefois fa couleur a une teinte
laiteufe; 2°. le faphir du Bréfil, dont la couleur bleue

I 3

varie, est moins vive que celle du saphir d'Orient; 3°. le saphir indigo, le plus beau des trois, est d'une couleur très-belle, mêlée de bleu & de violet; au feu de porcelaine il perd sa couleur, mais il n'y fond point. Darcet, *ibid.*

§. C X I X. E.

La *topaze* est une pierre gemme composée de lames, d'une couleur jaune dorée : on en connoît deux variétés principales; la topaze occidentale ou du Brésil, qui est d'un beau jaune d'or foncé; l'orientale, & celle de Saxe, d'un jaune plus tendre. Au feu de porcelaine la topaze orientale ne perd ni sa couleur ni sa transparence, & elle ne fond point; la topaze du Brésil perd au feu sa transparence, son poli & sa dureté, mais sans y fondre.

§. C X I X. F.

Le *rubis* est une pierre gemme composée de lames, d'un rouge vif foncé ou ponceau, & d'une teinte pourpre; c'est la plus belle & la plus précieuse des pierres gemmes, c'est aussi la plus pesante & la plus dure. Les plus beaux nous viennent de Java & de Ceylan; au feu de porcelaine il n'y est nullement altéré.

§. C X I X. G.

L'*hyatinthe* est une pierre gemme composée de lames, dont la couleur est rouge, mêlée de jaune. L'hyacinthe dite *la belle*, paroît beaucoup plus rouge que jaune, & c'est le contraire de l'hyacinthe orientale, & c'est sur une de cette variété que M. Bergman a travaillé; au feu de porcelaine elles perdent de leur couleur, mais rien de leur transparence ni de leur dureté; elles n'y fondent point.

§. C X I X. H.

Au chalumeau l'hyacinthe, le saphir, le rubis & la topaze sont infusibles; l'émeraude donne quelques légers signes de fusion : cette dernière se divise avec effervescence dans l'alkali minéral, mais sans s'y dissoudre entièrement; les quatre premières n'en sont point attaquées. L'hyacinthe, le rubis, le faphir, l'émeraude & la topaze fe diffolvent dans le borax fans effervefcence; la dernière demande plus de flux & un feu plus continué, ainfi que pour le fel microcofmique..

§. C X I X. I.

Prefque tous les Auteurs ont placé le péridot ou chryfolithe parmi les pierres gemmes; mais fes caractères & fa manière de fe comporter au feu doivent l'en exclure, ou du moins le mettre au dernier rang : cependant nous le plaçons après elle, jufqu'à ce qu'on en ait fait une analyfe affez parfaite pour fa claffification.

Le PÉRIDOT eft d'un vert d'herbe mêlé de jaune; c'eft la plus tendre des pierres gemmes, elle l'eft plus que le criftal de roche; elle perd fa couleur & fa tranfparence au feu; elle y blanchit; fon poids y diminue, & dans certaines circonftances elle fe fond d'elle-même en un émail opaque blanc, & dans le moment de fa fufion elle devient phofphorique; ce qui lui eft commun avec la zéolithe. On connoît trois variétés du péridot; 1°. le péridot de couleur vert d'eau; 2°. le péridot de couleur obfcure, & 3°. le péridot d'un vert jaune, qui, expofé au foleil, réfléchit différentes couleurs. On trouve des péridots dans l'Inde orientale, en Bohême, en Siléfie, &c. Au chalumeau le péridot ne fe fond prefque pas, peu avec l'alkali minéral; il fe diffout dans le borax & le fel microcofmique fans effervefcence.

§. C X X.

ARGILE *intimément unie à la terre filiceufe, faifant la moitié & plus du poids total, & à très-peu de chaux aérée.* Cronftedt, *Min.* §§. 68-71, *grenat & bafaltes* (fchorl de Bergman).

Les variétés très-éloignées de ces efpèces fe diftinguent facilement, mais très-difficilement celles qui s'en rapprochent.

§. C X X. A.

Dans la claffification du grenat, du fchorl, &c. qui contiennent plus de moitié de terre filiceufe, M. Bergman a eu égard à la portion argileuſe, qui influe tellement ſur ces ſubſtances, que ſon caractère propre l'emporte ſur celui de la terre ſiliceuſe.

§. C X X. B.

Le GRENAT eſt une pierre vitreuſe rouge, qui doit ſuivre naturellement les pierres gemmes, parce que la partie argileuſe qu'elle contient, quoique moindre que la ſiliceuſe, maſque tellement cette dernière, qu'elle eſt beaucoup plus ſenſible. Cette pierre contient, d'après les expériences de M. Bergman, de la terre vitrifiable, qui forme la partie principale, enſuite de la terre argileuſe, un peu de terre calcaire & du fer ; mais la proportion du fer varie beaucoup ; le grenat tranſparent en contient environ $\frac{2}{100}$, & dans les criſtaux opaques & d'un rouge noir, cela va quelquefois juſqu'à $\frac{20}{100}$. La ſtructure du grenat, bien examinée, eſt lamelleuſe, & ſa caſſure vitreuſe ; ſa dureté eſt inférieure à celle des autres pierres gemmes, mais elle l'emporte ſur celle du criſtal de roche & du quartz ; il fait feu avec le briquet ; il ne réſiſte pas à la lime ; au feu il perd de ſon poids, & s'y fond en formant un verre noirâtre ou verdâtre, en proportion de la quantité de fer qu'il contient : quoiqu'il ne faſſe point d'efferveſcence avec les acides, ceux-ci l'attaquent par une longue digeſtion, & viennent à bout d'en ſéparer la terre calcaire & le fer. On trouve le grenat ordinairement criſtalliſé, dans des terres micacées, du ſchiſte, du quartz, &c. & quelquefois des portions grenatiques non criſtalliſées ; il y en a pluſieurs variétés dans chaque eſpèce, & ces variétés dépendent de l'opacité, de la tranſparence & des couleurs. Les grenats tranſparens & criſtalliſés ſont d'un rouge pourpré ; d'autres ſont d'un brun rougeâtre ; quelques-uns d'un vert jaunâtre, & quelques-uns tirent ſur le violet ; les grenats opaques ſont ſi foncés, qu'ils paroiſſent noirs.

§. C X X. C.

Le SCHORL eſt une pierre dure vitreuſe, dont la couleur, ordinairement verte, varie cependant autant que celle des criſtaux de roche colorés. Vallerius & Cronſtedt ont été fort embarraſſés pour claſſer cette pierre ; ils en ont fait une claſſe à part, ſous le nom de *baſalte*. Je crois, avec M. Bergman, qu'il vaut mieux lui conſerver le nom de ſchorl,

afin qu'on ne confonde point les fchorls proprement dits
avec les bafaltes des volcans. Le fchorl eft compofé de
terre vitrifiable, qui y eft en plus grande quantité que dans
le grenat; de terre argileufe, dont les qualités font beaucoup plus apparentes & prédominantes; d'un peu de terre
calcaire & de fer. La proportion du fer varie dans les criftaux
tranfparens, elle va à $\frac{4}{100}$; & dans les opaques, fur-tout les
noirs, à $\frac{20}{100}$. Après une longue digeftion, les acides en fé-
parent la partie calcaire, le fer, & même une grande portion
de la terre argileufe. Le fchorl fe fond facilement au feu en
un verre noir ou verre foncé; il n'eft guères plus dur que
le criftal de roche : fouvent on peut entamer avec le couteau
le fchorl prifmatique, & toujours le feuilleté. Il y a plufieurs
variétés du fchorl, qui, comme celles du grenat, dépendent
de l'opacité, de la tranfparence & de la couleur du fchorl.
M. Daubenton a divifé les fchorls criftallifés fuivant le
nombre des pans, du prifme & de la pyramide du criftal, &
il en a trouvé cinq variétés; pour les fchorls informes, il les
divife en fchorls informes fpathiques ftriés en faifceaux, &
en fchorls informes en maffes, dont la caffure eft à petites
facettes. Les criftaux de fchorls tranfparens varient prodigieufement pour la couleur; il y en a de rougeâtre, de blanc,
de vert, de bleu, de violet, &c : les opaques font noirs ou
verts-foncés. On trouve cette pierre ou ifolée & criftallifée
dans les anciennes montagnes, ou mêlée avec le quartz pur,
ou le quartz, le mica, le feldt fpath, comme dans le granit
où dans d'autres roches.

§. C X X. D.

D'après les analyfes de la TOURMALINE, faites par
M. Bergman & M. Muller (*Journ. de Phyfiq.* 1780, t. XV,
p. 182), cette pierre doit être placée immédiatement après
les fchorls; quoique M. Muller lui-même la claffe parmi les
zéolithes. Il feroit poffible d'accorder ces deux fentimens, en
claffant la tourmaline entre le fchorl & la zéolithe; & cela
avec d'autant plus de raifon, que la tourmaline a des caractères communs à l'un & à l'autre. La tourmaline a la tranfparence du fchorl, & cette tranfparence varie en raifon du
fer qu'elle contient; elle a l'apparence & la caffure vitreufe.
Au microfcope elle paroît compofée de lames comme le
fchorl; elle fait feu avec le briquet, & coupe le verre; ce

que la zéolithe fait rarement : chauffée de quelque manière
que ce soit, elle devient électrique comme quelques schorls;
elle fond sans addition comme le schorl, & elle répand
une lueur phosphorique au moment de la fusion, comme
la zéolithe; fondue avec le borax & jetée ensuite dans l'eau-
forte, elle se change comme elle en une substance gélatineuse. Enfin sa gravité spécifique approche plus de celle du
schorl que de celle de la zéolithe. La couleur de la tourmaline est un vert obscur & comme enfumé ; elle varie
seulement d'intensité. On croyoit autrefois qu'il n'y avoit
de tourmaline que dans l'isle de Ceylan; mais M. Muller
(*Loc. cit.*) en a trouvé dans le Tirol, & on en trouve
aussi en Espagne. Il ne faut point séparer la tourmaline du
Brésil, qui n'en est qu'une variété, & dont les caractères
la rapprochent davantage du schorl.

§. CXX. E.

Au chalumeau le grenat fond sans bouillonnement, le
schorl & la tourmaline en bouillonnant; ils ne sont pas
entièrement dissolubles dans l'alkali minéral, mais ils s'y
divisent avec effervescence, excepté le grenat, qui ne fait
point effervescence. Le borax & le sel microcosmique dissolvent le schorl & la tourmaline avec effervescence, & le
grenat sans effervescence.

§. CXXI.

ARGILE *unie légèrement à la terre siliceuse, faisant la moitié du poids & quelquefois davantage,
& à un peu de chaux. Zéolithe.* Cronstedt, *Min.*
§§. 108-112.

La zéolithe a un très-grand rapport avec les
schorls; mais dans la zéolithe les principes prochains sont unis si lâchement, que les acides peuvent détruire cette combinaison sans qu'on soit
obligé auparavant de le traiter avec l'alkali fixe,
comme on le fait ordinairement pour les schorls.

Je n'ai pas encore examiné de zéolithe souillée
de la magnésie.

§. CXXI. A.

La ZÉOLITHE est une pierre dure vitreuse, dont la couleur est rouge, blanche ou jaunâtre, rarement transparente : communément sa dureté n'est pas assez considérable pour faire feu avec le briquet ; elle se dissout dans les acides, en formant une gelée ; & d'après la belle analyse que M. Pelletier a donnée de cette pierre (*Journal de Physiq.* 1782, *t. XX. p.* 420), il paroît qu'elle tient $\frac{50}{100}$ de terre quartzeuse, $\frac{20}{100}$ de terre argileuse, $\frac{8}{100}$ de terre calcaire, $\frac{22}{100}$ de phlegme. M. Bergman remarque que le fer qui s'y rencontre est en si petite quantité, que rarement il excède $\frac{1}{100}$. A un feu violent elle se fond en émail : non-seulement on reconnoît la zéolithe par l'analyse, mais encore par sa cristallisation pyramidale, portant d'un centre commun & divergeant à la circonférence ; ce qui lui donne assez généralement une figure sphérique : on en trouve dans les montagnes, & quelquefois dans l'intérieur des productions volcaniques.

§. CXXI. B.

Nous croyons ne devoir point séparer la PIERRE D'AZUR de la zéolithe, dont elle a les caractéres, d'après l'analyse de M. Margraff (*Opusc. chim. t. II*) ; elle n'en diffère peut-être que par une portion de gypse tout formé, que cet habile Chimiste y a rencontré. La *pierre d'azur* est donc une espèce de zéolithe non transparente, d'une belle couleur bleue, tachetée de points ou de vénules blanches, & mêlée de petites marcassites, que l'on prenoit autrefois pour de l'or. Elle est assez dure, donne des étincelles au briquet dans quelques endroits ; avec les acides, sur-tout le nitreux, elle fait un peu d'effervescence ; ce qui n'arrive jamais lorsqu'elle est calcinée, parce qu'alors l'acide aérien uni à la terre calcaire, a été dégagé par le feu ; elle se résout en gelée dans les acides ; elle est susceptible d'un beau poli ; à la calcination elle conserve sa couleur : mais si on la pousse violemment, elle devient brune, & se fond ensuite en un verre bleu : au moment de la fusion, elle paroît phosphorescente comme la zéolithe. On n'en connoît que deux variétés tirées de la couleur ; 1°. la pierre d'azur orientale ou d'un beau bleu pourpré ; 2°. la pierre d'azur d'un bleu pâle.

§. CXXI. C.

Au chalumeau la zéolithe fond en bouillonnant ; avec l'alkali minéral la zéolithe n'est pas entièrement soluble, mais elle s'y divise avec effervescence ; dans le borax & le sel microcosmique, la zéolithe se fond sans effervescence.

§. CXXII.

ARGILE *intimément unie à beaucoup de terre sili-ceuse & à un peu de magnésie.* Cronstedt , *Min.* §§. 93-96, *mica, talc.*

§. CXXII. A.

☞ Les analyses diverses que l'on a faites du TALC & du MICA ne sont pas assez suffisantes pour pouvoir indiquer les proportions exactes dans lesquelles la terre argileuse & la terre siliceuse se trouvent dans cette espèce de pierre. Le talc est composé de feuillets très-minces, plus ou moins flexibles, transparens, & ayant une espèce de brillant métallique ; ce qui fait que lorsqu'on le broye dans les doigts il les tache d'une poussière brillante ; il est doux au toucher, assez tendre & fragile ; le moindre corps dur peut l'entamer ; il paroît indestructible à l'air ; cependant le talc noir exposé aux rayons du soleil prend à la longue une couleur jaune dorée. A la calcination il devient plus fragile ; & poussé à un feu très-violent, M. Darcet est venu à bout de le fondre ; au miroir ardent il se réduit en verre brun ; si on le mêle avec d'autres substances, comme l'alkali fixe, le borax, le sel microcosmique, il se fond, &c. &c. Il ne fait point d'effervescence avec les acides, qui à peine en dissolvent quelques légères portions. On peut voir par-là combien intimément sont unis les principes constituans du talc.

§. CXXII. B.

La nature nous offre le talc & le mica, qui n'est que le talc en petites lames, mêlé avec des roches composées & des sables, formant des veines ou des amas ; mais ne constituant jamais des roches entières ; il est assez souvent, un indice de mine. On en connoît de deux espèces : 1°. le talc à grandes feuilles ; elles peuvent se séparer aisément & sont très-minces ; moins elles ont d'épaisseur & plus elles sont transparentes ; il se casse sans aucune figure déterminée, & vu au microscope, suivant M. Daubenton, il paroît frangé comme un morceau de papier déchiré, ce qui doit le faire distinguer extérieurement du gypse cristallisé avec lequel on le confond souvent, & dont la cassure est toujours en ligne droite, en portion de rhombe. Le talc le plus beau est celui de Moscovie, connu sous le nom de *verre de Moscovie* : 2°. le talc à petites lames ou mica : il ne diffère du premier peut-être que parce qu'il est toujours en petites portions, en écailles. Il y en a quatre variétés principales ; le mica brillant qui est en petites lames, demi-transparentes, ou opaques : il y en a de bruns, de noirs, de rouges, de jaunes & de blancs ; le mica feuilleté qui est en parcelles très-petites, rassemblées les unes contre les autres, comme les feuillets d'un livre : il y en a de blancs, de jaunes, de rouges, de verdâtres & de noirs ; le mica strié, composé de particules allongées, & presque fibreuses : il y en a de gris & de noirs ; enfin, le mica cristallisé, qui, le même que les deux précédens, a seulement une forme régulière. Les micas se rencontrent dans les granits, dans les quartzs gras, généralement dans les pierres vîtreuses, & jamais dans les pierres calcaires.

§. C X X I I. C.

Le mica très-pur est infusible à la flamme du chalumeau ; avec l'alkali minéral il n'est pas soluble en entier, mais il s'y divise avec effervescence ; il se fond dans le borax & le sel microcosmique avec peu d'effervescence.

§. L X X I I I.

TERRE SILICEUSE.

CETTE terre, comme toutes les autres terres primitives, ne se rencontre jamais pure ; pour l'avoir dans cet état, il faut réduire en poudre des criftaux tranfparens de quartz, les fondre avec quatre fois leur poids d'alkali fixe; rediffoudre le tout dans l'eau ; le précipiter avec excès d'acide; le laver dans de l'eau diftillée, & le bien fécher : cet excès d'acide eft néceffaire pour féparer abfolument toute terre étrangère.

§. CXXIV.

La *terre filiceufe* ainfi préparée, a une gravité fpécifique = 1,975 ; fes molécules, que l'on vient de mêler avec l'eau, occupent un efpace douze fois plus confidérable que lorfqu'elles font féches; elles font affez divifées pour refter fufpendues dans ce menftrue; & dans un vafe fermé, comme la marmite à Papin, elles peuvent y être diffoutes par le moyen d'un très-grand feu. La terre filiceufe n'eft attaquée par aucun acide, excepté le fluorique (§. 30). Les alkalis fixes attaquent la terre filiceufe par voie humide; mais ils la diffolvent avec une bien plus grande force par la voie féche; & mêlés avec le double de leur poids de cette terre, ils la changent en un verre dur & tranfparent; elle a une telle affinité avec les alkalis, qu'elle communique à l'argile, qui en contient toujours un peu, la propriété de décompofer le nitre & le fel marin, & d'en dégager une portion des acides nitreux & marin. La terre filiceufe très-pure eft réfractaire au feu.

Quoique la terre filiceufe ne foit pas tout-à-fait fimple, cependant on doit, en Minéralogie, la regarder comme une terre primitive, jufqu'à ce que des expériences bien faites nous faſſent connoître qu'elle vient des terres précédentes (1).

§. CXXIV. A.

☞ Nous ajouterons ſeulement ici que la vraie & peut-être l'unique manière de bien étudier la nature de la terre ſiliceuſe, ce ſeroit de faire une ſuite d'expériences ſur la terre précipitée de la liqueur des cailloux, §. 123. On n'en a encore fait juſqu'à préſent que de très-imparfaites. Celles rapportées dans l'abrégé des Œuvres chimiques de M. Gaſpar Neumann, par feu M. Roux (*in-4°.* 1781) page quarante-ſix, annoncent que la terre ſiliceuſe eſt un mixte. Car on y lit que demi-once d'eſprit de vitriol a diſſous d'un gros de cailloux préparés, un ſcrupule ; l'eſprit de nitre, ſeize grains ; l'eſprit de ſel, quinze grains ; l'eau régale, autant ; le vinaigre diſtillé, deux grains ; que la diſſolution par l'eſprit de vitriol étoit un peu rougeâtre ; celle par l'eſprit de nitre, un peu jaunâtre ; par l'eſprit de ſel un peu jaune ; par l'eau régale d'un jaune d'or ; & que celle par le vinaigre n'avoit pas changé de couleur. Il falloit examiner la nature des ſubſtances diſſoutes par ces différens acides, ce que l'on auroit connu par les précipitations, évaporations & cryſtalliſations.

§. CXXIV. B.

Au chalumeau elle ne fond pas. L'alkali minéral la diſſout avec une vive efferveſcence ; elle ſe diſſout lentement dans le borax ſans aucun bouillonnement ; plus encore dans le ſel microcoſmique, & ſans efferveſcence.

§. CXXV.

TERRE SILICEUSE *unie en très-petite partie à l'argileuſe & à la calcaire.* Cronſtedt, *Min.* §. 51, *quartz.*

§. CXXV. A.

☞ Il faut réunir ſous la même claſſe le criſtal de ro-

---

(1) Opuſc. vol. II, p. 49.

che & le quartz ; ils ne diffèrent l'un de l'autre que parce que l'un est cryftallifé & que l'autre ne l'eft pas ; & comme on peut regarder en général les criftaux, de quelque nature qu'ils foient, comme la portion la plus pure & la mieux combinée de la fubftance dont ils font formés, le criftal de roche doit être eftimé le quartz le plus pur & celui dans lequel les parties font mieux combinées. Il en eft de même entre le fpath calcaire & la terre calcaire, &c. &c.

§. C X X V. B.

Les molécules du quartz font fi tenues & fi rapprochées, qu'on ne peut pas les diftinguer ; fa caffure eft vitreufe ; dans le quartz cryiallifé & le criftal de roche, elle eft criftalline, & ils ont la furface d'une glace. Quand on le caffe, les morceaux n'offrent rien de régulier, & ils ont toujours des angles tranchans. La dureté du quartz eft très-grande ; il fait feu avec le briquet, & la pointe d'un couteau ne peut pas l'entamer ; le quartz fe polit, mais il eft prefque toujours plein de gerçures & de fentes, ce qui établit une différence marquée extérieure entre le quartz & le criftal de roche, dont la fubftance eft continue. M. Daubenton a obfervé que les endroits nébuleux du criftal de roche ne venoient que des cavités qui s'y trouvoient. A l'air il n'éprouve qu'un changement très-lent. J'ai obfervé que le quartz demi-tranfparent devenoit opaque & blanchâtre, par fon expofition à l'air. Son poli ne s'y altère prefque pas, comme il paroît par les criftaux de quartz que l'on rencontre dans les montagnes avec tout leur éclat. L'eau ne l'attaque point ; au feu il ne perd ni de fon poids ni de fa dureté ; il fe fend feulement, lorfqu'après l'avoir fait rougir, on le trempe dans l'eau froide ; il perd alors fa couleur, fon brillant & fa tranfparence, & après la calcination, il eft blanchâtre ; il eft infufible au plus grand feu (Darcet, *Mém. fur l'action d'un feu égal*), s'il eft très-pur, mais il y devient fufible lorfqu'il eft mêlé avec différentes fubftances, comme avec le double de fon poids de terre calcaire, fur-tout fi on y joint du fpath fluor ou de l'argile, comme avec les alkalis fixes, avec lefquels il fait un verre tranfparent. Quand la proportion de l'alkali eft confidérable, la terre filiceufe s'y diffout, & forme avec lui un verre qui attire l'humidité de l'air, & fe diffout dans l'eau, Cette diffolution eft connue fous le nom de *liquor fi-licum, ſicum*, liqueur des cailloux. Avant la calcination, les acides n'attaquent point le quartz; mais après, il paroît qu'ils ont quelque action ſur lui, comme on peut le voir, §. 124, A.

§. C X X V. C.

On trouve le quartz dans les anciennes montagnes; quand il s'eſt formé dans des grottes ou des fentes, communément il eſt cryſtallifé en cryſtaux de quartz ou cryſtaux de roche; réduit en pouſſière, il conſtitue la ſable quartzeux, & lorſqu'il eſt en grains extrêmement fins, arrondis, & agglutinés les uns contre les autres, il donne naiſſance au grès.

§. C X X V. D.

Le CRYSTAL DE ROCHE eſt le quartz le plus pur, cryſtallifé en priſmes à ſix pans, terminé par des piramides exagonales. Il eſt un peu plus dur que le quartz ordinaire, & ſuſceptible de poli; M. Daubenton en compte dix variétés, qu'il diſtingue par les couleurs. 1°. Le cryſtal blanc. C'eſt le plus dur de tous; il eſt tranſparent & non coloré, & a toute la limpidité de la plus belle eau. Il renferme quelquefois différens accidens ou corps étrangers.

M. de Bournon, célèbre Naturaliſte, a obſervé dans les criſtaux du Dauphiné, les ſubſtances ſuivantes interpoſées : la terre verte micacée martiale, ou ſteatite pulvérulente, due à la décompoſition des ſteatites; la même colorée en brun par ſon union, peut-être, avec le phlogiſtique; la ſteatite pulvérulente en petits mamelons d'un blanc argenté; la même légèrement colorée en vert; des aiguilles de ſchorl vert & blanc, de la variété priſmatique aiguillée en faiſceaux divergens; des dendrites, du ſchorl vert, blanc & brun en cheveux; du ſpath peſant en table & en faiſceaux divergens, d'un blanc éblouiſſant, reſſemblant à de l'amiante, des cryſtaux de mine de fer ſpéculaire; de la mine de cuivre jaune, griſe & chatoyante; de la mine de fer hépathique; de la mine de fer à l'état d'éthiops martial; enfin des gouttes d'eau, & même une bulle de matière graſſe. On rencontre encore dans les cryſtaux de roche des autres pays, des aiguilles d'antimoine, & des pyrites de diverſe nature. On en trouve dans toutes les anciennes montagnes, dans leurs ſciſſures, dans des géodes & quelquefois dans les

K

fentes des fchiftes calcaires, où le cryftal de roche eft grouppé, avec le fpath calcaire. On en voit de pareilles en Dauphiné.

2°. Le cryftal de Madagafcar; il eft en grandes maffes, & il paroît plus pur, au moins le prépare-t-on pour les ouvrages d'optique, ce qu'il faut attribuer à ce qu'il a une plus grande limpidité que le cryftal de roche ordinaire. 3°. Le cryftal rouge; il eft fouvent mêlé de différentes teintes, on l'appelle *faux rubis*, fa couleur fe détruit au feu. (*Darcet, deuxième Mém. fur l'action d'un feu égal*); on en trouve en Weftmanie, en Bohême, en Siléfie & en Finlande. 4°. Le cryftal jaune; il a quelquefois une teinte tirant fur le jaune roux; fouvent il n'eft coloré qu'à l'intérieur. On le trouve dans le Velay, & près de Briftol, en Angleterre; on le nomme quelquefois *topafe* de Bohême. 5°. Le cryftal roux; c'eft ce qu'on nomme *topafe en fumée*. Sa couleur eft quelquefois fi obfcure qu'elle le fait paroître noir. On en trouve en Suiffe & en Bohême. Celui du Dauphiné eft prefque noir. 6°. Le cryftal verd ou fauffe émeraude; fa couleur a plufieurs teintes; c'eft le plus rare & le plus précieux des cryftaux colorés: On en trouve en Dauphiné & en Saxe. 7°. Le cryftal bleu ou le faphir d'eau; ce qui le différencie abfolument du vrai faphir, c'eft qu'il n'en a pas la dureté. On en trouve en Bohême, en Siléfie & au Puy en Velay, ce qui le fait nommer auffi faphir du Puy. 8°. Le cryftal violet ou améthyfte; il eft d'un violet plus ou moins foncé, fufceptible par le poli d'un éclat affez brillant. Quand le cryftal n'eft coloré qu'en partie, on l'appelle *prifme d'améthyfte*. On en trouve en Auvergne & près de Carthagène; il perd fa couleur à un feu violent. (*Darcet, Mém. cit.*) 9°. Cryftal pourpré ou améthyfte de Vic; on diftingue quelquefois dans fa couleur du rofe à travers le pourpre. Lorfque la teinte eft égale, ce cryftal eft très-recherché. On le trouve dans les montagnes de Vic en Catalogne, & à Carthagène. 10°. Le cryftal irifé, qui prend ce nom dés couleurs de l'iris, produites par les réfractions de la lumière, occafionnées par les fentes & les vuides du cryftal; il y en a de beau, comme l'opale à zones, mais les couleurs qu'il rend font plus fèches.

§. C X X V. E.

Le QUARTZ eft, comme nous l'avons vu, un cryftal demi-tranfparent ou opaque. M. Daubenton va être notre guide dans la diftribution des variétés des quartzs. 1°. Le quartz fragile, qui se casse très-facilement sous le marteau; il est aride au toucher, compacte, massif, opaque pour l'ordinaire, quelquefois demi-transparent & d'un gris blanchâtre: on le trouve dans les anciennes montagnes. 2°. Quartz gris, il est fort compacte, brillant & vitreux dans ses cassures; sa surface paroît grasse au toucher; sa couleur est d'un blanc bleuâtre: tel est celui de Suède, qui sert de gangue à l'or; on en trouve de plus blanc en Arragon. 3°. Le quartz laiteux; il est d'un blanc mat de lait; sa cassure est vitreuse & brillante; il est veiné & d'une grande dureté. 4°. Quartz pyramidal, c'est le quartz cristallisé; il ne diffère du cristal de roche, que parce que ses cristaux manquent presque toujours de prisme, & qu'ils ne forment que des pyramides: il est plus connu sous le nom de *druse* ou *drusen*; il y en a de différentes couleurs, presqu'en aussi nombreuses variétés que les cristaux colorés, §. 125 D. Il faut rapporter à ce genre le jargon de Portugal & l'hyacinthe de Compostelle. On rencontre les druses tapissant ordinairement les cavités des géodes. 5°. Le quartz feuilleté; il est composé de lames brillantes de diverses épaisseurs, dirigées dans différens sens, & terminées quelquefois par des espèces de pyramides, comme si elles étoient cristallisées. Le quartz feuilleté se rencontre communément en Hongrie; j'en ai trouvé sur le bord de la mer, aux mines de Lessard.

§. C X X V. F.

Le GRÈS a un caractère très-distinctif, c'est d'être composé de particules ou petits grains plus ou moins fins, de différentes figures, mais le plus souvent arrondies, liées ensemble d'une manière plus ou moins intime. Sa composition lui donne une cassure grenue; il étincelle sous le briquet, & sa dureté est en raison de la force avec laquelle sont unies les molécules qui le composent. Le grès le plus pur est aussi le plus dur & le plus blanc: on en connoît plusieurs variétés; 1°. le grès dur & grossier, quelquefois grisâtre, qu'on emploie pour paver les rues; 2°. le grès tendre, dont on fait les roues à aiguiser des remouleurs, des taillandiers & des couteliers; 3°. le grès du Levant & de Turquie, dont le grain est extrêmement fin & serré: le plus parfait est de couleur blonde; au plus grand feu il blanchit sans fondre (*Darcet, Mém. cité*); 4°. le grès à filtrer : il eſt poreux, d'une couleur griſe ou obſcure ; ſes molécules ſont aſſez peu ſerrées pour donner paſſage à l'eau : on en trouve aux iſles Canaries & au Mexique.

Lorſque la terre calcáire devient trop abondante, elle influe ſur la nature du grès, & dès-lors il devient capable de faire efferveſcence avec les acides : il y en a de criſtalliſés ; tels ſont les grès criſtalliſés de Fontainebleau & de Nemours.

§. C X X V. G.

Au chalumeau le quartz, le criſtal de roche & le grès pur ſont infuſibles ; ils ſe comportent avec le flux comme la terre ſiliceuſe, §. 124, B.

§. C X X V I.

TERRE SILICEUSE *unie à l'argileuſe. Calcédoine, peut-être l'opale : l'hidrophane n'en eſt qu'*□*riété.* Cronſtedt, *Min.* 57.

Je ne puis encore déterminer ſi la □□□□ne & les autres pierres ſiliceuſes, d'une pâte plus ou moins fine, appartiennent à cette eſpèce ou à la précédente.

§. C X X V I. A.

☞ En même temps que les expériences de M. Gerhard de Berlin (*Journ. de Phyſiq. Suppl.* 1782, *t. XXI, p.* 132), annoncent que dans la calcédoine & l'opale la portion de la terre ſiliceuſe l'emporte ſur celle de l'alun ou l'argile, elles prouvent auſſi que dans l'hydrophane ou l'*oculus mundi,* c'eſt la terre d'alun qui l'emporte : il faudroit donc la claſſer parmi les terres argileuſes. Cependant, comme l'hydrophane eſt ou une eſpèce de calcédoine ou ſert d'écorce à l'opale, & qu'ici la terre ſiliceuſe a plus d'influence ſur le mixte que la terre argileuſe, on doit la laiſſer avec ces deux pierres.

§. C X X V I. B.

La CALCÉDOINE eſt une pierre dure demi-tranſparente ; elle eſt ſuſceptible d'un très-beau poli & fait feu avec le briquet ; à un très-grand feu elle perd ſa couleur, blanchit, mais ne fond point (*Darcet, Mém. cité plus haut*) ; sa demi-transparence varie beaucoup ; sa couleur blanche est toujours nébuleuse & comme trouble ; on y remarque des zônes & des nuages laiteux, ce qui la distingue de l'agathe blanche. La calcédoine a souvent des teintes bleuâtres, jaunâtres & rougeâtres. On a, suivant M. Daubenton, les variétés suivantes ; 1°. la calcédoine rougeâtre ; 2°. la calcédoine bleuâtre ; 3°. la calcédoine veinée ; 4°. la calcédoine onix ; 5°. l'hydrophane, qui devient transparente dans l'eau (*Journ. de Physiq* 1782, *Suppl. endroit cité plus haut*) ; 6°. la calcédoine en stalactite ; 7°. la calcédoine en sédiment ; 8°. la calcédoine enhydre : cette dernière variété est une calcédoine creuse, qui contient de l'eau ; on la trouve près de Vicence en Italie, sur une colline qui n'est composée que de cendres noirâtres volcaniques.

§. C X X V I. C.

L'OPALE est une pierre dure demi-transparente, qui réfléchit différentes couleurs, suivant qu'elle est exposée à la lumière & qu'on la regarde dans différens sens ; sa couleur principale est un fond blanc presque laiteux, & les plus belles couleurs qu'elle réfléchit, sont le feu du rubis & le pourpre de l'améthyste. L'*opale orientale* est la plus parfaite ; on la nomme quelquefois *opale à paillettes*, parce que ses couleurs paroissent comme des taches égales, distribuées dans toute sa surface. Cette espèce est aussi plus dure & susceptible d'un plus beau poli que certaines opales imparfaites peu transparentes, qui ne contiennent que des zônes colorées & des teintes obscures. Les variétés principales de l'opale sont, 1°. l'opale jaunâtre ; 2°. l'opale verdâtre ; 3°. l'opale noirâtre ; 4°. l'opale à zônes ; 5°. l'opale à paillettes blanchâtres, qui réfléchit diverses couleurs ; 6°. enfin l'opale bleuâtre, la plus commune & la moins estimée de toutes.

§. C X X V I. D.

Il ne faut point séparer de l'opale les PIERRES CHATOYANTES, sur-tout l'œil de chat, l'œil de poisson & le girasol ; 1°. l'ŒIL DE CHAT doit avoir un point dans le milieu, d'où partent en cercle des traces verdâtres d'une couleur très-vive & brillante au reflet de la lumière. Parmi les pierres de cette espèce les plus belles font celles qui font grifes & mordoré ; il y en a de jaunes, de brunes & de noirâtres : elles viennent d'Egypte & d'Arabie. 2° L'ŒIL DE POISSON ne diffère de l'œil de chat que parce que fa couleur eft bleuâtre comme le criftallin de l'œil d'un poiffon : on en trouve à Java. 3°. Le GIRASOL ; cette pierre eft d'une tranfparence laiteufe bleuâtre, & réfléchit diverfes couleurs ; fon caractère particulier & diftinctif eft, lorfqu'elle eft taillée en globe ou demi-globe, d'offrir dans fon intérieur un point lumineux & de réfléchir les rayons de la lumière de quelque côté qu'on la tourne : on en trouve en Chypre, en Galatie, en Hongrie, en Bohême & dans les mines de Chatelaudren en Bretagne.

§. CXXVI. E.

Au chalumeau la calcédoine, l'hydrophane & l'opale font infufibles ; elles font folubles dans l'alkali minéral avec effervefcence, dans le borax fans effervefcence, & pareillement dans le fel microcofmique, mais un peu plus difficilement.

§. CXXVI. F.

On doit placer ici, & peut-être même avant la calcédoine, §. 126 B, l'agathe, le cacholong, la cornaline, l'onix, la fardoine & le filex, puifqu'ils paroiffent être abfolument de même nature, & n'en différer que par la couleur.

L'AGATHE OU CAILLOU DEMI-TRANSPARENT, eft une pierre vitreufe d'une pâte fi fine, qu'on ne peut en diftinguer le grain ; fa caffure eft vitreufe, & n'offre point de lames comme les pierres gemmes ; fa dureté eft égale à celle du criftal de roche, & l'emporte fur celle du quartz ; elle réfifte à la lime, fait feu au briquet & prend un très-beau poli : fi on frotte ces efpèces de pierres contre quelque corps dur, elles paroiffent phofphorefcentes, & d'autant plus, qu'elles font plus pures, mais elles n'acquièrent pas cette propriété au feu ; l'air ne les altère pas quand elles font dures ; mais lorfque leur fubftance eft tendre, alors l'air les attaque, & en fe décompofant il fe forme une croute opaque tour-à-tour, comme les filex expofés à l'air. L'agathe perd fa couleur au feu, blanchit & fe fend en morçeaux iné-

gaux, qui confervent leur dureté ; elle ne fond point feule
au plus grand feu ; elle eft inattaquable aux acides à froid ;
mais après une longue digeftion, quelques agathes laiffent
échapper la terre calcaire qu'elles contiennent dans leur
compofition : il y a des agathes de toutes couleurs.

M. Daubenton en a diftingué 8 variétés ; 1°. l'agathe nuée,
dont les teintes font formées par la dégradation d'une même
couleur, ou par le paffage infenfible d'une couleur à une autre ;
2°. l'agathe ponctuée, qui renferme des points différens du
fond de la pierre : ces points font d'un rouge terne ; la pâte de
cette agathe eft ordinairement groffière ; 3°. l'agathe tachée ;
ces taches font de différentes grandeurs & de figures irrégulières ; elles font tachées de blanc, de gris, de jaune & d'un
rouge terne. Suivant ce favant Naturalifte, il y a autant
de différence de ce rouge-là à celui de la cornaline, que
du minium au carmin ; 4°. l'agathe veinée ; les veines font
des taches allongées, dont les bords font frangés & irréguliers ; elles font de différentes couleurs ; 5°. l'agathe
onix : le mot *onix* défigne des zônes, des couches ou des
lits de différentes couleurs, arrangés en cercle, ou en
bandes à-peu-près concentriques : quand ces bandes font
très-minces & ont la forme d'un œil, on lui donne le nom
d'*agathe œillée* ; 6°. l'agathe irifée ; elle eft grife, & les
couleurs de l'iris s'apperçoivent à la lueur d'une chandelle.
On y découvre fenfiblement plufieurs couches qui paroiffent
& difparoiffent en faifant changer de fituation à la pierre,
& ces couleurs fuivent les courbes des différentes couches
qui produifent des réfractions de lumière ; 7°. l'agathe herborifée, ou dans laquelle des lincamens difperfés comme
des ramifications de plantes, imitent les rameaux d'un ar-
briffeau fur un terrein ; 8°. enfin l'agathe mouffeufe ; c'eft
celle dont les lincamens reffemblent à des brins de moufle.
Plufieurs Auteurs avoient cru que c'étoit une plante du genre
des byffus, qui fe trouvoit enveloppée dans la fubftance
même de l'agathe. M. Daubenton a prouvé, dans un mémoire lu à l'Académie, que c'étoit réellement des mouffes.
En général, on trouve les agathes en caillou roulé ou
dans des couches.

§. C X X V I. G.

Le CACHOLONG eſt un caillou de la nature de l'agathe ;
demi-tranſparent , on peut même dire qu'il l'eſt très-peu, &
qu'il ne l'eſt que dans les angles ; ſa couleur eſt blanche laiteuſe
un peu opalée ; ſa caſſure reſſemble à celle du quartz ; au
feu il devient opaque & blanc. Le cacholong eſt ſuſceptible
d'un très-beau poli. On le trouve ſur les bords d'un fleuve
nommé *Cach* près les Calmoulks de Bukarrie, chez leſquels le mot *Cholong* ſignifie pierre d'où l'on a fait *Cacholong*. Ils en font des figures & des vaſes très-beaux qui
reſſemblent à de la belle porcelaine.

§. C X X V I. H.

La CORNALINE eſt une eſpèce d'agathe preſque tranſparente ; ſa couleur eſt d'un rouge plus pur & plus vif que
celle de l'agathe ordinaire, compoſé de pluſieurs couches
quelquefois de couleur de chair , quelquefois nuancées de
jaune. Au feu, elle perd ſa couleur & prend de l'opacité.
Les cornalines les plus parfaites reſſemblent au grenat, & le
beau rouge y paroît dans toutes ſes teintes. On en connoît
cinq variétés ; 1°. la cornaline pâle ; 2°. la cornaline ponctuée , ou veinée : ſon fond eſt relevé par des taches ou
des lignes blanches & rouges , ou blanches & noires ou d'autres couleurs ; 3°. la cornaline onix ; 4°. la cornaline herbo-
riſée ; 5°. La cornaline en ſtalactites.

§. C X X V I. I.

L'ONIX eſt une variété d'agathe, compoſée de zones ou de
courbes concentriques.

§. C X X V I. K.

La SARDOINE eſt un caillou demi-tranſparent ou eſpèce
d'agathe de couleur orangée plus ou moins foncée ; elle eſt
ondulée comme la calcédoine ; elle a la même dureté , la
même peſanteur ; enfin, elle ſe comporte au feu comme
l'agathe. Ses couleurs paroiſſent bien plus vives, lorſqu'on
regarde la ſardoine à travers, qu'au reflet de la lumière.

M. Daubenton en diftingue cinq variétés : 1°. la fardoine pâle ; 2°. la fardoine veinée, par des veines ou des filamens d'une autre couleur que le fond de la pierre. On trouve à la Chine une fardoine veinée dont le fond eft blanc avec des veines rouges qui forment des dendrites ; 3°. la fardoine onix, ou fard-onix, elle eft compofée de zones & de couches concentriques de différentes couleurs circulaires ou polygones ; 4°. la fardoine herborifée ; 5°. la fardoine noirâtre, dont la couleur brangée eft fi foncée, qu'elle paroît brune ou noirâtre.

§. C X X V I. L.

Le SILEX ou *pierre à fufil*, eft un caillou demi-tranfparent, de la nature de l'agathe, mais d'une pâte moins fine : on en voit de plufieurs couleurs, de blanchâtres, de gris, de jaunes, de rouges, de bruns & de noirâtres. Cette efpèce de pierre eft très-commune ; on en trouve beaucoup de roulées & par couches dans les bancs de craie & d'autres pierres. M. l'Abbé Bacheley a fait voir que des productions marines, comme polypiers & coquilles, pouvoient paffer à l'état de filex ou pierre à fufil (*Journ. de Phyfiq. Suppl.* 1782, *t. XXV. p.* 81).

On doit placer ici les cailloux, que M. Daubenton, dans fa Minéralogie, a nommés *cailloux à couches concentriques*. Leur formation les diftingue facilement des fimples cailloux roulés ; des couches formées fucceffivement autour d'un noyau, font leur caractère particulier ; elles ne font apparentes que lorfqu'on le caffe ; elles ne font égales ni en épaiffeur ni en couleur ; on les reconnoît encore à leur caffure vitreufe, quelquefois écailleufe, & prefque toujours terne. Il y en a cinq variétés principales ; 1°. les cailloux tachés, ce font les plus fréquens : il y en a d'une feule couleur ; 2°. les cailloux veinés ; 3°. les cailloux onix, ils font affez rares ; 4°. les cailloux œillés, ils font encore plus rares, & on les nomme *œillés d'Oldenbourg*, de l'endroit où on les trouve ; 5°. enfin cailloux herborifés, tels font les cailloux d'Egypte.

§. C X X V I. M.

Je crois pouvoir placer ici le jade, en attendant qu'une analyfe exacte lui affigne fa vraie place.

Le JADE eſt une pierre demi-tranſparente verdâtre. M. Daubenton la claſſe après la praſe, & alors il faudroit la ranger §. 131 ; mais comme j'ignore ſi elle contient de la magnéſie, il faut la laiſſer à la ſuite des agathes, avec leſquelles elle paroît avoir la plus grande analogie. M. Darcet a fait l'analyſe du jade, & l'a trouvé compoſé, en grande partie, de terre ſiliceuſe ; il étincelle avec le briquet, prend au feu une couleur jaune ventre de biche, mais ne s'y fond point ; il ne fait point d'efferveſcence avec les acides ; ſa caſſure eſt peu vitreuſe, mais fort écailleuſe ; ſa ſurface eſt graiſſeuſe, comme ſi elle étoit imbibée d'huile : ce qui peut être regardé comme ſon caractère diſtinctif. On en compte trois variétés tirées des couleurs ; 1°. le jade blanchâtre, il eſt d'un blanc laiteux, mat, peu tranſparent, & ſe trouve en Chine ; 2°. le jade olivâtre, il tire quelquefois ſur le vert céladon : c'eſt à cette eſpèce de jade qu'on a donné le nom de *pierre néphrétique*, parce qu'on croyoit qu'étant portée en amulette ou appliquée ſur les reins, elle guériſſoit la colique ; 2°. le jade vert plus ou moins foncé : on l'appelle auſſi *pierre des Amazones*, parce qu'elle ſe trouve en Amérique, près de la rivière de ce nom.

§. C X X V I I.

TERRE SILICEUSE *unie à l'argile très-martiale.* *Jaſpe.* Cronſtedt, *Min.* §§. 63-65.

§. C X X V I I. A.

☞ Le JASPE eſt compoſé de particules extrêmement fines, très-ſerrées & très-compactes ; quelquefois il a la ſurface continue du ſilex ; d'autres fois il a l'air terreux ou d'un argile extrêmement fine ; il eſt opaque, & ſa couleur en général eſt rouge ou verte, ou tient de ces deux mélanges ; il ſe caſſe en morceaux ſans figure déterminée ; il n'eſt jamais criſtalliſé ; ſa dureté eſt moindre que celle du quartz ; il fait feu au briquet ; & il eſt ſuſceptible d'un poli d'autant plus beau que ſes molécules ſont d'un grain plus fin ; il réſiſte moins à l'air que le quartz, car ſa couleur s'y altère à la longue ; au feu la couleur rouge du jaſpe devient plus intenſe, & la verte paſſe au gris ; il ne fond point à un grand feu (*Darcet, Mémoire cité*). Les acides minéraux ne l'attaquent pas tout de suite ; mais au bout de plusieurs mois, comme l'a observé M. Bayen (*Journ. de Physiq.* 1779, *t. XIV. p.* 454). Un morceau de jaspe verd mouillé d'acide vitriolique a donné des cristaux d'alun & du vitriol martial.

§. C X X V I I. B.

On trouve le jaspe dans les veines & les couches des montagnes, & même quelquefois il forme des roches entières. Nous établirons ses variétés sur la différence de ses couleurs, d'après M. Daubenton : 1°. jaspe verd ; il est d'un verd plus ou moins clair ; c'est le moins pesant & le moins dur des jaspes ; il l'est beaucoup moins que le quartz. On en trouve en Bohême, en Siléfie, en Sibérie, sur les bords de la Mer Caspienne : 2°. jaspe rouge ; sa couleur varie du rouge pourpre au rouge tendre ; il n'est pas en aussi grande quantité ni en aussi grande masse que le jaspe verd. On en trouve dans plusieurs des anciennes montagnes ; c'est à cette variété qu'appartient le *Diaspro rosso* des Italiens : 3°. le jaspe jaune ; il est tantôt d'un jaune citron, tantôt d'un jaune de térébenthine ; il est très-rare, & on ne l'a trouvé encore qu'à Freyberg & à Rochlitz : quelquefois il renferme des grenats, d'autrefois il renferme des filamens soyeux : on le nomme alors *Jaspe soyeux* ; 4°. le jaspe brun, dont la couleur est peu agréable, & ressemble à celle du porphire rouge ; on en trouve en Dalecarlie, en Finlande & en Suède ; 5°. le jaspe violet ; on en trouve en Sibérie : 6°. le jaspe noir, c'est le *Parangone nigro* des Italiens ; on en trouve en Suède, en Saxe & en Finlande : 7°. le jaspe gris ; il tire quelquefois sur le bleu céleste ; cette espèce est très-rare : 8°. jaspe blanchâtre ; sa couleur est blanche & laiteuse ; Pline en parle ; on le trouve en Dalecarlie : 9°. le jaspe nué ; il contient des nuances vertes, rouges & jaunes : 10°. le jaspe sanguin ; il est d'un verd obscur, parsemé de taches rouges, très-vives, de couleur de sang ; le plus beau vient d'Egypte ; 11°. le jaspe veiné ; il contient des veines d'une couleur différente du fond ; ces veines sont blanches, quelquefois bleues, & le plus souvent noires ; on en trouve qui contiennent des figures qui ressemblent à des lettres ; on les nomme alors *Jaspes grammatiques*. Les pavés de la Rochelle qui contiennent plusieurs de ces figures sont nommés *Polygrammatiques* : 12°. le jaspe onix ; les couleurs variées de ce jafpe font difpofées diftinctement par zones; on en trouve en Sibérie; 13°. jafpe fleuri : on a donné le nom de jafpe fleuri à celui qui eft compofé de plufieurs couleurs, tantôt mélangées enfemble, fans ordre, & tantôt diftinctes & féparées par intervalles irréguliers; 14°. jafpe univerfel : c'eft celui qui contient un très-grand nombre de couleurs; 15°. jafpe agathe; c'eft celui qui eft mêlé avec des parties d'agathe : fi au contraire l'agathe domine, c'eft alors une agathe jafpée.

§. C X X V I I. C.

Au chalumeau le jafpe eft infufible : il n'eft pas entiérement foluble dans l'alkali minéral; mais il s'y devife avec effervefcence; il fe fond dans le borax & le fel microcofmique fans effervefcence.

§. C X X V I I. D.

On doit placer après le jafpe le SINOPLE; il en eft une variété; fon caractère particulier eft de contenir une portion de terre martiale; fa caffure, quoique tenant de celle du jafpe, paroît un peu grenue; il eft moins dur que le jafpe ordinaire, mais autant que le petrofilex; il donne peu d'étincelles avec le briquet; fes couleurs en général font foibles; il n'eft pas fufceptible d'un beau poli; quand on l'a calciné il devient attirable à l'aimant à caufe de la portion de fer qu'il contient; à la fufion le finople donne des fcories noires. M. Cronftedt en diftingue trois variétés : 1°. le finople à gros grains, qui eft rouge, ou d'un brun rougeâtre, qui vient des mines d'or de Hongrie; il contient prefque toujours de l'or : 2°. le finople à petits grains, qui reffemble à de l'argile rouge, & qui eft doux & gras au toucher comme elle : il eft rouge, & on en trouve à Altemberg en Saxe : 3°. le finople en forme de fcories, & brillant dans fa caffure; il y en a de brun, couleur de foie, d'un beau rouge, & de jaune, en Bohême; on le trouve quelquefois mêlé avec de la terre calcaire, & en Hongrie avec du quartz blanc; alors il porte le nom de *Schurl-Sinople.*

§. CXXVIII.

TERRE SILICEUSE *rendue pesante par la terre martiale.* Cronstedt, *Min.* §. 53.

On donne souvent à cette espèce de pierre le nom de *jaspe*, mais c'est à tort, puisqu'elle manque d'argile.

§. CXXVIII. A.

☞ Cette espèce de QUARTZ MÉTALLIQUE appartient au quartz fragile ou au quartz gras (§. 125. E.) ; il est plus ou moins opaque ; & sa couleur dépend des parties métalliques avec lesquelles il est mélangé : lorsque c'est la chaux de fer, alors il est noir, brillant dans sa cassure ; on en trouve de pareil aux mines de fer de Stossgrufwan en Sudermanie ; lorsque c'est le cuivre sous forme de chaux rouge, alors il est rouge, approchant du jaspe, avec lequel on le confond ; on en trouve d'opaque à Uton en Sudermanie, & de demi-transparent à Sunnerskog en Smoland.

§. CXXIX.

TERRE SILICEUSE *unie à l'argileuse & à un peu de chaux. Petrosilex.* Cronstedt, *Min.* §. 62.

§. CXXIX. A.

☞ Le PETROSILEX a la pâte moins fine que les quartzs, §. 125. ; il est aussi plus tendre ; sa cassure est écailleuse & vitreuse ; mais plus que celle de la pierre à fusil ; il fait quelquefois effervescence avec les acides, & en même-temps feu avec le briquet ; il fond à un grand feu (*Darcet, Mémoire cité*) ; il ne prend pas un beau poli ; mais son caractère principal est la demi-transparence, comme celle de la cire, du suif, ou du miel ; sur-tout vers les bords de la pierre.

§. CXXIX. B.

On en connoît plusieurs variétés, de gris, de blanchâtres, de couleur incarnat, de nué, de taché, de veiné ; enfin il

y en a une espèce de feuilletée ; il est composé de lames
séparées les unes des autres ; sa couleur ordinaire est ferrugineuse ou rougeâtre. Le petrosilex se trouve en général dans
les veines & les couches des rochers ; mais il ne forme jamais des roches en masse. .

§. CXXIX. C.

Au chalumeau il fond sans bouillonnement ; & il n'est
pas entiérement soluble dans l'alkali minéral , mais il s'y
divise avec effervescence ; il se fond dans le borax & le
sel microcosmique sans effervescence.

§. CXXX.

Terre siliceuse *unie à de l'argile & à un peu
de magnésie. Feld-spath.* Cronstedt , *Min.* §. 66.

§. CXXX. A.

☞ Le Feld-Spath , ou Spath étincelant , est composé
de lames brillantes, appliquées les unes sur les autres d'une
manière assez irrégulière ; mais dont le tout affecte une
forme cubique ou rhomboïdale ; il se casse en morceaux
cubiques ou rhomboïdaux ; la cassure est lamelleuse ; il
est plus tendre & plus fragile que le quartz ; il fait cependant feu avec le briquet ; mais chaque coup brise un
morceau de la pierre ; il y en a d'assez tendre pour se laisser
entamer par la pointe d'un couteau ; il est indestructible à
l'air comme on le voit dans les granits dont il fait une partie ; il ne décrépite point au feu , & ne devient point phosphorique ; il n'y fait que changer de couleur ; il fond assez
vîte à un grand feu ; & avec le sel alkali fixe il forme un
verre transparent verdâtre ; il ne fait point effervescence
avec les acides.

§. CXXX. B.

Il y a plusieurs variétés du feld-spath : 1°. le feld-spath
opaque, dur, à facettes brillantes & régulières comme le
spath ; c'est celui que l'on rencontre dans le granit & le
porphyre ; on le trouve encore quelquefois dans les sables,

dûs à la décomposition des granits ; il y en a de blanchâtre, de rougeâtre, de verdâtre, de jaunâtre & de bleu, & souvent toutes ces couleurs se trouvent réunies dans un même morceau : 2°. le feld-spath, isolé & cristallisé, de Baveno en Italie, d'Alençon, de la Montagne de Tarare près de Lyon, &c.

§. C X X X. C.

Au chalumeau il fond sans bouillonnement ; & dans les flux il se comporte comme le petrosilex. §. 123. c.

§. C X X X I.

TERRE SILICEUSE *unie à la magnésie, à la chaux aérée & fluorée, à de la chaux de cuivre & de fer.*

On donne ordinairement à cette pierre le nom de *chrysoprase*. Je ne l'ai pas encore examinée ; mais d'après les expériences de M. Achard, je crois pouvoir la placer ici.

§. C X X X I. A.

☞ La CHRYSOPRASE, & la PRASE, dont la premiere n'est qu'une variété, sont des pierres verdâtres, demi-transparentes, & presque diaphanes, mais un peu nébuleuses ; si on expose cette espèce de pierre subitement au feu, elle éclate & saute en morceaux irréguliers ; elle perd sa couleur & devient d'un-gris opaque ; elle fond difficilement avec le borax, fait feu au briquet, est indestructible à l'air, & prend un poli éclatant.

§. C X X X I. B.

On connoît quatre variétés de la prase : 1°. la prase d'un vert jaune ou la chrysoprase ; 2°. la prase verdâtre, tachetée : c'est la prase proprement dite ; les taches sont brunes & quelquefois rougeâtres ; 3°. la prase d'un vert bleu avec des taches brunes ; 4°. la prase veinée ; les veines sont blanches ou bleuâtres ; elle est communément tachetée. On trouve la chrysoprase à Kosemitz dans la Haute-Silésie. M. Lehmann a donné (*Académie de Berlin* 1755), le détail historique de cette pierre & de l'endroit où on la trouve.

Il eſt très-difficile, en Minéralogie, de bien déterminer les eſpèces de terre, parce qu'il reſte encore un très-grand nombre d'expériences à faire; mais ce qui nous paroît actuellement ſi obſcur & ſi embarraſſant, s'applanira un jour par les expériences multipliées que l'on fera dans la ſuite.

TROISIÈME CLASSE.

§. CXXXII.

BITUME.

Nous renfermons dans cette claſſe tous les foſſiles contenant un excès de phlogiſtique, en ſorte que traités comme il faut, ils peuvent produire de la flamme. Ce genre eſt très-peu nombreux, & pour parler plus exactement, il eſt unique; mais comme le phlogiſtique eſt ſi ſubtil qu'il échappe facilement à nos ſens, nous pourrons conſidérer ſes combinaiſons les plus ſimples comme autant de genres, comme on le fait pour les métaux.

§. CXXXIII.

SOUFRE.

On peut donner en général ce nom à tout acide coagulé en forme ſolide, par le phlogiſtique. Si tous les métaux ſont formés par un acide radical,

ſaturé

faturé par le phlogiftique, comme il eft vraifemblable & qu'on ne peut en douter pour l'arfenic, les métaux doivent trouver ici leur place; mais jufqu'à ce que cette théorie foit démontrée par un grand nombre d'expériences, nous n'admettrons ici que les combinaifons qui ne contiennent rien de métallique.

§. C X X X I I I. A.

☞ M. de Fourcroy, fondé fur un autre principe, fur celui que les fubftances métalliques étoient de vraies matières combuftibles, les a rangées dans cette claffe; ainfi fa claffification fe rapproche de celle de M. Bergman : le Chimifte Suédois les regarde comme un foufre, & le Chimifte François comme des corps inflammables.

§. C X X X I V.

PHLOGISTIQUE *faturé d'acide vitriolique. Soufre ordinaire.* Cronftedt, *Min.* 151.

§. C X X X I V. A.

☞ Le SOUFRE, cette fubftance fi combuftible, a toujours fixé l'attention des Chimiftes. Plufieurs ont cherché à deviner fa nature, à le décompofer. Stahl eft le premier qui ait dit qu'il étoit le réfultat de deux principes intimément unis enfemble, le phlogiftique & l'acide vitriolique; fon fentiment a été généralement adopté, jufqu'à ce que la nouvelle théorie des gaz a confidéré le foufre fous un autre point de vue, & au lieu de faire l'acide vitriolique une des parties conftituantes du foufre, elle a regardé le foufre comme au contraire une partie conftituante de l'acide vitriolique, qui n'eft plus que du foufre & de l'air pur. Cette théorie ingénieufe peut jeter un très-grand jour fur plufieurs opérations chimiques, & elle mérite d'être étudiée & approfondie dans les Ouvrages fondés fur ces principes, comme les *Elémens d'Hiftoire Naturelle & de Chimie* de M. de Fourcroy.

§. C X X X I V. B.

Le foufre eft un corps folide, fec, très-fragile, d'un jaune citron, fans odeur quand il eft froid ; mais qui laiffe échapper une odeur piquante quand il eft échauffé ; il a une faveur qui lui eft propre ; il s'électrife par frottement. L'eau paroît ne pas l'attaquer : cependant l'eau dans laquelle il a long-temps féjourné aquiert une vertu médicinale : à un feu doux, il fe ramollit, fe fond, en prenant une couleur rougeâtre, ou brune verdâtre. Si on pouffe le feu, le foufre fe fublime en petites parcelles d'un beau jaune, auxquelles on a donné le nom de *Fleurs de foufre*. Enfin, fi pendant qu'il eft échauffé il communique avec un corps embrâfé, il s'allume fur le champ, & brûle avec une flamme bleue ; la vapeur piquante qui s'exhale alors, eft l'acide fulphureux volatil : il brûle fans laiffer aucun réfidu. Le foufre eft fufceptible de fe combiner à plufieurs efpèces de terres avec lefquelles il forme des foies de foufre. La terre pefante, la magnéfie, & fur-tout la chaux, font de ce genre. Les alkalis forment auffi des foies de foufre. Il peut s'unir à tous les métaux avec lefquels il fait des pyrites ou des mines fulphureufes & artificielles.

§. C X X X I V. C.

La nature nous offre le foufre en très-grande quantité, & elle a l'art de le former journellement dans les matières animales & végétales qui éprouvent un commencement de putréfaction. On rencontre le foufre ou criftallifé ou en maffe informe & pulvérulente, adhérent à des fubftances pierreufes, terreufes, ou volcaniques ; quelquefois il furnage fur les eaux minérales, ou il fe dépofe au fond des lacs fulphureux, comme dans ceux de Bakaïka en Ruffie (Journal de Phyfique, Supplément, 1782, page 382.). M. Deyeux l'a retiré de plufieurs végétaux, de la racine de patience, de l'efprit de cochlearia, de quelques matières animales, & notamment du blanc d'œuf (Ibid, 1781, T. 17, p. 241) ; enfin combiné avec toutes les fubftances métalliques, il leur fert de minéralifateur.

§. C X X X I V. D.

Au chalumeau il fe fond très-facilement, s'allume & brûle avec une flamme bleue, & une odeur très-vive & fuffoquante.

§. C X X X V.

PHLOGISTIQUE *saturé de l'acide aérien. Plomba-gine.* Cronftedt, *Min.* §. 145 A.

C'eft M. Scheele qui a découvert cette compo-fition.

§. C X X X V. A.

☞ Tous les Minéralogiftes ont confondu jufqu'à préfent cette fubftance avec la molybdène ; les caractères extérieurs en étoient la caufe ; & fi l'analyfe chimique ne nous avoit inftruit de fes principes conftituans, nous aurions été obligé de la claffer, ou avec Vallerius, parmi les pyrites, ou avec Cronftedt, parmi les fers. M. Schéele a publié dans les Actes de Stockholm l'analyfe de cette fubftance ; & par une longue fuite d'expériences il a démontré qu'elle différoit effentiellement de la molybdène, & qu'elle n'étoit qu'une combinaifon du phlogiftique en grande proportion avec l'acide aérien : il s'y trouve toujours un peu de fer. (Journal de Phyfique, T. 19, 1782, p. 162).

§. C X X X V. B.

La PLOMBAGINE a beaucoup de reffemblance avec la molyb-dène : comme elle, elle eft douce au toucher ; mais un peu moins graffe ; elle tache les doigts ; elle eft grenue, compofée de petites molécules brillantes ; elle fe laiffe facilement cou-per au couteau ; & l'on en fait des crayons qui laiffent des traces d'un gris de cendre noir ; c'eft la mine de plomb or-dinaire dont on fait les crayons. Suivant M. Gahn & M. Hielm, la plombagine calcinée fous une moufle perd $\frac{20}{100}$ fans aucune fumée vifible, & le réfidu n'eft qu'une terre ferrugineufe. Toute la partie volatilifée n'eft que du phlo-giftique & de l'acide aérien ou air fixe. Si par hafard elle exhale une odeur de foufre pendant fa calcination, c'eft une preuve qu'elle tient un peu de pyrite.

§. C X X X V. C.

Au chalumeau la plombagine chauffée brufquement

décrépite, une portion fe volatilife; elle y devient plus
légère; tenue long-temps, elle y diminue de volume &
fe confume; ce qui la diftingue de la molybdène, c'est qu'elle
ne laiffe point de pouffière blanche dans la cuiller; & mieux
encore en l'effayant par l'alkali minéral, qui ne la diffout
pas; le borax & le fel microcofmique ne lui occafionnent
aucun changement.

§. C X X X V I.

PHLOGISTIQUE *uni avec l'acide vitriolique & mo-
lybdénique; ou, ce qui eft la même chofe, foufre uni
avec l'acide de la molybdène. Molybdène.* Cronftedt,
Min. §. 154, B, C.

J'ai déjà démontré (§. 32), que l'acide de la
molybdène, tel qu'on peut l'obtenir à nud, peut à
peine être dépouillé de fon phlogiftique. Si cet acide
a une origine métallique, la molybdène peut être
regardée comme une efpèce de minéralifation, &
par conféquent être rangée parmi les mines.

§. C X X X V I. A.

☞ Dans tous les fyftêmes de Minéralogie, on avoit
placé la molybdène avec la plombagine. Le peu de connoiffance que l'on avoit de la nature de cette fubftance,
a été caufe qu'on l'a toujours mal claffée; mais le beau Mémoire de M. Schéele, imprimé dans le Journal de Phyfique,
1782, t. 20. p. 342, a appris qu'elle n'étoit qu'une union
du foufre à un acide particulier, qu'il a nommé *acide de la
molybdène.* Nous renvoyons à ce Mémoire, pour le détail
des expériences; nous nous contenterons de donner ici
fes caractères, tant chimiques qu'extérieurs, & les moyens
de ne point la confondre avec la plombagine.

§. C X X X V I. B.

La MOLYBDÈNE eft compofée de particules écailleufes,
plus ou moins grandes, peu ferrées les unes contre les autres,
elle eft douce & graffe au toucher, tache les doigts & laiffe

des traces d'un noir clair, ou plutôt d'un gris de cendre ; fa pouſſière eſt bleuâtre ; elle ſe laiſſe couper & tailler au couteau ; elle ſe volatiliſe preſque toute entière à feu ouvert, & exhale une odeur de ſoufre : quand tout le ſoufre eſt diſſipé, il ne reſte plus qu'une terre blanche, qui eſt l'acide de la molybdène. Voyez §. 32. B. les expériences qui prouvent que cette terre eſt un acide. L'acide arſenical & l'acide nitreux ſont les ſeuls qui aient de l'action ſur ce minéral.

§. CXXXVI. C.

Les caractères diſtinctifs de la plombagine & de la molybdène, c'eſt que les acides, tant digérés que bouillis ſur la plombagine, n'y produiſent aucun changement ſenſible ; au lieu que les acides nitreux & arſenical diſſolvent la molybdène. La première contient toujours un peu de fer, comme le prouvent les acides avec leſquels on l'a traitée, & les fleurs martiales que l'on en obtient avec le ſel ammoniac. La molybdène ſe volatiliſe preſque toute entière à feu ouvert, & la plombagine n'y perd que $\frac{90}{100}$. La molybdène miſe à détonner avec du nitre, laiſſe une maſſe rougeâtre, & la plombagine dans la même expérience une maſſe fluide, noire & brillante ; ces deux réſidus, diſſous dans l'eau, le premier donne un foie de ſoufre, que ne donne pas le ſecond ; enfin, la molybdène, traitée avec les réductifs, peut donner un régule, ſuivant une Lettre écrite de Suède à M. de Morveau ; & l'on n'en a pas encore pu obtenir de la plombagine.

§. CXXXVI. D.

Au chalumeau, quoique la molybdène contienne du ſoufre, elle ne s'allume pas ; mais dans la cuiller elle donne une fumée blanche, dans la direction du vent, qui devient bleue à l'approche du cone intérieur de la flamme ; elle eſt à peine attaquée par le borax & le ſel microcoſmique, mais elle ſe diſſout avec efferveſcence dans l'alkali minéral, & forme avec lui un foie de ſoufre.

PÉTROLE.

§. CXXXVII.

ON trouve, dans la classe des fossiles, le phlogistique combiné avec la matière huileuse; mais plusieurs Naturalistes le dérivent alors du règne végétal.

§. CXXXVIII.

PÉTROLE *pur & isolé*. Cronstedt, *Min.* §§. 147-150.

§. CXXXVIII. A.

☞ Le PÉTROLE est un bitume fluide qui coule entre les pierres & les rochers ; c'est une véritable huile bitumineuse. Les propriétés chimiques du pétrole, sont les mêmes que celles des bitumes en général que nous avons détaillées, §. 22. A. On doit y ajouter seulement que certaines espèces de pétrole, comme le naphte, sont très-volatiles & si combustibles, qu'elles s'enflamment à l'approche seule de quelque matière en combustion. Le pétrole brun donne un phlegme acide, ce qui le rapproche un peu du succin.

§. CXXXVIII. B.

Comme tous les pétroles ne varient entr'eux que par rapport à leur fluidité & à leur tenacité, je crois qu'on peut très-bien les classer ensemble ; & alors on aura : 1°. le NAHPTE, dont la subtilité, la limpidité, la pureté & la légéreté, égalent presque celles de l'esprit-de-vin; il surnage tous les liquides ; une goute de naphte s'étend sur l'eau comme l'huile ; il répand un odeur assez agréable ; il s'enflamme, comme nous l'avons dit plus haut, à l'approche d'un corps embrâsé, & même à une certaine distance ; à la longue il perd son odeur & sa couleur, & s'épaissit comme l'huile de succin; on en connoît trois variétés, le naphte blanc, le naphte rouge, & le naphte vert ou foncé ; le plus beau vient d'une peninfule de la mer Cafpienne, que Kempfer nomme *Okefra* ; il fort à travers la terre, dans des citernes ou puits creufés exprès ; on en trouve à Baku en Perfe. (*Voyez Journ. de Phyfique*, *année* 1782, *Tom.* 10. *p.* 161).

2°. LE PETROLE dont le caractère diftinctif eft d'être épais comme l'huile gtaffe, d'avoir une odeur approchante de celle de la térébenthine, ou plutôt de l'huile de fuccin, d'une faveur acide pénétrante, plus léger que l'efprit-de-vin ; quand il eft bien pur, il le furnage ; il brûle d'une flamme bleue ; mais avec le temps il perd fon odeur & fa couleur ; il s'épaiffit & prend une couleur noire ; on en connoît trois variétés principales : 1°. le petrole jaunâtre qui eft très-léger & très-volatil ; on le trouve près de Modène en Italie ; le petrole rougeâtre ou d'un jaune rouge, tel eft celui qui fe recueille à Gabian & en Alface ; enfin le petrole noirâtre ou brun, c'eft le plus pefant & le plus commun : l'Angleterre, l'Italie, la France, l'Allemagne, la Suède, en fourniffent ; on en trouve tantôt coulant à travers les fentes des rochers, tantôt mêlé à de la terre, & fuintant à travers, tantôt enfin nageant fur les eaux, comme dans la fontaine ardente de Sainte-Catherine en Ecoffe.

3°. LE MALTHE ou la poix minérale ; fa confiftance eft graffe ; il eft noir, peu coulant, & tenace comme la poix ; au feu il répand une odeur forte & défagréable ; fa tenacité fait qu'on le trouve toujours adhérent à quelque corps ; on en connoît deux variétés, le malthe noir & le malthe rougeâtre ; on en trouve en Auvergne, en Suiffe, & dans quelques endroits de la Suède, & toujours mêlé avec de la terre.

4°. LE PISSASPHALTE ; il eft d'une confiftance moyenne entre celle du petrole ordinaire & de l'afphalte ou bitume de Judée. Le bitume que l'on recueille en Auvergne, près de Clermont-Ferrand, au puits de la Pege, eft le vrai piffafphalte.

§. CXXXVIII. C.

Les bitumes folides ne diffèrent des fluides que par le rapprochement de leurs parties conftituantes ; on doit les réunir ici ; on en connoît deux principaux, l'afphalte & le jayet.

§. C X X X V I I I. D.

L'Asphalte, ou bitume de Judée, ainsi nommé parce qu'on le trouve sur les eaux du Lac Asphaltide en Judée, est un bitume solide, noir, cassant, assez brillant sur-tout dans sa cassure, qui est vitreuse; sa couleur noire n'est qu'un rouge brun foncé, puisqu'une lame mince de ce bitume paroît rouge lorsqu'on la place entre l'œil & la lumière; il surnage l'eau, & au feu il brûle en répandant une odeur de succin; lorsqu'il est très-pur, il brûle d'une flamme claire, sans laisser aucun résidu; quand il ne l'est pas, il laisse un charbon, ou plutôt une espèce de scorie; on trouve encore l'asphalte dans plusieurs lacs de la Chine, en Danemarc, en Suède, au Valfrode, dans la Principauté de Neuchatel; je l'ai rencontré près d'Orthès dans le Béarn.

§. C X X X V I I I. E.

Le jayet est un bitume très-compacte, aussi dur que de la pierre; il n'a point de fente, & n'est pas fragile comme l'asphalte; sa cassure est brillante & vitreuse, & il est susceptible de prendre un beau poli; il surnage l'eau; quand on le frotte il devient un peu électrique; il coule en répandant une fumée obscure & une odeur bitumineuse; on trouve le jayet en France dans la Provence & dans le Comté de Foix; on en exploite une carrière dans les Pyrénées; la Suède, l'Allemagne & l'Irlande en fournissent aussi.

§. C X X X I X.

Pétrole *uni à l'argile. Charbon de terre.* Cronstedt, *Min.* §§. 157-160.

§. C X X X I X. A.

☞ Le Charbon de terre, ou charbon fossile, ou houille, est une substance minérale, argileuse, imprégnée de pétrole, & qui à l'analyse chimique, donne les mêmes principes que les bitumes, de l'eau ou flegme, de l'alkali volatil, une huile plus ou moins grasse & un charbon poreux, léger, que les Anglois nomment *Coak*; qui à la fin fe réduit en cendres. Il brûle avec vivacité , en répandant une odeur forte & particulière , & une fois embrâfé il produit une chaleur confidérable , & d'autant plus durable , qu'il eft plus long-temps en ignition avant que d'être totalement confumé.

§. C X X X I X. B.

Les caractères extérieurs du charbon de terre font les fuivans : il eft de couleur noire en général , de différentes nuances, depuis le brillant jufqu'au mat; plus ou moins fec, & plus ou moins friable ; quelquefois affez compacte & affez dur pour être confidéré comme une pierre, prefque toujours feuilletée : fa caffure eft anguleufe & prefque fpathique ; fa folidité varie depuis le dur de la pierre jufqu'au friable & au terreux. Le charbon de terre expofé à l'air pendant quelque temps , éprouve quelques altérations , il fe délite, fe brife de lui-même , tombe en efflorence lorfqu'il eft pyriteux, & fe recouvre d'une pouffière rougeâtre ferrugineufe ; dans les grandes chaleurs , l'ardeur du foleil fait quelquefois fuinter le pétrole dont il eft imprégné ; fa folidité & fa manière de fe comporter au feu le fait aifément diftinguer du jayet & de l'afphalte. Toutes les variétés du charbon de terre peuvent fe réduire à ces deux principales : 1°. le charbon de terre, compacte, dur , gras au toucher , noirciffant les doigts; d'un noir luifant comme le jayet ; quelquefois il eft fi dur , & d'un grain fi fin , qu'il eft fufceptible de poli, comme celui de Lincoln en Angleterre , dont on fait des bijoux : 2°. le charbon de terre, tendre , friable, terreux même & fe décompofant facilement à l'air.

§. C X X X I X. C.

La nature offre du charbon de terre par couches & en très-grande maffe, prefque dans tous les pays ; l'Angleterre & la France fur-tout font très-riches en cette production.

§. C X L.

PÉTROLE *combiné avec l'huile de fuccin. Succin.* Cronftedt, *Min.* §§. 133-146.

Plufieurs Savans regardent le fuccin comme une production végétale; cependant, comme on le trouve parmi les foffiles, & que fon origine n'eft pas encore bien claire, je le rapporte ici.

§. C X L. A.

☞ Le succin ou ambre jaune eft un bitume folide, mais caffant & friable, ordinairement affez tranfparent, fa couleur principale eft le jaune plus ou moins clair. Il eft le plus pefant des bitumes purs, auffi ne furnage-t-il pas l'eau. Il eft fufceptible d'un très-beau poli, & lorfqu'on le frotte, il devient électrique. Les anciens lui avoient reconnu cette propriété, & comme ils le nommoient *electrum*, on en a dérivé les mots électrique, électricité.

§. C X L. B.

Il faut une chaleur très-forte pour liquéfier le fuccin, il s'enfle alors & fe bourfouffle, il s'enflamme & brûle en répandant une fumée blanche très-épaiffe, mais dont l'odeur eft affez agréable, que le fuccin donne même lorfqu'on ne fait que le brifer fans le chauffer. Quand il contient des matières hétérogènes, & qu'il eft opaque, alors fa flamme prend des nuances de jaune, de vert & de bleu. Enfin, il laiffe un charbon léger, noir, & brillant qui, par l'incinération, donne un réfidu de terre brune, contenant un peu de fer. A la diftillation, le fuccin donne un flegme rouge, manifeftement acide, & contenant l'odeur du fuccin; un fel volatil acide qui fe fublime, & fe cryftallife en petites aiguilles blanches ou jaunâtres; une huile blanche & légère qui, fur la fin de l'opération, devient brune, noirâtre & épaiffe; enfin il refte dans la cornue une maffe noire, caffante & femblable à l'afphalte ou bitume de Judée.

§. C X L. C.

Le fuccin fe trouve enfoui en terre à des profondeurs plus ou moins grandes, ou dépofé fur les bords de la mer Baltique, dans la Pruffe ducale. Quelquefois ce bitume renferme dans fon fein des infectes entiers ou en débris, ce qui annonce affez qu'il a été fluide. On en compte plufieurs variétés qui font tirées de fa tranfparence, de fon opacité & de fes couleurs : 1°. le fuccin tranfparent blanc ; 2°. le fuccin tranfparent d'un jaune pâle ; 3°. le fuccin tranfparent d'un jaune de citron ; 4°. le fuccin tranfparent d'un jaune d'or ; c'eft le chryfélectrum des anciens ; 5°. le fuccin tranfparent d'un rouge foncé ; 6°. le fuccin opaque blanc ; 7°. le fuccin opaque jaune ; 8°. le fuccin opaque brun ; 9°. le fuccin coloré entier, en bleu, par des matières étrangères ; 10°. le fuccin veiné.

§. C L X I.

M. **Aublet** prétend que l'ambre gris n'eft que le fuc d'un arbre qui s'épaiffit & durcit par l'évaporation : cet arbre, qui croît dans la Guyane, & qui s'appelle *cuma*, n'a pas encore été déterminé par aucun Botanifte. Les pluies abondantes en charient des morceaux dans les rivières. M. Rouelle en ayant examiné quelques-uns, leur a reconnu l'odeur & les principales qualités de l'ambre jaune (1). Rumphius parle d'un arbre indien nommé *nanary*, qui donne un fuc pareil à celui de l'ambre.

§. C X L I. A.

☞ L'AMBRE gris eft une matière écailleufe, d'une confiftance plus ou moins molle & tenace ; mâché, il adhère aux dents comme de la poix ; on ne peut pas le réduire en poudre fous le marteau, parce que toutes fes molécules fe réuniffent comme des morceaux de cire. Il répand une odeur forte, mais fuave, & qui lui eft propre, lorfqu'on le frotte. Il fe liquéfie avec un feu doux, & fe fond fans donner de bulles ni d'écume. Il reffemble alors à une réfine. Il s'enflamme & brûle fans laiffer de réfidu, s'il eft bien pur. Il furnage l'eau. Les analyfes de l'ambre gris, faites par MM. Geofroy & Newman en ont retiré un efprit acide, un fel acide concret, de l'huile & un réfidu charbonneux à peu-près comme les produits de l'ambre jaune.

---

(1) Hiftoire des plant. de la Guyane. 1774.

§. C X L I. B.

L'ambre gris eft rarement pur, il contient beaucoup de fubftances hétérogènes, comme des becs, des arêtes de poif-fons & d'autres corps marins. Vallérius en compofe fept va-riétés : 1°. l'ambre gris taché de jaune ; 2°. l'ambre gris ta-ché de noir ; ce font les plus belles efpèces d'ambre gris ; 3°. l'ambre blanc d'une feule couleut ; 4°. l'ambre gris d'une feule couleur ; 5°. l'ambre jaune d'une feule couleur ; 6°. l'am-bre brun d'une feule couleur ; 7°. l'ambre noir d'une feule couleur. Les cinq variétés d'une feule couleur font les moins eftimées, parce qu'elles n'ont que peu ou point d'odeur. Elles laiffent toujours un peu de réfidu terreux après leur déflagration.

§. C X L I. C.

Il y a un très-grand nombre de fentimens fur l'origine de l'ambre gris ; mais nous ne ferons mention que de celui de M. Schediawer, Anglois, qui paroît appuyé fur des ob-fervations exactes. Il avoit dabord remarqué que les Pêcheurs de baleines, lorfqu'ils prennent celle nommé *phyfeter-macro-cephalus*, l'efpèce qui donne le *fpermaceti*, ne manquoient jamais de chercher dans leurs inteftins de l'ambre gris, & qu'ils en trouvoient prefque toujours ; il découvrit enfuite que la nourriture principale de cette baleine étoit la fèche à huit bras ; & l'ambre gris tiré des inteftins de la baleine, étoit toujours rempli de becs & des os de fèche ; il en a conclu avec raifon que l'ambre gris n'étoit qu'un excrément de baleine, fingulièrement endurci, & mêlé encore avec les parties non-digérées de fa nourriture. (*Voyez Journal de Phyfique* 1784.) On avoit déjà obfervé que les fèches de la Méditerrannée avoient une odeur d'ambre.

D I A M A N T.

§. C X L I I.

A u premier coup d'œil il paroît fingulier que je tire de la claffe des pierres gemmes la première de toutes, le diamant, & que je la place ici ; mais tout bien pesé, j'avoue que je ne trouve pas de lieu qui lui convienne mieux. Personne, jusqu'à présent, n'a pu le décomposer par voie humide (1) ; & exposé au feu dans des vaisseaux ouverts, il s'y consume tout entier, avec une petite flamme qui paroît sur sa superficie à mesure qu'il brûle. Cette déflagration, quoique lente, annonce de sa part une affinité très-distincte avec les corps inflammables : de plus, au foyer du miroir ardent il laisse des traces de suie (2). Si dans la suite on fait quelques expériences qui démontrent que j'ai tort, je me corrigerai volontiers.

§. C X L I I. A.

☞ Il n'y a plus de doute en France que le diamant ne soit un véritable corps combustible. Les belles expériences de MM. Roux, Macquer, Cadet, Lavoisier & sur-tout de M. Darcet, l'ont prouvé absolument, & il est étonnant que Vallerius dans sa nouvelle édition, les révoque en doute. Le diamant exposé au feu de fusion dans un fourneau de coupelle, rougit, paroît augmenter de volume, & devient plus brillant que la capsule dans laquelle on le met ; bientôt après on apperçoit une flamme légère & phosphorique qui l'environne comme une auréole, & le diamant brûle & se dissipe insensiblement sans répandre de vapeurs âcres, comme le croyoit Boyle, & sans laisser aucun résidu. *Voyez dans le Journal de Physique*, *Introd, T. I & II.* la suite des expériences faites à ce sujet.

§. C X L I I. B.

Le DIAMANT est la plus dure de toutes les substances minérales connues ; rien ne peut l'entamer, & pour le polir il faut employer de la poussière de diamant même, connue

---

(1) Opusc. vol. II, p. 112.
(2) Lavoisier, de l'Ac. de Paris.

sous le nom d'*égrisée*. Il est facile de le reconnoître à sa transparence, qui surpasse celle des corps les plus transparens. L'art de *cliver* le diamant ou de le fendre, démontre qu'il est composé de lames appliquées les unes sur les autres. Quelques diamans ne paroissent point composés de lames, mais plutôt de fibres entortillées. Ces diamans ne peuvent être taillés, & les Lapidaires les nomment *diamans de nature*. Quelquefois il se trouve une matière étrangère colorante entre ces lames, qui altère la transparence & qui occasionne peut-être l'espèce de suie que M. Lavoisier a observée recouvrant les diamans que l'on brûloit, sur-tout dans les vaisseaux fermés. Quelques expériences de M. Bergman, insérées dans le Journal de Physique 1779, T. XIV, p. 278, peuvent faire croire que le diamant contient une terre vitrifiable; mais singulièrement masquée & déguisée. Exposé à la lumière du soleil il devient phosphorique, & électrique si on le frotte.

§. C X L I I. C.

On trouve le diamant dans les grandes Indes, aux royaumes de Golconde & de Visapour, ordinairement dans une terre ochracée jaunâtre, sous des roches de grès & de quartz, & quelquefois dans l'eau des torrens qui les ont détachés de leurs mines. Il en vient aussi du Brésil, mais ils ne sont pas si parfaits que les Orientaux, & on les connoît dans le commerce sous le nom de *diamans du Portugal*. Les variétés du diamant dépendent des teintes dont ils sont nuancés. Il y en a cinq, le diamant blanc, le plus beau de tous, le jaune, le rouge, le bleu, & le noir; c'est le plus rare de tous.

QUATRIÈME CLASSE.

MÉTAUX.

§. C X L I I I.

J'ai déjà annoncé (§. 133), qu'il y avoit une grande affinité entre les métaux & les corps inflammables; ceux qui s'en rapprochent le plus, sont le zinc & l'arſenic, qui, expoſés au feu, donnent une flamme très-diſtincte. Tous contiennent le phlogiſtique, & dès qu'ils en ſont privés, même en partie, ils ſe réduiſent en pouſſière ſemblable à de la terre; mais la force attractive qui réunit ces principes, n'eſt pas la même dans les divers métaux. La plupart, quand ils ſont fondus & expoſés à l'air, deviennent auſſi-tôt pulvérulens à leur ſuperficie, & ſe couvrent d'une couche terreuſe, qui ne peut être amenée à ſon état métallique, que par l'addition du principe inflammable. Ceux qui ſe gouvernent ainſi au feu, ſont déſignés ſous le nom de *métaux imparfaits*, & on en connoît onze juſqu'à préſent parfaits, au contraire, tels que l'or, la platine & l'argent, ont tous leurs principes tellement unis, que quelle que ſoit la durée ou la force du feu auquel on les expoſe, ils n'éprouvent aucune calcination; & ſi on les convertit en chaux par la voie humide, ils peuvent être réduits en métal ſans autre addition que le phlogiſtique inhérent à la chaleur qui ſert à les fondre.

Le mercure tient le milieu entre les métaux, car comme les premiers, on peut le calciner, quoique difficilement; mais auſſi il reprend, comme les derniers, au feu ſa forme métallique ſans addition.

Je claſſerai les métaux parfaits & imparfaits ſuivant leurs gravités ſpécifiques. J'appelle *métaux natifs*, ceux qui jouiſſent complettement des propriétés métalliques; *minéraliſés*, ceux qui ſont combinés avec les acides & le ſoufre; & *en chaux*, ceux que l'on rencontre privés de phlogiſtique (1).

------

(1) Opuſc. vol. II. p. 275.

§. CXLIII. A.

☞ Les *propriétés physiques générales* des substances métalliques sont l'opacité, la pesanteur, la ductilité, la tenacité, la facilité de pouvoir se crystalliser, la saveur & l'odeur, du moins pour quelques-unes. Tous les métaux sont absolument opaques, & quelle que soit la finesse d'une feuille de métal, elle ne sera jamais transparente. Les rayons de la lumière pourront bien passer à travers les pores grossiers, mais jamais à travers la substance même, comme dans le cristal de roche, par exemple. La pesanteur ou la gravité spécifique des métaux l'emporte généralement sur celle de toutes les autres substances minérales, & l'étain, le plus léger de tous, pèse encore deux fois plus que le marbre. Cette pesanteur dépend du rapprochement des parties ou de la densité par laquelle le plus de parties possible est contenu dans le moindre espace. C'est aussi à cette densité qu'il faut rapporter leur opacité & le poli ou le brillant dont les métaux sont susceptibles. L'adhérence & l'union des parties entr'elles font que les métaux peuvent s'étendre jusqu'à un certain point sous le marteau en lames minces, ou s'allonger en fil d'une longueur & d'une finesse prodigieuse ; c'est ce qui constitue la tenacité & la malléabilité, ou ductilité par le marteau &. la filière. Elles ne sont pas les mêmes dans tous les métaux; nous aurons soin de les spécifier à chacun. Si l'on fait fondre une substance métallique pure & qu'on la fasse refroidir avec les précautions convenables, elle se crystallisera, c'est-à-dire, que ses molécules prendront un arrangement régulier, géométrique & qui leur sera propre. Je m'occupai de cet objet en 1780, & parvins à faire crystalliser tous les métaux & demi-métaux dont je pus avoir des régules purs. *Voyez Journ. de Physique* 1781. *T. XVIII. p.* 74. où je donne les procédés les plus simples pour obtenir ces crystallisations métalliques. Plusieurs métaux ont une saveur & une odeur particulières comme le régule d'arsenic, le régule d'antimoine, le plomb, le cuivre & le fer.

§. CXLIII. B.

Les *qualités chimiques* des métaux sont la fusibilité, la calcinabilité, la vitrificabilité, la volatilité & la tendance à
la

a combinaiſon avec différentes ſubſtances. Tous les métaux ſont plus ou moins fuſibles, & quand ils ſont fondus, ils prennent toujours une figure ſenſiblement convexe, plus élevée vers le centre que vers les bords, ce qui les diſtingue des autres fluides. Quand ils ſont en très-petites maſſes, ils forment des globules ronds & quelquefois coniques, comme je l'ai obſervé pour l'antimoine. Preſque tous brûlent avec la flamme. Expoſés au feu avec le contact de l'air, ils ſe décompoſent & ſe réduiſent en chaux, ou en une eſpèce de terre métallique. Ces chaux, pouſſées à un grand feu, ſe vitrifient ou ſe volatiliſent. Enfin, les métaux ſont plus ou moins altérés par la lumière, l'air, le feu & les ſubſtances ſalines; nous entrerons dans des détails ſur ces objets, à chaque métal.

§. C X L I I I. C.

Stahl & toute ſon Ecole ont enſeigné que les métaux étoient le réſultat de la combinaiſon du phlogiſtique avec une terre particulière. La nouvelle doctrine des gaz, en rejettant le phlogiſtique des métaux, les conſidère comme des ſubſtances inflammables qui, pour brûler, ont beſoin du concours de l'air dont elles abſorbent le plus pur, l'air déphlogiſtiqué, avec lequel elles ſe combinent & forment des chaux métalliques. M. Bergman à Upſal, & M. Kirvan à Londres, viennent de montrer évidemment la préſence du phlogiſtique dans les métaux, & ils ſont parvenus même à eſtimer la quantité que chaque métal contient. *Voyez, Journ. de Phyſique.* 1783, *t. XXI*, & 1784, *t. XXIV.*

§. C X L I I I. D.

Notre projet n'étant que de parler des caractères chimiques & minéralogiques des métaux, nous omettons tout ce qui regarde leur exploitation particulière & uſages économiques.

⬥━━━❦━━━⬥

O R.

§. C X L I V.

Ce métal pur jouit d'une gravité $=$ 19,640.

L'eau régale le diſſout ; mais ſi l'on en excepte l'acide
muriatique déphlogiſtiqué & l'acide nitreux en certaines circonſtances, aucun acide ſimple n'attaque
l'or, à moins qu'il n'ait été calciné (1). La quantité
de phlogiſtique qu'il faut enlever d'un quintal d'or,
pour le réduire en chaux, s'exprime par environ
394, en ſuppoſant que le quintal d'argent, diſſous
par l'acide nitreux, perde 100 (2) ; mais l'or retient
cette portion de phlogiſtique avec plus de ténacité
que tout autre métal, ſi l'on en excepte peut-être
la platine. L'or fond au +70$5 degré de chaleur du
thermomètre de Suède, & il ſe réduit en chaux
au foyer du miroir ardent.

§. CXLIV. A.

☞ Les Alchimiſtes ont donné à l'OR le nom de *Soleil*,
parce qu'il eſt le plus parfait & le moins altérable de tous les
métaux ; il eſt d'une couleur jaune brillante, ſuſceptible cependant de quelques nuances qui paroiſſent dépendre des
ſubſtances hétérogènes avec leſquelles il eſt mélangé ; c'eſt le
plus peſant de tous ; mais non le plus dur ; ſa ductilité eſt
extrême ; un once d'or peut dorer un fil d'argent de 444
lieues de long ; & un grain d'or peut s'étendre en ſuperficie
juſqu'à pouvoir couvrir une aire de plus de 1400 pouces
quarrés ; ſa ténacité eſt telle qu'un fil d'or d'un peu plus
d'une ligne de diamètre peut ſupporter 500 livres avant de
ſe rompre ; plus dur & plus élaſtique que le plomb & l'é-
tain, il l'eſt moins que l'argent, le cuivre & le fer ; l'eau &
l'air ne l'altèrent point ; expoſé au feu, il rougit long-temps
avant que de ſe fondre ; dans cet état, il eſt brillant, d'une
couleur verte claire, tirant un peu ſur le bleu ; refroidi
lentement, il criſtalliſe en pyramides à quatre faces. Il paroît, d'après le ſentiment de M. Romé de l'Iſle, que l'or
criſtalliſe en octaèdre, mais dont une pyramide eſt implantée

---

(1) Opuſc. vol. II. p. 374-376.
(2) *Differt. de quart. phlogiſti in diverſis metallis.* (Journ. de Phyſiq.
1783. t. XXII, p. 109).

dans la masse du régule, & dont on n'en apperçoit qu'une. Quelque long que soit le feu, l'or n'éprouve point altération; cependant quand il est porté au dernier point, comme dans les expériences de M. Darcet, au feu de porcelaine, & de M. Maquer, à celui du miroir ardent, l'or semble éprouver une espèce de calcination, comme les autres métaux. Les acides vitrioliques, nitreux & muriatiques, ne dissolvent point l'or; mais l'acide muriatique déphlogistiqué sur la manganèse, l'attaque; pour l'acide nitreux, il ne dissout pas réellement l'or, comme le pense M. Bergman, d'après M. Brandt, mais seulement l'attaque; le divise & le corrode méchaniquement sans se combiner avec lui, comme l'ont démontré M. Tillet & MM. de l'Académie des Sciences de Paris, & comme le dit Wallerius dans sa nouvelle Édition, où il s'exprime ainsi : *A spiritu nitri non solvitur. Ab eodem vero maximè concentrato & forti solvitur quidem aurum, sed tam levi cum hoc menstruo connexione, ut concussione & motu ab eodem separari possit.* Ce n'est pas ainsi qu'agit sur l'or l'eau regale, le vrai dissolvant de ce métal; il forme avec elle une véritable combinaison qui ne peut être détruite que par les précipitations; la dissolution se fait avec effervescence; elle est d'un jaune plus ou moins foncé, & teint les matières animales d'une couleur pourpré foncé; en la faisant évaporer, elle donne des crystaux de couleur d'or; si on verse de l'alkali volatil dans cette dissolution, l'or se précipite en or fulminant. MM. Rouelle & Darcet ont découvert que l'or fulminant mêlé avec l'huile perdoit sa propriété de fulminer; par la chaux, la magnésie & les alkalis fixes, l'or se précipite aussi en poudre jaune; & ce précipité est susceptible de se réduire par la chaleur, & de se dissoudre dans les acides vitrioliques, nitreux, & muriatiques isolés. Presque tous les métaux, le bismuth, le zinc, le mercure, l'étain, le plomb, le fer, le cuivre & l'argent, précipitent l'or de l'eau régale; l'étain le précipite en une poudre d'un violet foncé, qui porte le nom de précipité de *Cassius*; le plomb & l'argent en un pourpre sale & foncé; le cuivre & le fer avec son brillant métallique. Le soufre ne s'unit pas avec l'or; mais le foie de soufre le dissout parfaitement. L'or ne se combine point avec les substances terreuses; mais il le fait très-bien avec toutes les matières métalliques qui altèrent alors plus ou moins ses propriétés particulières.

M 2

§. CXLIV. B.

Au chalumeau il se fond sur le charbon & y reste sans altération tant qu'il est. seul ; avec le sel microcosmique &
le borax il donne un globule couleur de rubis.

§. CXLV.

Or *natif mêlé d'argent.*
Je ne crois pas que l'on ait trouvé de l'or parfaitement pur.

§. CXLV. A.

☞ La nature ne nous offre jamais l'or absolument pur;
il est toujours mêlé avec ou de l'argent, ou du cuivre ou
du fer ; l'on est convenu cependant de donner le nom d'*or
natif* à celui qui, mêlé avec ces autres métaux, conserve
cependant son brillant métallique, & n'est point minéralisé
par le soufre ou l'arsenic ; on le trouve ordinairement dans
des rochers de quartz, toujours en petites masses ; quelquefois il roule en petites paillettes dans le sein des rivières & des
ruisseaux. M. Daubenton distingue sept variétés de l'or natif : 1º. l'or natif en poudre : 2º. en grains : 3º. en paillètes : 4º. en masse : 5º. en filamens : 6º. en lame : 7º. cristallisé en octaèdre. Toutes ces variétés conservent toujours
la couleur jaune de l'or ; seulement elle est plus ou moins
forte ; elles la conservent au feu ; sont solubles dans l'eau
régale , & peuvent former des amalgames avec le mercure.
Le Pérou, le Méxique, la Hongrie, la Transilvanie, la
Sibérie, offrent de l'or natif ; on vient d'en découvrir une
mine en Dauphiné, à la Gardette. *Voyez* la Lettre de
M. le Baron de Dietrich sur cette Mine. (*Journ. de Physique,
mois d'Avril* 1783).

§. CXLVI.

Or *natif mêlé de cuivre.*

§. CXLVI. A.

☞ *Voyez* §. 145. A.

§. CXLVII.

OR *natif mêlé d'argent & de cuivre.*

§. CXLVII. A.

☞ *Voyez* §. 145. A.

§. CXLVIII.

OR *natif mêlé d'argent, de cuivre & de fer.*

§. CXLVIII. A.

☞ *Voyez* §. 145. A.

§. CXLVIII. B.

OR *natif dans de la galène ;* on en trouve à la mine de la Gardette en Dauphiné.

§. CXLIX.

OR *minéralisé par le soufre, au moyen du fer. Pyrite aurifère.* Cronstedt, *Min.* §. 166, A.

On ne peut plus à présent douter de la minéralisation de l'or (1).

§. CXLIX. A.

☞ L'OR, dans cette espèce de mine, est en très-petite quantité, & divisé pour ainsi dire en atôme ; ces pyrites sont d'un plus beau jaune & d'un brillant plus vif que les pyrites ordinaires ; malgré cela elles sont très-difficiles à reconnoître ; l'analyse seule peut assurer la présence de l'or ; voici un moyen bien simple pour le reconnoître ; prenez un peu de cette pyrite, mettez-la dans de l'acide nitreux, & faites di-

---

(1) Opusc. vol. II. p. 414.

gérer. L'acide diſſout toutes les ſubſtances étrangères, excepté l'or & le ſoufre qui ſe précipitent au fond du vaſe ; lavez le reſidu, ſous l'eau, de façon qu'il ne reſte plus qu'une
pouſſière jaune & brillante, c'eſt l'or, Suivant M. Sage on
extrait par ce moyen, de la pyrite martiale aurifère, moitié
plus d'or que par la réduction avec le plomb ; cette pyrite,
ſuivant Cronſtedt, tient juſqu'à une once d'or ; quelquefois
outre le fer il s'y rencontre un peu de zinc, & même du
cuivre qui donne à la pyrite un coup d'œil verdâtre ; on en
trouve à Ædelfor, en Smoland, en Hongrie ; au Mexique,
près de Sumatra, dans le Valais, au pays des Griſons,
& dans le Dauphiné. (*Journal de Paris*, 1783. N°. 60. &
Journal de Phyſique, 1783.).

§. CXLIX. B.

M. Wallerius cite deux autres eſpèces de *pyrite aurifère* :
1°. l'or minéraliſé par le ſoufre avec le mercure, cinabre
aurifère ; ce cinabre aurifère ſe trouve en Hongrie : 2°. l'or
minéraliſé par le ſoufre avec le zinc & le fer, blende
tenant or il eſt ordinairement rouge ou noir ; & outre
le zinc, il s'y trouve ſouvent de l'argent ; le rouge vient
de Schwartzemberg en Saxe, & le noir de Kugelerz.

§. CXLIX. C.

Comme l'or eſt en très-petite quantité dans ces pyrites,
il eſt preſqu'impoſſible de rendre un globule ſenſible en
le fondant & le ſcorifiant au chalumeau.

§. C L.

OR *mêlé d'argent, de plomb & de fer, minéraliſé
par le ſoufre. Mine aurifère de Naggyac.*
Je n'ai pas encore examiné complettement cette
mine (1).

§. C L. A.

☞ Il y a peu d'eſpèces de mine, ſuivant M. Sage, qui

---

(1) Opuſc. vol. II. p. 413.

rient avec les substances métalliques rassemblées; puisqu'elle contient de la blende rouge, feuilletée & transparente, de la galène, de la mine d'antimoine spéculaire, du cuivre, de l'argent & du fer; cette mine est de couleur grise, plus ou moins sombre, en masse informe; mais quelquefois aussi elle est composée de feuillets minces, flexibles, assez tendres; elle se laisse couper au couteau; elle est dissoluble dans les acides avec effervescence, & la dissolution paroît claire & sans couleur; elle contient souvent de la manganèse aërée (§ 243. A.) : on la reconnoît facilement de toutes les espèces de mines d'or, en l'exposant au feu; car l'or se fond assez facilement à l'aide du plomb qu'elle contient, & suinte à travers toute la masse en petits globules; tous les échantillons de cette mine ne sont pas également riches en or; elle vient de Naggyac en Transilvanie. Voici les variétés de cette mine données par M. de Born (*deuxieme Lettre à M. Ferber*) : 1°. la mine d'or minéralisé par la galène, le fer, & des particules volatiles; elle est lamelleuse, grise, composée de petites lames flexibles & brillantes; c'est l'espèce décrite plus haut; on la trouve dans du feld-spath, rose, ou dans du quartz gras : 2°. l'or mêlé de mine d'argent grise, ou de molybdène, ou d'antimoine : 3°. l'or mêlé de fer & d'arsenic sulphureux; sa texture est filamenteuse, jaunâtre; elle ressemble un peu à la mine d'argent arsenical; & minéralisé par la blende rougeâtre. (*Lithophylacium Bornianum.*)

§. C L. B.

Au chalumeau elle fume un peu sur le charbon, se liquéfie & donne un globule blanc, semblable à l'argent, brillant & malléable; le borax le dissout sans mouvement & sans prendre de couleur; le sel microcosmique l'attaque avec effervescence; il devient d'un roux obscur; cette couleur disparoît quand on le tient quelque temps en fusion; à la surface du flux en apperçoit un globule métallique.

PLATINE.

§. CLI.

LA PLATINE très-dépurée acquiert une gravité spécifique $= 18,000$. L'eau régale la diſſout; & la quantité de phlogiſtique qu'elle peut lui enlever, va, d'après les expériences que l'on a faites juſqu'à préſent, à 756 (1); excepté l'acide muriatique déphlogiſtiqué, qui attaque en général tous les métaux, aucun autre acide ne diſſout la platine, à moins qu'elle ne ſoit en état de chaux. Elle paroît l'emporter ſur tous les autres, par la force avec laquelle le phlogiſtique lui adhère : autant qu'on a pu s'en aſſurer juſqu'à préſent, il faut un degré de feu pour la fondre, plus fort que celui qui eſt néceſſaire au fer.

§. CLI. A.

☞ De toutes les ſubſtances métalliques, la *platine* eſt ſans contredit la plus intéreſſante, à cauſe de ſes qualités particulières ; on a beaucoup travaillé ſur ce nouveau métal, qui n'eſt connu que depuis une quarantaine d'années, & les plus grands Chimiſtes depuis ce temps s'en ſont occupé. MM. le Comte de Buffon, Margraff, Lewis, Macquer, Baumé, Deliſle, & ſur-tout MM. de Morveau, Bergman & Tillet, le Comte de Sickingen, l'ont traité de toutes les manières, & malgré tout cela, il paroît encore indécis pour quelques naturaliſtes, ſi la platine eſt un vrai métal, où ſi elle n'eſt qu'un mélange intime d'or & de fer. Mais les derniers travaux de M. de Sickingen prouvent abſolument que c'eſt un métal propre, que l'on peut dépouiller de tout le

---

(1) Comparée à celle d'un quintal de zinc, trouvée 182. (*Journ. de Phyſiq.* 1783, t. *XXII.* p. 109).

fer dont il eſt mélangé. (*Voyez* Eſſai ſur la platine , imprimé en Allemand.) Voici ſes qualités extérieures & chimiques.

§. C L I. B.

LA PLATINE du commerce eſt en petits grains ou plutôt en paillettes d'un blanc ſale tirant un peu ſur le bleuâtre , & ſe rapprochant de celui de l'argent. Ces grains ſont toujours mêlés à quantité de ſubſtances étrangères, comme de l'or, du fer, un peu de mercure & des parties terreuſes. Pour obtenir la platine pure & iſolée, faites chauffer le tout aſſez fort pour que tout le mercure s'évapore. Le lavage ou plutôt la digeſtion dans un acide , ſur-tout l'acide marin, excepté l'eau régale, enlève le fer & les matières terreuſes, diſſolubles dans les acides. Le barreau aimanté en ſépare encore le fer, il ne reſte plus que l'or & la platine, & on les trie ſéparément grains à grains. Les grains de platine examinés alors paroiſſent arrondis ſur les bords & roulés ; ſous le marteau les uns ſont ductiles, & les autres ſe briſent en morceaux. L'air & l'eau ne l'attaquent point. La platine avoit paru réſiſter juſqu'à préſent au feu le plus violent ; ſeulement elle s'y aglutinoit un peu ; mais M. de Morveau l'a très-bien fondu au fourneau de M. Macquer, avec ſon flux réductif, & MM. Achard & Lavoiſier l'ont fondue ſeule avec de l'air déphlogiſtiqué. Au foyer du miroir ardent, elle fume d'abord, donne des étincelles vives & ardentes, & finit par ſe fondre en un petit bouton d'une couleur blanche & brillante. Ce petit régule ſe laiſſe couper au couteau & eſt très-malléable ; les acides purs n'agiſſent pas plus ſur la platine que ſur l'or. L'eau régale ſeule eſt ſon diſſolvant. La liqueur ſaturée de platine laiſſe dépoſer peu-à-peu de petits cryſtaux moyens qui réſultent de la combinaiſon des acides avec la platine. Cette diſſolution eſt la plus colorée de toutes les diſſolutions métalliques ; elle eſt d'un brun foncé & teint les matières animales en brun noirâtre. Par l'évaporation on obtient auſſi des cryſtaux régaliens de platine. Toutes les ſubſtances terreuſes ſuſceptibles de diſſolution par l'eau régale, ainſi que les alkalis, même le minéral (*voyez* Journ. de Phyſiq. 1780, p. 39), précipitent la platine de l'eau régale : ce précipité, traité avec des fondans réductifs, comme le borax, le verre, &c. forment, ſuivant MM. Macquer & Baumé, un verre noirâtre dur, & il se revivifie un peu de platine, qui forme un culot. Le précipité de platine par le sel ammoniac, se fond très-facilement, & c'est le moyen le plus simple & le plus sûr en même temps d'obtenir la platine en régule, comme l'ont démontré M. de Morveau (*Journ. de Physiq.* 1775, *t. VI. p.* 193), & M. Bergman (*ibid.* 1780, *p.* 43). Le régule obtenu par ce procédé, est de la platine absolument pure, & qui n'a pas la plus petite sensibilité à l'aimant; il est blanc comme de l'argent, plus dur que le cuivre, & est malléable. D'après MM. Margraff, Lewis & Baumé, presque tous les métaux précipitent la platine, en raison des affinités, sous une forme pulvérulente d'un rouge brun, & ces précipités ne jouissent point des propriétés métalliques, comme ceux des autres métaux, excepté l'or. La platine s'unit assez facilement, par la fusion, avec tous les métaux & demi-métaux. M. de Morveau est parvenu à l'allier avec l'acier, & M. Croharé à l'amalgamer avec le mercure.

§. CLI. C.

On n'a trouvé encore la platine que dans deux endroits de l'Amérique méridionale, à Choco au Pérou, & à Santa-Fé, près de Carthagène; mais le Roi d'Espagne a fait fermer ces mines, à cause des fraudes qui pouvoient résulter de son alliage avec les métaux, sur-tout avec l'or; sa pesanteur, presqu'égale à celle de l'or, les favorisant singulièrement.

§. CLII.

PLATINE *native jointe au fer.* Cronstedt, *Min.* §. 179.

Je crois que l'on n'a jamais trouvé de platine sans mélange avec le fer, dont cependant il est facile de la dépouiller (1).

§. CLII. A.

☞ *Voyez* les articles précédens.

______

(1) Opusc. vol. II. p. 181.

ARGENT.

§. CLIII.

SA gravité spécifique est $= 10,552$. L'acide nitreux le dissout facilement; le vitriolique a besoin de l'ébullition; mais l'acide muriatique ne peut lui enlever le phlogistique qui empêche la dissolution, quoique cet acide attire plus fortement la chaux de ce métal. On peut exprimer par 100 (1) la quantité de cet obstacle qui se rencontre dans un quintal; & qui forme la différence de ce métal parfait avec la chaux; mais cette force par laquelle l'argent retient cette portion du principe inflammable, est encore moindre que celle que l'on rencontre dans l'or : c'est pour cela que l'argent n'occupe que le troisième rang dans la série des métaux. Il fond à une chaleur $= + 538$.

§. CLIII. A.

L'ARGENT est un métal parfait, d'une couleur blanche brillante, d'une texture solide, & par conséquent susceptible de prendre un beau poli : il surpasse en malléabilité & en ductilité, tous les autres métaux, excepté l'or; sa ténacité est telle, que, réduit en fil d'un peu plus d'une ligne de diamètre, il peut supporter un poids de 370 livres avant de se rompre. Il est sonore, & le son qu'il rend est assez particulier pour qu'on le désigne sous le nom de *son argentin* ; fondu & refroidi avec précaution, il cristallise quelquefois en octaèdre, mais le plus souvent en moitié d'octaèdre; c'est-à-dire, qu'il n'offre qu'une pyramide quadri.

---

(1) Journ. de Physiq. 1783, t. XXII, p. 109.

latère , l'autre reſtant engagée dans la maſſe. L'air pur & dépouillé de toutes vapeurs ſulphureuſes & inflammables , n'altère point l'argent, mais ces vapeurs noirciſſent ſa ſurface ;
l'eau pure ne l'attaque pas davantage. Au feu il fond plus vîte
que le cuivre ; fondu , il a le brillant d'une glace : ſi on pouſſe
le feu, il bouillonne bientôt , & répand des vapeurs qui ne
ſont que de l'argent volatiliſé. Les expériences de M. Macquer prouvent que l'argent, quoique plus difficile à calciner
que les autres métaux, peut enfin l'être à la longue, &
même donner un verre d'un vert d'olive. Le verre de plomb
ne le diſſout pas ; & c'eſt ſur ce principe qu'eſt fondée la coupellation, qui conſiſte à fondre dans une coupelle de l'argent
& du plomb ; le plomb ſe réduit en litharge, & entraîne
avec lui toutes les matières métalliques mêlées à l'argent ,
qu'il laiſſe enfin très-pur ſur la coupelle. L'acide vitriolique
concentré & bouillant, diſſout l'argent, & forme avec lui
un vitriol d'argent, décompoſable par toutes les ſubſtances
qui ont plus d'affinité avec l'acide vitriolique que l'argent.
L'acide nitreux le diſſout très-bien, & la diſſolution eſt claire
lorſque l'argent eſt pur ; il tache en noir les matières animales, dépoſe des cryſtaux de nitre d'argent par l'évaporation : ce nitre d'argent ſe fond au feu, & forme la pierre
infernale en refroidiſſant. Les ſubſtances terreuſes, les alkalis & les ſubſtances métalliques, décompoſent le nitre d'argent ; & cette décompoſition, par le mercure, produit une
précipitation ſingulière, nommée l'*arbre de Diane*. L'acide
marin ne diſſout l'argent que dans l'état de gaz ou de vapeurs ; mais l'on obtient bien plus facilement le muriate
d'argent , en verſant de l'acide marin dans une diſſolution
de ce métal par l'acide nitreux : ce dernier acide ayant moins
d'affinité avec l'argent que le premier, l'abandonne , & l'argent ſe précipite combiné avec l'acide muriatique. Ce muriate d'argent eſt très-fuſible ; à un feu doux il ſe fond en
une maſſe griſe & demi-tranſparente comme la corne, ce
qui lui a fait donner le nom d'*argent corné* ou *de lune cornée*.
Les alkalis & preſque toutes les ſubſtances métalliques décompoſent le muriate d'argent. L'eau régale diſſout aſſez
bien l'argent, & ce métal ſe précipite en muriate d'argent
à meſure qu'il ſe diſſous. L'argent s'allie aſſez bien avec
tous les métaux, & il s'amalgame très-bien avec le mercure.

§. C L I I I. B.

On a trouvé jufqu'à préfent l'argent fous deux états particuliers, ou fous l'état de régule natif, ou fous l'état de
minéral ; c'eft-à-dire, minéralifé par quelques principes
étrangers : on n'en a pas encore rencontré en état de chaux.

§. C L I I I. C.

L'argent natif eft prefque de l'argent pur ; on le reconnoît
facilement à fon brillant métallique & à fa couleur blanche,
qui quelquefois eft un peu terne ou grife, & quelquefois
jaune fale. Il a toutes les propriétés du régule d'argent ; il eft
malléable, ductile & diffoluble dans les acides ; il eft mêlé
à d'autres mines, ou adhérent à des pierres, des rochers ;
quelquefois fa gangue eft une argile, une terre, une ochre ;
mais il eft toujours fouillé d'une petite portion de métal
étranger, comme on le peut voir dans les §§. 154-161. Les
variétés de l'argent natif font, 1°. l'argent natif folide ou en
maffes irrégulières ; *Kungsberg* en Norvège, *Neumarken* en
Wermeland, où il a pour gangue une terre argileufe ; à
Sainte-Marie-aux-Mines, on en a trouvé des maffes de
50 à 60 livres dans de la terre graffe (*Monnet, Ouvr. cité,
p. 278*) ; 2°. l'argent natif en grains : il eft en petits grains
ronds ou plats, difféminé dans les mines & les pierres ; le
Mexique & le *Potofi* ; 3°. l'argent natif en filamens con-
tournés de différentes manières : c'eft celui que les Allemands nomment *filberzahne ; Allemont* en Dauphiné, *Kungsberg, le Mexique* ; 4°. l'argent natif en germination ou fous
la forme de dendrites : il imite la ramification des arbres
ou de la mouffe ; *Kungsberg, Potofi, Schneeberg* ; 5°. l'argent natif en lames minces : on le rencontre dans les fciffures des pierres ; *Kungsberg, Freyberg, Georgenftaldt* ;
6°. l'argent natif capillaire : prefque dans toutes les mines
d'argent, & c'eft même un des états où on le rencontre le
plus fouvent natif : fuivant Henckel & plufieurs autres Minéralogiftes, cette variété, ainfi que la précédente, font
dues à la décompofition de la mine d'argent rouge, §. 166 ;
7°. l'argent natif criftallifé en octaèdres & en cubes ifolés ;
Kungsberg, Sainte-Marie-aux-Mines.

§. CLIII. D.

Au chalumeau il se fond sans se calciner.

§. CLIV.

ARGENT *natif joint à l'or.*

§. CLV.

ARGENT *natif joint au cuivre.*

§. CLVI.

ARGENT *natif joint à l'or & au cuivre.*

§. CLVII.

ARGENT *natif joint au fer.*
Le fer passe rarement $\frac{2}{100}$; mais le plus souvent il ne va pas à $\frac{1}{100}$.

§. CLVIII.

ARGENT *natif joint à l'arsenic.*
L'arsenic excède à peine $\frac{5}{100}$.

§. CLVIII. A.

☞ M. Monnet a reconnu cette espèce de mine dans un échantillon venant de Guadanal-Canal en Espagne (*Journ. de Physiq. Suppl.* 1778, *p.* 50). La mine du Samson à Andreasberg au Hartz, fournit cette espèce de mine : on l'y apppelle *argent arsenical* (M. le Baron de Dietrich).

§. CLVIII. B.

En général, il faut bien distinguer un minéral simplement uni à l'arsenic, ou minéralisé par lui; dans le premier cas l'arſenic eſt ſous forme de métal, ou peut-être de chaux, & dans le ſecond il y eſt ſous forme acide : car tel eſt notre ſentiment, que pluſieurs expériences ſemblent confirmer, le demi-métal, nommé *arſenic*, ne peut pas plus être minéraliſateur que tout autre métal ; & cet office n'appartient qu'à ſon acide ſeul, comme à l'acide aérien, au vitriolique, au marin, &c. *Voyez* l'Introduction & les §§. 55-228.

§. C L I X.

ARGENT *natif joint à l'antimoine.*

Fondu, il répand quelque fumée, mais il n'exhale point d'odeur d'arſenic.

§. C L X.

ARGENT *natif joint à l'arſenic & au fer.*

Ces trois métaux y ſont ordinairement en portions égales.

§. C L X. A.

☞ On trouve cette mine à Freyberg, où elle porte le nom de *mine blanche*. M. Monnet en a trouvé une ſemblable dans les mines de Guadanal-Canal en Eſpagne. (*Journal de Phyſique*, Suppl. 1778. *p.* 43.)

Toutes les eſpèces que je viens de citer jouiſſent de l'apparence & des propriétés métalliques. Les ſubſtances hétérogènes qui y ſont mêlées, ſont à la vérité peu conſidérables, mais il ne faut pas pour cela les négliger, puiſque le plus ſouvent elles excèdent $\frac{1}{300}$ de la maſſe.

§. C L X I.

ARGENT *minéraliſé par les acides marin & vitriolique. Mine d'argent corné.* Cronſtedt, *Min.* §. 17'.

M. Woulf eſt le premier qui y a découvert la

préfence de l'acide vitriolique (1) : l'argent excède rarement $\frac{70}{100}$. J'ignore fi dans quelques mines d'argent corné l'acide vitriolique n'exifte point du tout.

§. CLXI. A.

☞ On a vu, (§. 153. A.), que la combinaifon de l'acide marin avec l'argent prenoit le nom d'*argent corné*; on trouve cette même combinaifon dans la nature, & on l'a défigné fous le nom de MINE D'ARGENT CORNÉ ; cette mine eft d'une couleur blanchâtre, grife, & quelquefois d'un jaune fale; elle eft très-facile à couper au couteau; & fa demi-tranf-parence, quand elle en jouit, approche de celle de la corne; la mine d'argent corné qui vient de Sainte - Marie - aux-Mines a l'apparence terne, terreufe; & fon caractère prin-cipal eft de fe colorer en violet fombre lorfqu'elle eft ex-pofée au foleil; cette propriété lui eft commune avec la lune cornée artificielle ; elle eft fi fufible que la moindre chaleur, celle même de la flamme d'une chandelle, la fait couler ; en fondant elle jette des vapeurs qui font dues à l'acide marin, qui fe dégage ; ce gaz la rend très-volatile, & par conféquent fes effais font affez difficiles à faire ; en général, cette mine n'eft pas trop commune; & on ne l'a trouvée encore que dans les mines de Saxe & dans celles de Sainte - Marie - aux - Mines, & à Guadal - Canal en Ef-pagne ; on vient d'en trouver dans les mines d'Allemont en Dauphiné ; on en diftingue trois variétés : 1°. la mine d'argent corné, couleur de perle, demi - tranfparente; fa texture eft très-fine; quelquefois elle eft cryftallifée; *Johan-Georgenftadt* en Saxe : 2°. mine d'argent corné, grife & pulvérulente; *Sainte-Marie-aux-Mines* : 3°. mine d'ar-gent corné, noirâtre, ou d'un jaune brun comme la ré-fine ; c'eft la plus impure de toutes, en Saxe. M. Lommer a donné un Traité particulier fur la mine d'argent corné de Johan Georgenftadt, avec fon Analyfe chimique en 1776.

---

(1) Tranf. philof.

§. CLXI. B.

§. C L X I. B.

Il faudroit joindre ici *la mine d'argent alkaline* de M. Jufti qui, fuivant M. Sage, n'eft que de l'argent corné dans de la terre calcaire (*Élem. de Minér. t. II. p.* 332.); mais elle appartient à la claffe de l'argent vierge, puifque ce n'eft que ce métal difféminé dans une pierre calcaire, & que l'on apperçoit facilement à l'œil nud, en la poliffant, d'après l'obfervation de M. Brunnig. (*Minér. de Cronftedt,* 1770, *p.* 193).

§. C L X I. C.

Au chalumeau fur le charbon elle donne plufieurs petits globules métalliques ; elle fe diffout dans le fel microcof- mique, & le rend opaque ; elle fe réduit dans le borax, du moins en partie.

§. Ç L X I I.

Argent *minéralifé par les acides muriatique & vitriolique, & par le foufre.*

Je doute encore fi cette efpèce eft vraiment dif- tincte de la précédente, car le fouffre ne peut s'unir aux fels que méchaniquement.

§. C L X I I. A.

☞ Cette mine eft la troifième variété que nous venons de décrire ; car M. Monnet ainfi que Vallerius remarquent qu'elle contient prefque toujours des parties fulphureufes, & quelquefois même d'arfenicales.

§. C L X I I I.

Argent *minéralifé par le foufre. Mine d'argent vitreufe.* Cronftedt, *Min.* §. 169.

Cette mine contient $\frac{75}{100}$, & quelquefois davan- tage d'argent.

§. C L X I I I. A.

☞ LA MINE D'ARGENT VITREUSE est pesante, d'un gris noirâtre, semblable à la mine de plomb; elle se laisse facilement couper au couteau, & le couteau y laisse une impression plus ou moins approchante de l'uni du verre, ce qui lui a fait donner par les Allemands le nom de *vitreuse;* elle est flexible & même un peu malléable; sa texture est lamelleuse; elle se fond très - facilement, & au moment même qu'elle rougit; elle est très-riche en argent, & quand elle est bien pure, elle en tient près des trois quarts de son poids, le reste est le soufre qui la minéralise; quand il s'y trouve un peu d'arsenic, alors elle est plus fragile. M. Monnet y a découvert aussi une très-petite quantité de fer. Outre ces caractères extérieurs, elle en a un particulier, qui prouve bien que cette mine n'est que de l'argent natif, pénétré de soufre; si on l'expose à une chaleur douce, pas assez forte pour la faire fondre, alors le soufre s'évapore peu à peu, & l'argent reste en forme d'argent vierge, en végétation ou en filets. On la trouve dans presque toutes les mines d'argent, à Kunsberg en Norvege, à Freyberg en Saxe, à Sainte - Marie en Alsace, à Schemnitz en Hongrie, à Joachimstal en Bohème, à Allemont en Dauphiné, au Mexique, &c. &c. On peut en distinguer plusieurs variétés qui ne diffèrent guère les unes des autres que par la couleur & la cristallisation : 1°. la mine d'argent vitreuse, couleur de mine de plomb, c'est la plus commune; 2°. brune : Bruckman en cite une de cette couleur, qui étoit verte intérieurement; 3°. jaunâtre : cette couleur est due à la portion d'arsenic qu'elle contient, & qui, mêlé avec le soufre, forme de l'orpiment; 4°. verdâtre; 5°. bleuâtre : elle est friable, semblable à des scories, ce qui lui a fait donner, par les mineurs de Fryberg, le nom de *Schlarckenerz,* mine de scorie; 6°. en végétation; 7°. en feuillets; 8°. cristallisée en octaèdre, ou en prisme hexaèdre, ou en pyramides decaèdres; 9°. enfin superficielle, lorsqu'elle recouvre des pierres.

§. C L X I I I. B.

D'après l'observation de M. Bruning (*Min. de Cronstedt,* p. 186. §. 168. édit. all. 1770), le *Roschgewach* des Hongrois, ou la mine d'argent vitreuse des Saxons, forme le passage de la mine d'argent vitreuse, à la mine d'argent rouge : comme sa couleur est noire, & que sa poussière conserve cette même couleur, Vàllerius, Linné, Gmelin, l'ont rangé parmi les mines d'argent noires; on la trouve à Freyberg en Saxe, tenant environ 140 marcs d'argent au quintal.

§. C L X I I I. C.

Au chalumeau sur le charbon elle laisse aller le soufre, donne un globule brillant que l'on purifie avec le borax.

§. C L X I V.

ARGENT & *fer minéralisés par le soufre. Pyrite d'argent.* Cronstedt, *Min.* §. 176; 10.

§. C L X I V. A.

☞ Cette mine pyriteuse est de couleur brune; & elle est assez pauvre; on l'a trouvée à Kungsberg en Norwège.

§. C L X V.

ARGENT & *plomb minéralisés par le soufre. Galène.* Cronstedt, *Min.* §. 175; 8.
Elle contient une demi-once d'argent par quintal.

§. C L X V. A.

☞ M. Bergman place ici la galène, en vertu du principe qu'il a établi, §. 17, où il annonce que sa classification dans son systême est fondée sur la valeur du principe plutôt que sur sa quantité. Mais comme tous les Minéralogistes ont placé la galène parmi les plombs, & que M. Bergman la cite encore, §. 185, nous renvoyons à cet article tout ce que nous avons à dire sur cette mine.

§. C L X V. B.

La quantité d'argent que contient cette mine varie infiniment, & il y en a de beaucoup plus riche que celle citée par M. Bergman.

§. C L X V I.

ARGENT & *arfenic minéralifés par le foufre. Mine d'argent rouge.*

Elle contient environ $\frac{70}{100}$; quelquefois on n'y rencontre point de fer ; mais fouvent il y eft comme dans toutes les autres efpèces de mines.

§. C L X V I. A.

☞ LA MINE D'ARGENT ROUGE eft pefante, d'un rouge plus ou moins fort, quelquefois d'un rouge foncé, d'autrefois approchant du pourpre ; elle eft brillante, & fi on la brife, fa pouffière eft toujours rouge ; elle eft prefque toujours opaque quand elle eft en maffe irrégulière ; mais demi-tranfparente lorfqu'elle eft criftallifée ; elle eft très-friable ; expofée au feu elle décrépite, laiffe échapper des vapeurs arfenicales & une odeur d'ail, & fond avant que de rougir. La préfence du foufre dans cette mine eft prouvée, & par la couleur rouge qu'elle a, & qui eft due à l'union du foufre & de l'arfenic, & par fa détonnation avec le nitre ; en la chauffant par degrés & avec précaution, l'arfenic & le foufre fe dégagent, fe volatilifent, & laiffent l'argent à nud fous forme de végétation capillaire. Cette mine contient un peu de fer, fur-tout celle qui eft foncée en couleur. A Kremnitz en Hongrie, & à Joachinfthal, on en a trouvé qui tenoit un peu d'or. Les principales variétés de la mine d'argent rouge font : 1°. la rouge opaque qui vient du Potofi, & que les Efpagnols nomment *Roffi-Clero* ; fa couleur approche de celle du cinabre ; elle eft brillante, friable, & en maffe ; c'eft la plus riche de toutes. Outre le Potofi, Andreberg au Hartz, Salberg en Weftmanie : 2°. la rouge avec une nuance bleue, Freyberg, Annaberg : 3°. la rouge grife ; réduite en pouffière, la nuance grife difparoît & la couleur rouge refte : 4°. la rouge noire ; c'eft un rouge extrêmement foncé : 5°. tranfparente & criftallifée, Potofi, la Saxe, la Bohême, Sainte-Marie-aux-Mines, &c. : 6°. enfin la mine d'argent rouge en feuilles ou enduits fuperficiels appliqués fur une gangue quartzeufe, c'eft la plus pauvre de toutes.

§. C L X V I. B.

On trouvoit à Sainte-Marie-aux-Mines, une mine d'argent rouge recouverte de realgar, qui, nouvellement tirée de la mine, avoit la couleur vive de cire d'Espagne ; & on en a abusé pour vendre aux curieux des morceaux de realgar pur pour de la mine d'argent rouge. M. le Baron de Dietrich qui a voulu réduire de ses derniers morceaux n'en a point retiré d'argent, & toute la mine s'est volatilisée au grillage.

§. C L X V I. C.

Au chalumeau sur le charbon on dégage d'abord l'arsenic par une lente calcination, ensuite le soufre, & on purifie le bouton par le borax ; elle décrépite un peu.

§. C L X V I I.

ARGENT *avec fer & arsenic, minéralisés par le soufre. Weiserz* des Allemands. Cronstedt, *Min.* §. 172.

J'en ai examiné des morceaux venant de Saxe, qui ne contenoient point d'argent. Seroit-ce donc à l'argent natif que cette mine devroit celui qu'elle contient ?

§. C L X V I I. A.

☞ Suivant Cronstedt, cette mine est plutôt une pyrite d'argent qu'une vraie mine, & Wallérius la nomme *mine d'argent arsenicale.* Elle est solide, dure & grenue. Sa couleur est blanchâtre & luisante ; frappée avec le briquet elle donne une odeur d'ail, & en effet ce n'est qu'une mine d'arsenic grise qui contient quelquefois de l'argent ou natif ou minéralisé. Clausthal, Andreasberg, Braunsdorf, Allemont, en Dauphiné. C'est à cette espèce qu'appartient la mine d'argent blanche, Espèce VII du *Systêm. de Minér. de M. Monnet.*

§. C L X V I I I.

ARGENT *avec fer, arsenic & cobalt, minéralisé par le soufre.*

L'argent passe quelquefois $\frac{10}{100}$.

§. C L X V I I I. A.

☞ M. Monnet, dans son nouveau Systême de Minéralogie, a parlé de cette mine. Elle ressemble assez à la précédente, & pour la forme & la couleur, & elle n'en diffère que par la portion de cobalt qu'elle contient & qui, se décomposant, la recouvre de fleurs de couleur rose. Il y a deux variétés de cette mine, l'une qui est d'une couleur sombre & terne, & très-ferrugineuse, & l'autre qui est brillante presqu'autant que la mine d'argent grise dans la fracture. Allemont en Dauphiné en fournit assez abondamment. C'est à cette espèce qu'appartient la *mine d'argent merde d'oie*, ainsi nommée, à cause de sa couleur grise, brune, verte & lilas. M. Sage en a fait une excellente analyse, (*Elém. de Minéral. T. II. p. 329.*) Il y a trouvé un peu de cuivre. Il faut observer que l'argent natif capillaire marche presque toujours avec la mine d'argent merde d'oie. Il la regarde comme le produit de la décomposition du kupfernickel par les pyrites martiales. On en trouve en Suède, en Saxe, & sur-tout à Allemont en Dauphiné.

§. C L X I X.

ARGENT *avec cuivre, fer & arsenic, minéralisé par le soufre. Mine d'argent blanche.* Cronstedt, *Min.* §. 171.

La quantité d'argent que cette mine contient, varie beaucoup, quelquefois elle va jusqu'à $\frac{10}{100}$, d'autrefois même elle le surpasse. On nomme ordinairement la pauvre, *mine d'argent grise.*

§. C L X I X. A.

☞ M. Bergman réunit ici, ainsi que les Minéralogistes,

la mine d'argent blanche, *Weiſſgulden* des Allemands, avec la mine d'argent griſe, *Fahlerʒ* des mêmes. Je crois qu'on doit les ſéparer, puiſque la ptemière ne contient pas du fer & que la ſeconde en contient, du moins en beaucoup plus grande quantité, ainſi que le cuivre. Il ne faut pas encore confondre la mine d'argent blanche des Mineurs dont parle M. Sage, (*Ouv. cité.* T. II. p. 328) & qui appartient aux galènes, très-riches en argent.

§. C L X I X. B.

LA MINE D'ARGENT BLANCHE dont il eſt ici queſtion, eſt peſante d'une couleur blanchâtre ou d'un gris de cendre ; elle eſt brillante & écailleuſe, mais compacte, grenue dans ſa caſſure, quoique naturellement ſtriée. Elle reſſemble, en quel-que façon, à la galène brillante à petits grains ; mais elle eſt plus dure ; elle ne ſe laiſſe pas couper au couteau, & broyée ſa couleur eſt blanche. Elle ne contient point, ou infiniment peu de fer. Ses variétés ſont, 1°. la mine d'ar-gent blanche, couleur de plomb ; Sainte-Marie-aux-mines, en Alſace, Guadal-Canal en Eſpagne, Allemont en Dau-phiné, &c. &c. 2°. la mine d'argent blanche couleur d'acier ; ſa couleur eſt plus foncée & tirant ſur le bleu ; mais ſa pouſ-ſière eſt blanche ; Sainte-Marie-aux-mines : 3°. la mine d'ar-gent blanche cryſtalliſée ; Joachimſtal.

§. C L X I X. C.

LA MINE D'ARGENT GRISE, *Fahlerʒ*, contient de plus que la précédente, une aſſez grande quantité de fer & de cuivre, qui lui donne des caractères particuliers. Elle diffère de la pré-cédente, non-ſeulement par la couleur, qui eſt beaucoup plus obſcure, mais encore par celle qu'elle a lorſqu'elle eſt réduite en pouſſière, & qui eſt griſe. Elle eſt peſante, très-dure, propriété qu'elle doit, ſuivant M. Monnet, à la com-binaiſon intime de l'arſenic & du cuivre ; brillante dans ſa fracture, plus elle eſt riche en argent & plus elle eſt bril-lante. Outre les ſubſtances métalliques que l'analyſe y dé-couvre, on en a trouvé une variété à Schemnitz, qui tenoit un peu d'or. On en connoît pluſieurs variétés : 1°. la mine d'argent griſe, d'un gris clair ou argentin ; c'eſt l'eſpèce la plus riche ; elle eſt plus brillante que les autres, & ſemble jouir, au moins pour les petits morceaux, d'une espèce de flexibilité. Sainte-Marie-aux-mines, le Hartz ; 3°. la mine d'argent grise cryſtalliſée ; elle eſt belle & brillante à ſa ſurface : 3°. la mine d'argent griſe noire. C'eſt celle que les Allemands nomment *ſchawrzerz*, & les Eſpagnols *nigrillo*. Elle eſt tantôt ſolide, tantôt ſpongieuſe, fragile cellulaire, & comme vermoulue. Elle paroît être due à la décompoſition de la précédente : Potoſi, Bleyberg, Freyberg, Hongrie, Giromany, & Baigory, Sainte-Marie-aux-mines, en France ; quelquefois cette dernière variété eſt abſolument terreuſe, pulvérulente, d'une couleur noire & fuligineuſe. Dans cet état les Allemands la nomment *ſchwarz-guldenerz* ; quand elle conſerve un peu de ſolidité, alors elle eſt caverneuſe, & annonce qu'elle eſt le réſultat d'une décompoſition : Sibérie, Freyberg, Allemont en Dauphiné : quelques Auteurs y ont rapporté le *roſchgewach* ; voyez §. 163, B.

§. C L X I X. D.

Au chalumeau, ſur le charbon, on dégage les deux principes volatils, & on a un bouton qui contient une portion de cuivre.

§. C L X X.

A RGENT *avec cuivre, fer, arſenic & antimoine, minéraliſé par le ſoufre. Mine d'argent griſe de Dal.* Cronſtedt, *Min.* §. 173 ; 6.
Elle contient $\frac{24}{100}$ de cuivre, & rarement $\frac{1}{100}$ d'argent.

§. C L X X. A.

☞ Cette mine ne diffère des précédentes que par une portion d'antimoine qu'elle contient ; elle approche aſſez, par ſa couleur, de la mine d'argent griſe, & ſa pouſſière eſt rouge, quelquefois elle eſt criſtalliſée : Ænimskog en Dal·, la Tranſilvanie ; & depuis peu on en a trouvé de cette eſpèce à Altheire en Eſpagne, au royaume de Grenade ; elle étoit maſſive, dure, ſolide, & d'un gris tirant ſur le bleu. (*Monnet, Ouvr. cité, p.* 310·).

§. CLXXI.

ARGENT *avec fer, arsenic & antimoine, minéra-lisé par le soufre. Federez* des Allemands. Cronstedt, *Min.* §. 173; 5.

L'argent quelquefois ne passe pas une demi-once par quintal.

§. CLXXI. A.

☞ Cette mine, que l'on peut appeller MINE D'AR-GENT ANTIMONIALE, est la plus légère & la plus friable de toutes; elle est grise, ou plutôt d'un bleu grisâtre, & comme la mine d'antimoine en plume, dont elle ne diffère que par la portion d'argent qu'elle contient; elle est en aiguilles très-fines, soyeuses, & tachant les doigts. Ces petites aiguilles sont un peu flexibles & se brisent quand on les plie trop fort. Lehman, Cronstedt, Vallerius, Bergman, & M. Monnet, s'accordent à dire que cette mine est pauvre en argent; mais M. Sage croit, d'après ses analyses, que la manière dont on procède au traitement de cette mine est la cause de son peu de produit, & qu'avant de la réduire il faut absolument en séparer l'antimoine, & qu'alors elle donne jusqu'à huit marcs au quintal (*Elem. de min. t. II. p. 326*) ; on en trouve à Baigorri (*Journ. de Physique* 1784).

§. CLXXI. B.

Pour terminer tout ce qu'il y a à dire sur les mines d'argent nous ajouterons ici les variétés suivantes, tirées de Vallerius.

1°. *Mine d'argent natif ou minéralisé*, dispersé dans des pierres calcaires ou quartzeuses, sans brillant métallique.

2°. *Mine d'argent sabloneuse*, sans brillant métallique.

3°. *Mine d'argent natif ou minéralisé*, mêlé dans une pierre légère feuilletée, & d'une couleur rouge obscur. M. Lehman est le premier qui ait décrit exactement cette mine. Selon cet Auteur elle est composée d'argile, d'hematite micacée, de soufre, de spath calcaire, de fluor minéral, de plomb & d'argent. Cette mine très-rare, recouvre quelquefois les autres mines d'argent ou de galène, adhère légèrement aux parois des fentes des mines ; sa couleur est d'un rouge obscur ferrugineux ; sa texture feuilletée , composée de feuillets flexibles, très-légers , & surnageant l'eau ; elle fait effervescence avec les acides, & elle y est dissoluble presqu'en entier, sur-tout dans l'eau forte ; elle tient de 7 à 8 onces d'argent au quintal ; Clausthal.

4°. *Mine d'argent natif ou minéralisé* mêlé avec de la terre. *Mine d'argent molle* ; on classe dans cette variété toutes les terres marneuses , argileuses, toutes les ochres tenant argent ; on en connoît plusieurs variétés : 1°. mine d'argent molle, jaspée, ou de diverses couleurs ; elle est ordinairement dans une marne ferrugineuse , parsemée de taches rouges , jaunes & vertes, & contient quelquefois de l'argent natif capillaire ; elle approche beaucoup de la mine d'argent merde d'oie : Marienberg , Schemnitz ; 2°. la mine d'argent molle, jaunâtre ; elle doit cette couleur à une ochre martiale que lui sert de gangue ; quelquefois elle est assez riche en argent : Huelgoet en Bretagne ; 3°. la mine d'argent molle, boueuse, noire & grasse ; elle appartient à la mine d'argent grise, troisième variété, §. 169, C. 4°. mine d'argent molle , marneuse, blanche, solide, ou poreuse ; elle fait effervescence avec les acides : la Saxe, Freyberg ; 5°. la mine d'argent molle , argileuse ; c'est tout simplement de l'argile dans laquelle se trouvent disséminées des molécules d'argent ; 6°. mine d'argent molle , couleur de rouille de cuivre ; elle lui doit sa couleur , ou plutôt c'est une ochre de cuivre tenant argent : Salfed , la Saxe , Nassaussingen.

C'est une erreur, suivant moi, de croire que les diverses espèces sont formées par la variété des matrices : il faut les examiner ailleurs , & en particulier.

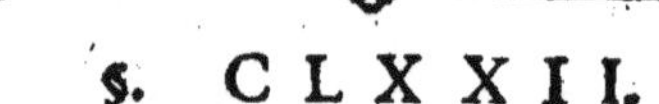

§. CLXXII.

MERCURE.

LE MERCURE a une gravité spécifique $= 14,110$;

c'eft à tort qu'on a voulu le placer parmi les métaux fragiles, puifqu'à 380 degrés de froid il durcit, & dans cet état obéit au marteau à-peu-près comme le plomb ; mais comme ce degré de froid n'exifte point fur notre globe, & que ce n'eft qu'artificiellement qu'on peut l'obtenir, il ne faut point s'étonner fi le mercure eft toujours liquide ou en fufion.

L'acide nitreux le diffout facilement ; l'acide vitriolique a befoin de l'ébullition : mais l'acide muriatique n'a aucun effet fur lui, à moins qu'auparavant on ne lui enlève par quintal une quantité de phlogiftique équivalente à environ 74 (1) ; c'eft cette forte d'attraction qui fixe cette portion dé phlogiftique, qui fait donner au mercure la quatrième place dans la férie des métaux : elle eft plus forte dans le mercure que dans les métaux imparfaits, & moins que dans les métaux parfaits.

§. C L X X I I. A.

LE MERCURE eft, de toutes les fubftances métalliques, la plus fingulière ; fa pefanteur, plus grande que celle de tous les métaux excepté l'or & la platine, fa fluidité conftante, fon extrême volatilité, l'ont toujours fait regarder comme un être particulier qui fous bien des rapports appartenoit aux métaux, tandis qu'il s'en éloignoit par d'autres ; comme eux il eft opaque, il a un brillant métallique d'argent lorfqu'il eft durci par un froid artificiel, comme l'ont cbtenu les Académiciens de Saint-Pétersbourg, en 1759, à un froid de 75 degrés, M. Hudchius à Albany-Fort en 1775, & M. Bicker, Secrétaire de la Société de Rotterdam, en 1776, au

---

(1) Comparée à celle d'un quintal d'argent, fuppofée 100 ; mais comparée à celle d'un quintal de zinc, trouvée 182 ; elle eft de 80. (*Journ. de Phyfiq.* 1783, t. XXII. p. 109).

56me.°;' lorsqu'il gèle naturellement, comme l'a obfervé M. Pallas, en 1772, à Krafnejark, entre le 55me & 56me.°; enfin même au 39me (*Journ. méd. Lond.* 1783), il a une efpèce de tenacité & de ductilité; quoiqu'il foit perpétuellement fluide comme une liqueur, il ne mouille pas, ou plutôt il ne pénètre pas les corps qu'il touche, à moins qu'il n'ait de l'affinité avec eux, comme l'or, l'argent, l'étain, &c. & ce que l'on nomme *mouillure* pour les autres fluides, fe nomme amalgame pour le mercure; fa fluidité naturelle eft caufe qu'il fe divife très-facilement en globules, & qu'il conferve toujours fa furface convexe; il ne développe aucune faveur fur la langue, quoiqu'il affecte l'eftomac; en le frottant entre les doigts, on lui reconnoît une odeur particulière; ni l'air, ni l'eau n'altèrent cette fubftance métallique, mais la moindre variation dans la chaleur de l'atmofphère lui en fait éprouver une de dilatation ou de condenfation, & c'eft fur ce principe que l'on conftruit les thermomètres. A un très-grand degré de froid le mercure peut fe geler, & alors il reffemble à du plomb pour la couleur & la molleffe, ou plutôt à un amalgame de plomb qui contiendroit peu de mercure; mais à la plus légère diminution de ce froid artificiel, il reprend fa fluidité. En triturant & broyant long-temps du mercure, il fe réduit en une poudre grife nommée *Ethiops perfe*, qui repaffe facilement à l'état métallique en la chauffant. Au feu il s'échauffe & bout comme une liqueur long-temps avant que d'être rouge; il répand une fumée blanche, qui n'eft que du mercure réduit en vapeurs, mais non décompofé; fi on l'échauffe lentement, avec le concours de l'air, & pendant très-long-temps, le mercure fe calcine, & fe change en une poudre rouge, brillante & difpofée en petites écailles, connue fous le nom de *mercure précipité perfe*, qui redevient au feu mercure coulant.

L'acide vitriolique, concentré & chauffé, diffout le mercure, & il fe dépofe une poudre blanche, qui eft diffoluble dans l'eau. Si on verfe de l'eau bouillante, en grande quantité, fur cette poudre blanche, elle paffe au jaune brillant, d'autant plus vif, qu'il y a plus d'eau, & qu'elle eft plus bouillante. On a donné à ce précipité le nom de *Turbith minéral*.

L'acide nitreux diffout le mercure avec vivacité; par évaporation cette diffolution donne des cryftaux de nitre mercuriel.

L'acide muriatique ne diffout pas directement le mercure, mais très-bien fa chaux, & il l'enlève aux autres menftrues; quand il le précipite d'une diffolution nitreufe, il forme une maffe blanchâtre, nommée *précipité blanc*. Le fublimé corrofif, ou muriate mercuriel fublimé, eft une combinaifon de l'acide muriatique & du mercure obtenu par fublimation d'un mélange de nitre mercuriel, de fel marin décrépité, & de vitriol martial.

Le mercure fe combine bien avec le foufre, & forme avec lui une matière noire, folide, connue fous le nom d'*éthiops minéral*, & cet éthiops fublimé donne le cinabre artificiel.

Le mercure pénètre, attaque & diffout en quelque façon prefque tous les métaux par la trituration & à l'aide de la chaleur. L'or, l'argent, l'étain, le plomb, le zinc, le bifmuth, éprouvent affez facilement fon action, le cuivre plus difficilement, le fer & le régule d'antimoine encore plus, & on nomme le réfultat de ces combinaifons *des amalgames*.

§. C L X X I I. B.

Je ne connois point la divifion de l'échelle du Thermomètre de M. Bergman qui marque 380 degrés pour la congélation du mercure.

§. C L X X I I. C.

Au chalumeau il fe volatilife tout de fuite.

§. C L X X I I I.

MERCURE *natif.* Cronftedt., *Min.* §. 217.
Je n'ai pu encore m'affurer fuffifamment fi le mercure natif ne contient pas quelqu'autre métal.

§. C L X X I I I. A.

☞ LE MERCURE NATIF OU MERCURE COULANT fe rencontre dans toutes les mines de mercure, en petits globules brillans & diffeminés dans différentes gangues; il jouit de toute fa fluidité, de fon brillant & de fes caractères métalliques; prefque toujours très-pur, tantôt il coule à travers les fentes des rochers, & on le ramasse dans leur cavité, comme à Ydria, en Espagne & en Amérique ; tantôt il est disséminé dans la terre, Almaden, dans de l'argile, Ydria, ou adhérant à des pierres quartzeuses, ollaires, micacées, ou enfin mêlé à différentes mines d'argent blanche, rouge, à de la galène, à de l'arsenic blanc, & à du cinabre.

Le mercure natif coulant a été autrefois l'objet des désirs des Alchimistes Allemands, & ils le tiroient d'Ydria à très-grand prix.

§. CLXXIII. B.

MERCURE en état de chaux.

M, Sage a fait connoître cette nouvelle espèce de mine de mercure ; l'extrait de son Mémoire se trouve *Journ. de Phys.* 1784, *p.* 51. Cette mine est d'un rouge brun ; elle se casse difficilement, & est granuleuse dans sa fracture, qui est en même-temps plus rouge ; elle renferme souvent du mercure coulant que la chaleur fait transsuder, mais qui rentre dans l'intérieur, à mesure que le morceau reprend la température de l'atmosphère ; elle tient jusqu'à 31 livres de mercure au quintal, & un peu d'argent ; elle vient d'Ydria dans le Frioul.

§. CLXXIV.

MERCURE *uni à l'argent.* Cronstedt, *Min.* §. 217.

§. CLXXIV. A.

☞ M. Cronstedt, dans sa Minéralogie, rapporte qu'en Suède, dans la mine de Sahlberg, on a trouvé l'amalgame naturel de l'argent & du mercure. M. Romé de l'Isle en possède un morceau venant d'Allemagne ; il est dans une gangue quartzeuse, mêlé de cinabre. Il y en a un très-beau morceau au Cabinet du Jardin du Roi, à Paris. Quelquefois cet amalgame se trouve crystallisé ; on en trouve à la mine de Muchel-lansberg Duché de Deux-Ponts, & à Staalberg.

§. CLXXV.

MERCURE *minéralisé par les acides muriatique & vitriolique.*

La Minéralogie doit à M. Woulf la découverte de cette espèce de mine.

§. C L X X V. A.

☞ Nous avons imprimé, dans le Journal de Physique 1777, T. 1., p. 371 , l'analyse que M. Woulf a donnée de ce muriate de mercure, ou mercure corné naturel ; il l'a trouvé dans le Duché de Deux-Ponts à Obermuschel. M. Sage qui en a fait aussi l'analyse, en distingue deux espèces : la première, qu'il nomme *mine de mercure corné volatil*, ou *mercure doux natif*. Elle a pour gangue une mine de fer terreuse, dans les cavités de laquelle elle est presque toujours crystallisée. Ces cristaux varient par leur forme & leur couleur ; il y en a de blancs, de gris, de verdâtres, de transparens & d'opaques ; exposée au feu, sans intermède, elle se volatilise & se sublime sans se décomposer ; suivant ce Chimiste, elle tient 86 liv. par quintal. Il nomme la seconde espèce, *mine de mercure cornée brune* : cette mine qui vient de Carinthie se trouve en masses irrégulières, pesantes & solides ; quoique le mercure n'y soit pas apparent, la seule chaleur de la main suffit pour en faire sortir des globules qui suintent de divers points de la surface , & rentrent dans l'intérieur du morceau, à mesure qu'il reprend la température de l'atmosphère (*Elém. de min.* *t. II*, *p. 60 & 62.*) ; elle tient quelquefois un peu de fer & de terre calcaire.

§. C L X X V I.

MERCURE *minéralisé par le soufre. Cinabre.* Cronstedt, *Min.* §. 218.

§. C L X X V I. A.

☞ Le CINABRE naturel ou la combinaison du soufre & du mercure, faite directement par la nature, est ordinairement pesant, d'une couleur rouge, ou brune rougeâtre ; il tache les doigts, si on le broie ou qu'on le coupe, la couleur paroît plus vive, & elle perd en même-temps son brillant. Sa texture intérieure est aiguillée ou feuilletée ou grenue , preſque toujours opaque , & il n'eſt tranſparent que lorſqu'il eſt cryſtalliſé. Au feu , il ſe volatiliſe & ſe diſſipe comme le cinabre artificiel, L'adhérence & la combinaiſon du ſoufre & du mercure eſt ſi intime dans le cinabre, qu'aucun acide ne peut la détruire. Les principales variétés du cinabre, ſont , 1°. le cinabre friable ou en fleurs , *vermillon natif*. Il a la conſiſtance d'une terre ou d'une pouſſière très-fine ; quelquefois il eſt aiguillé ; il eſt d'un rouge brillant ſatiné. Ydria , Duché de Deux-Ponts, Méridot, en Normandie ; 2°. le cinabre ſtrié ou en aiguilles ; il reſſemble beaucoup au cinabre artificiel. Sa couleur eſt d'un beau rouge brillant, il eſt aſſez friable. C'eſt le plus riche de tous. A Muſchel , on le trouve quelquefois entremêlé de pirites & formant des ſtries allant d'un centre à la circonférence. L'on en voit de pareils morceaux dans le cabinet de M. le Baron de Dietrich. Almaden , Duché de Deux-Ponts , Tranſilvanie ; 3°. le cinabre feuilleté ; il ne diffère du précédent que par la forme ; 4°. le cinabre grenu, d'un rouge obſcure , aſſez ſouvent compacte & ſolide , quelquefois d'un rouge clair de fleurs de pêcher. Il contient ſouvent du mercure coulant. Les endroits cités, & Siebenburgen ; 5°. le cinabre argileux , qui ſe trouve mêlé à des terres bolaires. Sa texture eſt lamelleuſe ; il eſt gras au toucher & ſe diviſe aiſément dans l'eau, à cauſe de l'argile à laquelle il eſt uni ; Ydria , Wolſſtein : 6°. le cinabre cryſtalliſé , il eſt preſque toujours tranſparent.

§. C L X X V I. B.

Au chalumeau , ſur le charbon, il coule, donne une flamme bleue, fume & diſparoît.

§. C L X X V I I.

MERCURE *& fer minéraliſé par le ſoufre.*
Je doute ſi cette eſpèce eſt bien diſtincte de la première ; il n'eſt peut-être uni au fer que méchaniquement.

§. C L X X V I I. A.

☞ Il eſt peu de cinabre qui ne tienne une portion de fer ſous l'état de chaux & qui pendant la réduction de la mine, paffe à l'état de fer attirable. Cette obfervation intéreffante eft de M. Sage. (*Ouv. cit. p. 59.*)

§. CLXXVIII.

MERCURE *& cuivre minéralifé par le foufre.* Cronftedt, *Min.* §. 219.

§. CLXXVIII. A.

☞ La couleur de cette mine de mercure, citée feulement par Cronftedt, eft noirâtre, ou d'un gris noir ; elle eft fragile, compacte, pefante, & fa fracture eft vitreufe. Elle décrépite vivement au feu, & elle a pour gangue ordinairement du fchifte, ou de la pierre ollaire ou du quartz. On l'a trouvé, fuivant cet Auteur, à Mufchel-Landsberg. Il feroit intéreffant d'examiner fi les bleus & azurs de montagne, venant de cette même mine, ne contiennent pas du mercure, puifqu'on y trouve fouvent du mercure coulant & du mercure corné ; j'ai vu ces morceaux dans le cabinet de M. le Baron de Dietrich.

§. CLXXVIII. B.

MERCURE, *argent, fer, cobalt, arfenic & foufre.* Monnet, Efp. LVII.

Nous rapporterons ici la mine de mercure dont M. Monnet parle dans fon nouveau Syftême de Minéralogie. Elle avoit été apportée par M. de Montigny, du Dauphiné, en 1768. Elle étoit grifâtre, ou blanchâtre & friable, & à l'analyfe, elle a donné quelquefois une livre de mercure, & trois à quatre onces d'argent au quintal ; le refte étoit du fer, du cobalt, de l'arfénic & du foufre.

PLOMB.

§. CLXXIX.

SA gravité fpécifique de 11,352, eft la plus confidérable des métaux imparfaits ; l'acide nitreux le

diſſout très-bien , le muriatique difficilement , &
le·vitriolique encore plus , parce que le vitriol de
plomb , qui ſe forme dans cette diſſolution , ne ſe
diſſout point dans l'eau , & ſe dépoſant tout autour
du métal , il le défend de l'action du menſtrue. Les
acides végétaux les plus foibles l'attaquent facilement , ſur-tout lorſqu'il eſt en chaux , & par-là ils
acquièrent une ſaveur douce. La quantité de phlogiſtique qu'il faut enlever par quintal , pour que
la diſſolution ait lieu , n'égale guères que 43 (1); ce
qui eſt moindre que dans tout autre métal. On
comprendra aiſément , d'après cela , pourquoi il
faut ſi peu de principe inflammable pour réduire la
chaux de plomb; auſſi la force qu'il a pour le retenir , ne lui attribue-t-il que la dixième place
dans la ſérie des métaux : il fond au degré de chaleur ╇ 313.

§. C L X X I X. A.

☞ Le plomb eſt un métal tendre , dont la couleur , ſur-
tout dans la caſſure récente , eſt d'un blanc terne tirant un
peu ſur le bleu. Il noircit les doigts lorſqu'on le touche &
qu'on le manie quelque temps. Doué d'une extrême molleſſe , il ſe laiſſe couper au couteau & plier avec la plus
grande facilité. Il eſt très-malléable , & avec le marteau ,
ou entre deux cylindres , on le réduit en lames très-minces :
il eſt peu ductile , preſque point élaſtique & le moins ſo-
note de tous les métaux ; il a auſſi la moindre tenacité ; car
un fil de plomb d'un $\frac{1}{10}$ de pouce de diamètre , ne peut porter que 29 livres un quart ſans ſe rompre. Il a une odeur
très-marquée & qui ſe développe encore par le frottement.
Son régule pur eſt ſuſceptible de ſe cryſtalliſer comme je
l'ai découvert. (*Journ. de Phyſiq.* 1781. *T. XVIII. p.* 73).

---

(1) Comparée à celle d'un quintal d'argent , ſuppoſée 1005 mais
comparée à celle d'un quintal de zinc , trouvée 182 : alors elle eſt ═ 4⅞.
(*Journ. de Phyſiq.* 1783 , *t. XXII, p. 109*).

Le plomb s'altère à l'air, & sa surface brillante prend insensiblement une couleur grise, & à la longue elle se recouvre d'une pellicule terreuse, qui est une véritable chaux de plomb ou une céruse produite par l'acide aërien qui, se combinant insensiblement avec le plomb, exposé à l'air de l'atmosphère, le décompose & le réduit en chaux. L'eau, surtout lorsqu'elle est chargée de matières salines, altère ce métal. Exposé au feu, le plomb se fond avant que d'être rouge, & à un degré de chaleur si léger qu'au moment que le plomb fond, on peut y plonger la main sans se brûler. Le plomb fondu avec le contact de l'air, se recouvre d'une poudre grise qui est la chaux grise de plomb. Cette chaux poussée au feu avec précaution, passe bientôt au jaune & prend le nom de *massicot*, & finit par devenir d'un beau rouge ; elle se nomme alors *minium* ; mais si on chauffe cette chaux trop vivement, elle se vitrifie, & passe à l'état de litharge, sans donner du minium. Le plomb, en se calcinant, augmente de poids environ dix livres par quintal. Les Chimistes ont donné diverses explications de ce singulier phénomène, mais il paroît démontré à présent que cette augmentation est due à l'absorption d'une partie de l'air dans lequel on le calcine.

L'acide vitriolique ne dissout le plomb que bouillant ; après la dissolution il se sépare une chaux de plomb indissoluble dans l'eau, & la liqueur tient en dissolution un peu de plomb qui forme un vitriol de plomb. L'acide vitriolique redissout facilement le plomb lorsqu'il a déjà été dissous par l'acide nitreux.

L'acide nitreux dissout vivement & avec effervescence, le plomb, & par l'évaporation on obtient des crystaux de nitre de plomb.

L'acide muriatique dissout une petite portion de ce métal, calcine l'autre & donne des crystaux de muriate de plomb ou plomb corné. On l'obtient plus facilement en précipitant une dissolution de nitre de plomb avec du sel commun, ou de l'acide muriatique, ou même en distillant de la limaille de plomb avec du sel ammoniac.

Tous les acides végétaux, & sur-tout l'acéteux, peuvent dissoudre le plomb & principalement la chaux. Le plomb attaqué par la vapeur de l'acide du vinaigre, se réduit en céruse, qui peut se redissoudre très-facilement dans cet acide & donner des crystaux d'acete de plomb, improprement nommé *sucre de saturne*. Les huiles ont une pareille action sur ce métal.

Le foie de soufre précipite en noir ou en brun très-foncé toutes les dissolutions de plomb & de sa chaux, & c'est un moyen très-facile de reconnoître les liqueurs falsifiées, adoucies & corrigées par des préparations de plomb.

Le soufre s'unit très-bien au plomb par la fusion, & forme avec lui une espèce de galène artificielle.

Tous les métaux & les demi-métaux peuvent s'allier plus ou moins bien avec le plomb, le fer & le nickel difficilement cependant, & le cobalt point du tout; il s'amalgame très-bien avec le mercure. Il volatilise & scorifie tous les métaux imparfaits, & c'est sur ce principe qu'est fondée l'opération du coupelage de l'or & de l'argent.

§. CLXXIX. B.

Au chalumeau, il coule bientôt, paroît brillant, bouillonne, fume en formant sur le charbon un cercle jaunâtre. Il colore les flux en jaune; quand on ajoute plus de métal, le flux devient blanchâtre & plus ou moins opaque.

§. CLXXX.

Plomb *natif*.

La plupart des Minéralogistes doutent encore si l'on trouve du plomb natif.

§. CLXXX. A.

☞ Vallérius cite trois morceaux de plomb natif, un dans le cabinet de M. Richter, qui venoit de Pologne; le second dans celui de M. Spener, & qui avoit été trouvé à Schneberg en Allemagne, & le troisième trouvé dans une colline sablonneuse près de Musel en Silésie. Les deux premiers étoient du plomb solide, & le troisième étoit en grenaille, & chaque grain étoit recouvert d'une couche de céruse. Quelques Auteurs Allemands disent encore qu'on en a trouvé de natif à Villach en Carinthie. Presque tous les Minéralogistes ont révoqué en doute l'existence du plomb natif. M. Lehman prétend que celui de Musel doit son origine à d'anciennes fonderies qui exiſtoient autrefois dans cet endroit. M. Monnet (*Ouv. cité p.* 368), qui a vu le morceau de plomb vierge, du cabinet de M. Richter, ne le regarde pas comme du plomb natif : 1°. parce qu'à volume égal il eſt plus léger que le plomb ordinaire : 2°. parce qu'il eſt terne, poreux & peu malléable ; & il le conſidère plutôt comme une mine de plomb qui tient le milieu entre le plomb & la mine de plomb, nommée par les Allemands *bleyſchweif*, qui contient le moins de ſoufre poſſible. C'eſt auſſi le ſentiment de M. Juſti & de M. le Baron de Dietrich.

§. CLXXXI.

PLOMB *minéraliſé par l'acide vitriolique.*

On le trouve rarement, & alors il eſt dû à la décompoſition de la galène. M. Monnet eſt le premier qui l'ait obſervé ; il ne fait point d'efferveſcence dans les acides : la flamme ſeule, ſur un charbon, peut le réduire.

§. CLXXXI. A.

☞ C'eſt *la mine de plomb pyriteuſe* de M. Monnet (*Eſpèce XLVIII, nouv. ſyſt. min.*) ; cette mine eſt ordinairement friable, terne, noire, & preſque toujours cryſtalliſée en ſtries fort allongées ou en ſtalactiques ; elle s'éfleurit à l'air & donne un vrai vitriol de plomb.

§. CLXXXI. B.

PLOMB *& fer, minéraliſé par l'acide vitriolique.*

» Il en exiſte une grande quantité dans l'iſle d'Angleſey ; » il ne peut être réduit ſur le charbon avec le chalumeau, » mais il ſe fond en un verre noir ».
Voilà tout ce que M. Wathering dit de cette mine de plomb, qui ne nous eſt pas connue : il ſe propoſe d'en donner une analyſe plus détaillée.

§. CLXXXII.

PLOMB *minéraliſé par l'acide phoſphorique.*

Il a été découvert par M. Gahn ; il ne fait point d'effervescence dans les acides : on peut le fondre avec le chalumeau sur un charbon, mais on ne peut le réduire absolument en métal parfait.

§. CLXXXII. A.

☞ On reconnoît facilement cette mine, suivant M. Bergman (Mémoire sur l'analyse des mines par la voie humide, *Opusc. chim. t. II*). Un quintal de cette mine se dissout très-bien dans l'acide nitreux, au moyen de la chaleur, excepté quelques molécules-de fer, qui restent au fond de la liqueur. Si, dans la dissolution, on verse de l'acide vitriolique, il se précipite un vitriol de plomb neigeux. Lorsqu'il ne se précipite plus rien, filtrez la liqueur, faites évaporer jusqu'à siccité, le résidu sera l'acide phosphorique. La couleur de cette mine varie ; il y en a de verte, de jaune & de rouge ; elle doit ces couleurs à la portion ferrugineuse qu'elle contient ordinairement, & elle est presque toujours crystallisée.

§. CLXXXII. B.

Au chalumeau il se fond & donne une masse globuleuse opaque, mais sans se réduire ; avec les flux il se comporte comme le régule & la chaux.

§. CLXXXII. C.

PLOMB *minéralisé par l'arsenic* ; mine de plomb rouge, & d'un jaune verd de Sibérie.

On ne connoissoit encore qu'une espèce de cette mine de plomb arsenicale, trouvée à Catharinebourg en Sibérie. C'est M. Lehmann qui le premier l'a examinée & décrite ; elle est d'un très-beau rouge, & quand on la broie, sa poussière ressemble au carmin. J'en ai examiné une d'une couleur jaune tirant sur le vert, ayant pour gangue un quartz, & venant, dit-on, du même pays ; & j'ai trouvé qu'elle étoit minéralisée pareillement par l'arsenic ; l'une & l'autre sont de facile réduction au chalumeau.

§. CLXXXIII.

PLOMB *minéralisé par l'acide aérien.*

Il fait effervescence dans les acides, & on le réduit facilement sur un charbon (1).

§. CLXXXIII. A.

☞ Toutes les mines de plomb nommé autrefois *spathique*, appartiennent à cette classe. Un Chimiste François avoit cru que le plomb, dans ces mines, étoit minéralisé par l'acide marin ; mais les connoissances plus étendues sur les gaz, les expériences de M. Laborie, & celles de quelques Académiciens de Paris, ont démontré que l'acide aërien, ou air fixe, en étoit le vrai minéralisateur. On en connoît quatre espèces principales :

§. CLXXXIII. B.

1°. *Mine de plomb blanche* ; cette mine est pesante, blanche, grise, ou tirant un peu sur le jaune ; sa structure est lamelleuse ou fibreuse ; mais elle se sépare difficilement en lames ; elle est friable, se laisse couper au coûteau ; elle fait effervescence avec les acides, décrépite au feu, & sa réduction est très-facile & presque complette, car elle paroît ne perdre au feu que la portion d'acide aërien qui la minéralisoit ; elle est tantôt en masse lamelleuse, ou striée, & tantôt crystallisée : quelquefois ses aiguilles sont extrêmement fines, soyeuses, & demi-transparentes. Les mines de plomb de France, de Saxe, d'Angleterre & d'Allemagne, fournissent de très-beaux échantillons de cette espèce de mine. Lorsqu'elle est en poussière mêlée à de l'argile, c'est la céruse native.

§. CLXXXIII. C.

2°. *Mine de plomb noire*, paroît être une simple décomposition de la mine de plomb blanche, qui, pénétrée par des vapeurs de foie de soufre, repasse à l'état métallique ; elle est ordinairement d'un brun obscur ou noir ; mais sa poussière approche de la couleur du plomb ; on la trouve avec la mine de plomb blanche & la galène ; il y en a en masses informes & de crystallisée.

---

(1) Opusc. vol. II, p. 426.

§. CLXXXIII. D.

3°. *Mine de plomb verte* ; la couleur de cette mine affez rare en général, eft d'un verd plus ou moins foncé, & quelquefois jaunâtre. Prefque tous les caractères de la mine de plomb blanche conviennent à la mine de plomb verte ; elle perd d'abord fa couleur au feu, mais fi on le continue un peu, elle la recouvre. C'eft par le fer & non par le cuivre qu'elle eft colorée. Il y en a de folide, de fibreufe, de cryftallifée, en prifmes & en aiguilles affez confidérables, ou en très-petites, & alors elle reffemble à une efpèce de mouffe.

§. CLXXXIII. E.

4°. MINE DE PLOMP *couleur brune rouge approchant de la fleur de pêcher ;* c'eft une variété de mine de plomb fpathique que j'ai trouvée à Huelgoet en Bretagne ; elle cryf- tallife en aiguilles comme les plombs blancs & verts. Elle fe réduit au chalumeau plus difficilement que les autres, parce qu'elle paffe facilement à l'état d'émail, ce qui annonce qu'elle n'eft pas pure, & qu'elle contient plus de fer que les autres ; mais avec l'alkali minéral elle donne très-vîte le petit globule métallique.

§. CLXXXIII. F.

MINE DE PLOMB *en chaux terreufe,* fauffement nommée *mafficot natif* ; cette mine eft folide, de couleur jaunâtre ou grife ; fa caffure eft brillante & vitreufe ; elle fait effer- vefcence avec l'eau forte, fans doute à caufe du dégage- ment de l'acide aérien ; tantôt elle eft pure, tantôt elle eft mêlée d'un peu d'argile. Je l'ai trouvé en rognons dans l'argile qui fert de gangue à la mine de plomb de Pom- pean en Bretagne.

§. CLXXXIII. G.

Au chalumeau toutes ces mines de plomb en chaux dé- crépitent, rougiffent bientôt, coulent enfuite en deflagrant, & fe réduifent complettement plus ou moins vite, fuivant les fubftances hétérogènes qu'elles contiennent. Quelquefois même le globule fe foutient long-temps au feu, diminuant infenfiblement ; & fi on le laiffe refroidir, il cryftallife fur le

champ comme le grenat, & devient opaque, d'un blanc
sale. L'addition d'un peu d'alkali le réduit bientôt en plomb
coulant.

§. CLXXXIV.

PLOMB *minéralisé par le soufre.* Cronstedt, *Min.*
§. 187.

§. CLXXXIV. A.

☞ Cette mine est connue sous le nom générique de GA-
LÈNE; elle est, en général, pesante, composée de lames
brillantes, plus ou moins larges, & quelquefois aussi si
petites, qu'elles ont l'air de petits grains; elle a la couleur
grise bleuâtre du plomb; il y en a quelques espèces qui
se laissent couper ou racler au couteau, & d'autres si dures
qu'un instrument tranchant ne peut les entamer. Ces différences, suivant M. Monnet, viennent des matières quartzeuses qu'elles contiennent; car plus une galène contient
de soufre, moins il y a de parties quartzeuses, & plus
elle est douce au toucher. Tous les acides minéraux dissolvent avec effervescence la galène, & la dissolution, sur-
tout celle avec l'acide nitreux ou muriatique, filtrée, laisse
sur le filtre tout le soufre que la galène contenoit. On ne
trouve point de galène sans une portion d'argent, quelquefois si considérable, qu'alors on exploite la mine de plomb
pour l'argent qu'elle contient. C'est à cette espèce qu'appartient la mine d'argent unie au plomb minéralisé par
le soufre. §. 165, A. Les Nomenclateurs en Minéralogie
ont distingué les galènes entr'elles par leur forme & leur
aspect. Nous en citerons quelques-unes : 1°. la galène cubique à grandes facettes; quelquefois les cubes sont isolés sur différentes gangues, & on peut les détacher facilement : 2°. la galène cubique à petites facettes : 3°. la
galène écailleuse ou feuilletée; elle paroît être le résultat
d'une crystallisation cubique, précipitée, informe, qui ne
laisse appercevoir que les lames dont les cubes sont composés : 4°. la galène massive, qui n'offre aucune configuration régulière : 5°. la galène chatoyante; ses jolies couleurs
sont dues à un commencement d'altération produit par des
vapeurs de foye de soufre : 6°. galène compacte à petits
grains brillans comme l'acier; elle ne paroît point lamelleuse
comme toutes les variétés précédentes.

§. CLXXXIV. B.

Au chalumeau fur le charbon la galène fe fond aifément, & fe dépouillant infenfiblement du principe volatil, elle donne un régule.

§. CLXXXV.

PLOMB *avec argent , minéralifé par le foufre.* Cronftedt, *Min.* §. 188.

§. CLXXXV. A.

☞ C'eft une galène comme celle de l'article précédent, excepté qu'elle tient une plus grande quantité d'argent, c'eft proprement le *bleyglanz* des Allemands, les mêmes caractères que la précédente, finon qu'elle a un brillant & un gris plus clair ; elle eft ou en grains, ou en cubes, ordinairement dans une gangue de fpath pefant, ou de fpath calcaire ; dans la fcorification, elle donne un plomb jaune ; Freyberg en Saxe, Shalberg en Suède, Volfach dans le Foftembery, Giflof en Scanie, & les Mines de plomb de Bretagne.

§. CLXXXVI.

PLOMB *avec argent & fer, minéralifé par le foufre.* Cronftedt, *Min.* §. 189.

§. CLXXXVI. A.

☞ Cette galène martiale donne à la fcorification un plomb jaune, & fes variétés font comme celles des galènes précédentes, plus elle contient de fer, & plus elle eft dure & folide.

§. CLXXXVII.

PLOMB *avec argent & antimoine, minéralifé par* le foufre Cronftedt, *Min.* §. 190.

§. CLXXXVII. A.

☞ Cette galène reſſemble beaucoup aux précédentes pour la couleur & la peſanteur ; mais elle en diffère parce que le plus ſouvent elle eſt d'une ſtructure aiguillée & ſtriée comme la mine d'antimoine. On y reconnoît facilement l'antimoine, quoiqu'il y ſoit en petite quantité par les vapeurs blanches & la fumée abondante qu'elle exhale en la grillant ; Salberg & Sainte-Marie-aux-mines.

§. CLXXXVII. B.

Nous allons joindre ici quelques mines dont M. Bergman n'a pas parlé, pour completer l'article du plomb.

1°. *Chaux de plomb native*, ou ochre de plomb ; c'eſt une mine de plomb qui provient ſans doute d'une décompoſition, & que l'eau a réduite à l'état terreux ; elle eſt preſque toujours mêlée d'une terre blanche, argileuſe, ou quartzeuſe ; ſa peſanteur indique aſſez ſa nature. Il ſeroit eſſentiel d'examiner dans quel état le plomb ſe trouve dans cette mine, afin de la pouvoir claſſer exactement ; & quoiqu'elle porte le nom de chaux, elle ne paroît pas être le produit du feu, ni d'un acide, à moins que ce ne ſoit l'acide aérien ; dans ce cas il faudroit la placer à l'article 183, après les mines de plomb ſpathiques A. B. C. D. E. On connoît pluſieurs variétés de cette mine terreuſe : 1°. la blanche, ou ceruſe native, qui doit ſa couleur à la terre blanche à laquelle elle eſt mêlée : 2°. la jaune, ou maſſicot natif ; ſa couleur lui vient d'une marne jaune qui l'accompagne ; car par le lavage on peut en ſéparer la mine de plomb qui reſte blanche : 3°. la rouge, ou minium natif ; une argile rouge & ferrugineuſe mêlée avec un peu de mine de plomb blanche terreuſe, compoſe cette mine ; elle eſt friable, très-tendre, & tache les doigts comme le crayon rouge.

2°. *Mine de plomb calcaire*, *kalkartiger*, *bleyſten* des Allemands, d'après Vallerius ; c'eſt une pierre calcaire ou ſpathique qui contient de la chaux de plomb ; elle eſt communément blanche, brune, ou jaunâtre, très-peſante, & fait quelquefois efferveſcence avec les acides. Vallerius en cite deux variétés, l'opaque qui reſſemble ou à de la pierre calcaire

écailleufe, jaunâtre, venant de Chriſtiersherberger en Dalecarlie, ou à la pierre calcaire ordinaire, mais ne faiſant
point effervefcence avec les acīdes, & qui vient de Flinf-
chire en Angleterre : 2°. la tranſparente, qui reſſemble à
du quartz tranſparent; mais ſe laiſſant entamer avec le
couteau, & faiſant effervefcence avec les acides; elle ſe
trouve en Autriche; ce pourroit bien être tout ſimplement
une variété de la mine de plomb blanche, cryſtalliſée,
tranſparente.

⟨━━━━━━━❈━━━━━━━⟩

C U I V R E.

§. C L X X X V I I I.

SA gravité ſpécifique eſt $= 8,876$. L'acide
nitreux le diſſout très-bien, le muriatique lentement, & le vitriolique a beſoin d'une forte ébullition, avant que le phlogiſtique, qui s'oppoſe à la diſſolution, puiſſe être enlevé. La quantité de ce principe
par quintal, eſtimée comme dans les obſervations
précédentes, s'exprime par 312 (1). Les acides végétaux les plus foibles l'attaquent, ſur-tout lorſqu'il
eſt en état de chaux, ainſi que les alkalis, & ſur-
tout l'alkali volatil. D'après la force avec laquelle
le cuivre retient le principe inflammable, il occupe
la huitième place parmi les métaux; il ſe fond au
degré de chaleur $+ 788$.

§. C L X X X V I I I. A.

☞ Le CUIVRE eſt un métal imparfait, de couleur rougeâtre, brillant dans ſa caſſure, d'une texture ſolide,

------

(1) En le comparant avec la quantité de phlogiſtique contenue
dans un quintal d'argent, ſuppoſée 100; & comparée avec celle du
zinc, trouvée 182, elle eſt de 292. (*Journ. de Phyſiq.* 1783, t. XXII.
p. 109).

jouissant d'une malléabilité & d'une ductilité considérables ; sa tenacité est telle, qu'un fil de cuivre d'un dixième de pouce peut porter 299 $\frac{1}{4}$ avant que de rompre ; il est moins dur & moins élastique que le fer, mais plus que tous les autres métaux. Il est très-sonore, & même plus que toutes les substances métalliques. L'air & l'humidité de l'atmosphère altèrent son brillant métallique, le noircissent & le recouvrent à la longue d'une rouille verte, connue sous le nom de *Patine* par les Antiquaires : cette patine n'est qu'une malachite produite par l'acide aérien qui corrode le cuivre & se combine avec lui. L'eau très-pure n'attaque point le cuivre, mais il est altéré par sa vapeur, & par les eaux chargées de matières salines ou huileuses.

Au feu le cuivre s'échauffe, rougit & colore la flamme d'une nuance d'un bleu verdâtre ; pendant son ignition, s'il a le concours de l'air, sa superficie se calcine en écailles, qui sont une chaux imparfaite de cuivre d'un rouge noirâtre. Ces écailles se nomment *battitures* de cuivre. Il faut les recalciner de nouveau pour avoir une chaux parfaite ; enfin, il se fond, bouillonne, & se volatilise. Au-dessus du cuivre fondu on observe une flamme verte ; refroidi lentement & avec les précautions nécessaires, le régule pur de ce métal cristallise en pyramides quadrangulaires & en octaèdres, comme je l'ai observé (*Journ. de Phyf.*, 1781, *T.* 18, *p.* 73.). La chaux de cuivre, poussée à un feu violent, se fond en un verre d'un brun marron.

Tous les acides ont de l'action sur le cuivre & le dissolvent ; l'acide vitriolique forme avec lui, par évaporation, un vitriol de cuivre, de couleur bleue ; la dissolution, par l'acide nitreux, donne des cristaux de nitre de cuivre bleus, & presque transparens. Celle par l'acide muriatique, qui n'a lieu que lorsque cet acide est bouillant, est d'abord brune, passe ensuite au verd très-foncé, & donne pareillement des cristaux d'un vert de pré très-agréable. L'eau régale dissout aussi le cuivre, & la solution d'un vert obscur donne des cristaux opaques, irréguliers, & un peu blanchâtres ; en général, ces sels moyens cuivreux sont décomposables par toutes les substances qui ont plus d'affinités avec les menstrues que le cuivre, & surtout le fer qui précipitant le cuivre sous sa forme métallique, se recouvre d'un enduit cuivreux, & paroît être transmué en cuivre. Les acides les plus foibles l'attaquent ; l'acide du vinaigre le diſſout, & donne des cryſtaux verds, opaques, & plus ou moins réguliers, c'eſt ce que l'on nomme *verdet*. Les huiles, les liqueurs animales, les matières graſſes le diſſolvent en verd; les alkalis, ſur-tout le volatil, le diſſolvent en bleu, & la facilité avec laquelle il paſſe à cette couleur, avec l'alkali volatil, eſt un moyen ſûr de connoître ſa préſence.

Le ſoufre s'unit facilement avec le cuivre, par la fuſion, & forme avec lui une maſſe d'un gris noirâtre, aigre, caſſante, & plus fuſible que le cuivre; on lui a donné le nom d'*as veneris*, & elle eſt employée dans la teinture & la peinture.

Le cuivre s'allie avec tous les métaux & les démi-métaux, & il offre avec chacun des phénomènes particuliers qu'il ſeroit trop long de détailler ici; il s'amalgame quoiqu'un peu difficilement avec le mercure.

§. CLXXXVIII. B.

Au chalumeau le cuivre ſe fond & donne quelquefois aux flux la couleur de rubis, mais plus ordinairement la couleur verte.

§. CLXXXIX.

CUIVRE *natif.* Cronſtedt, *Min.* §. 193.
Je ne crois pas qu'on le trouve abſolument pur & ſans aucun mélange d'or, d'argent ou de fer; mais je ne l'ai pas encore aſſez examiné.

§. CLXXXIX. A.

☞ Le CUIVRE NATIF ne jouit jamais du même degré de pureté que le cuivre affiné; cependant il en approche beaucoup par ſa couleur rougeâtre, ſa malléabilité & ſa ductilité; quelquefois au lieu d'être rougeâtre, il eſt plutôt jaune ou brun rouge parſemé de taches de rouille vertes ou bleues. On le trouve ſous deux formes différentes : 1°. le cuivre natif ſolide, qui eſt ou cryſtalliſé, ou en grains, ou en feuilles minces, ou capillaire, ou ſuperficiel, ou en dendrites & attaché à différentes eſpèces de gangues,

à la pierre calcaire, aux spaths, au quartz, au petrosilex, au jaspe, au schiste, &c. Il est peu de mines de cuivre
qui ne contiennent quelques-unes de ces variétés; 2°. le
cuivre natif en dissolution dans des eaux vitrioliques, & qui
se dépose sur le sable ou les pierres, ou bien on le précipite par le moyen du fer; cette opération se nomme *cémentation*. Le *cuivre de cémentation* est assez pur, approchant de la couleur rougeâtre du cuivre rosette; mais il
n'a ni la densité ni la solidité du cuivre natif; au contraire,
il est presque toujours en grains peu adhérens les uns contre
les autres, par conséquent friable.

§. C X C.

CUIVRE *dépouillé simplement de son phlogistique.*
Cronstedt, *Min.* §. 195.

§. C X C. A.

☞ Le cuivre dépouillé de phlogistique, se réduit en
chaux, & la Nature nous offre ce métal sous cet état dans
bien des variétés. Mais quelle en est la cause ? Ce problême
minéralogique n'est pas très-facile à résoudre, d'autant plus que
l'on a très-peu examiné cette espèce de mine. Qu'il me soit
permis d'exposer ici quelques idées qui pourront éclaircir cette
question importante. L'on sait en Chimie que la chaux de
cuivre est le produit ou d'une longue calcination avec le concours de l'air, ou de la corrosion d'un menstrue quelconque
qui en agissant sur ce métal lui enlève son phlogistique &
le réduit à l'état de chaux. Quoique la nature puisse opérer
par ces deux moyens, il est très-probable qu'elle n'emploie
que le second, sur-tout dans les mines & leurs formations. Les
acides renfermés dans le sein de la terre, dissolvent le cuivre & forment avec lui des sels moyens; viennent-ils à l'a-
bandonner par quelques circonstances particulières, le métal
se dépose sous forme de chaux, à moins que le précipitant
ne rende au cuivre la portion de phlogistique que le menstrue lui avoit enlevé ; alors le cuivre se précipite sous
forme métallique. C'est ce que produit le fer dans les eaux
cémentatoires. Il peut arriver encore qu'une portion du dissolvant s'évapore, & que l'autre reste adhérente au métal &

cryftallife avec lui, alors on a un fel métallique ; le cuivre en offre deux exemples frappans, le vitriol de mine natif, & la malachite qui eft un *méphite de cuivre*, ou une combinaifon de l'acide aërien avec le cuivre.

J'ai choifi de donner mes idées fur les chaux métalliques natives, à l'article du cuivre, parce qu'il offre des exemples qui paroiffent démontrer cette théorie ; 1°. le cuivre diffous par les eaux vitrioliques, ou par l'acide aërien, & privé de fon phlogiftique, vitriol de cuivre, malachite ; 2°. cuivre natif précipité par une fubftance qui lui rend la portion du phlogiftique dont le diffolvant l'avoit privée : cuivre de cementation ; 3°. cuivre dépofé ou précipité de fon diffolvant par des fubftances incapables de lui rendre fon phlogiftique : chaux de cuivre.

Voici les variétés connues des chaux de cuivre natives.

§. C X C. B.

Chaux de cuivre terreufe rouge, ou ochre de cuivre rouge; elle eft affez rare, quelquefois d'un beau rouge, ou d'un brun rougeâtre comme le foie des animaux, ce qui lui a fait donner le nom d'*hepatique*. Quelquefois elle eft folide, mais le plus fouvent elle eft pulvérulente en grains très-fins & femblable à des fleurs de cinabre. Sa légèreté & fa couleur, qui fe rapproche du rouge du cuivre, la font facilement diftinguer. Au refte, l'alkali volatil qui la colore en bleu eft un moyen fûr de la reconnoître pour du cuivre. Expofée au feu, la couleur rouge difparoît & elle paffe au noir. Elle eft ou apaque, folide, ftriée & formant des *fleurs de cuivre*, ou cryftallifée à demi-tranfparente. C'eft cette mine que M. Romé de Lifle a nommée improprement *mine de cuivre vitreufe rouge*.

§. C X C. C.

Chaux de cuivre bleue ; cette mine, comme la fuivante, eft un dépôt de chaux de cuivre mêlé ordinairement avec de la terre quartzeufe, & un peu de fer. Elle doit fa couleur bleue à une portion de phlogiftique qu'elle a confervé plus abondament que la chaux verte, comme M. de Morveau vient de le démontrer par l'analyfe & la fynthèfe (*Mém. de l'Acad. de Dijon.* 1782. *p.* 100.) Lorfque le

bleu

bleu est très-vif, on la nomme *azur de cuivre* , lorsqu'elle est tendre ou plus pâle, c'est le *bleu de montagne* , & lorsque cette chaux est terreuse , *chrysocolle* bleue. Rarement cette mine est en masse , assez souvent elle tapisse l'intérieur des cavités de différentes gangues , sur-tout du quartz , & très-souvent elle est crystallisée ; c'est la plus pure & la plus riche de cette espèce. On en connoît quelques variétés de violettes. Ne seroit-elle pas mêlée d'une portion de chaux rouge ? Le violet est le résultat de la couleur bleue & de la rouge

§. C X C. D.

Chaux de cuivre verte. C'est le *vert de montagne* ou la *chrysocolle verte*. Elle est sous deux états , ou terreuse & friable, d'un vert plus ou moins foncé , dont la nuance est altérée par les matières qui y sont mêlées , ou solide & crystallisée. La plus belle dans ce genre est le cuivre soyeux , ainsi nommé , parce qu'il est en filets soyeux , longs , brillans & assez solides.

M. l'Abbé Fontana a découvert que ces deux dernières chaux de cuivre , ainsi que celle §. 192 , contenoit une portion assez considérable d'eau & d'acide aërien ; il est sans doute le principe de l'état calciforme du cuivre ; on devroit alors les rapporter au §. 172 , après la malachite.

§. C X C. E.

Les chaux de cuivre se réduisent assez facilement au chalumeau sur le charbon.

§. C X C I.

CUIVRE *avec argile , minéralisé par l'acide marin.*
M. Werner, dans sa *Traduction de la Minéralogie de Cronstedt , Partie Iere , p.* 217 , décrit cette mine avec très-grand soin , & il m'en a envoyé un morceau, afin que je pusse l'analyser chimiquement .(1).

____

(1) Opusc. vol, II , p, 431.

§. C X C I. A.

☞ Cette espèce de mine, que l'on n'a reconnue que depuis peu être une mine de cuivre, & que l'on confondoit autrefois avec le mica, ou le talc, dont on la regardoit comme une variété, ne paroît pas jusqu'à préſent exiſter en maſſes. On la trouve plus ordinairement ſuperficielle & en petits cryſtaux d'un très-beau vert, ou en petites écailles. L'acide nitreux la diſſout bien, & la diſſolution prend une couleur verte. Le fer, l'alkali volatil, le phlogiſtique font bientôt reconnoître la préſence du cuivre dans cette mine. Celle de l'acide marin eſt un peu plus difficile ; cependant ſi dans la diſſolution on verſe quelques goutes d'une diſſolution d'argent, ce métal s'empare de l'acide marin, & ſe précipite ſous la forme de muriate d'argent, ou d'argent corné. Cette mine paroît encore contenir un peu d'argile.

§. C X C I. B.

M. Forſter en a apporté quatre morceaux intéreſſans des mines de Johann-Georgenſtadt (*Catal. raiſ. de minéraux &c.* 1783. *p.* 173.) que M. Romé de Liſle a reconnu pour être ſemblables à celui que M. Bergman décrit à l'endroit cité. C'eſt cette même mine qu'un nommé *Dans* a vendu à Paris, en 1784, ſous le nom de *mica vert* ; quelques expériences que je fis alors me la firent reconnoître facilement.

§. C X C I. C.

Au chalumeau, ſi la flamme porte directement ſur la face des lames, cette mine ne ſe fond point, mais ſi elle attaque leur tranchant, elle ſe fond bien vîte en une ſcorie noire : traitée avec le borax elle donne un verre d'un jaune brun, & avec le ſel microcoſmique un verre d'un beau vérd de pré.

§. C X C I I.

CUIVRE *minéraliſé par l'acide aérien. Malachite.* Cronſtedt, *Min.* §. 194; 196, b.

C'eſt M. Fontana qui le premier a analyſé & découvert le principe minéralifateur de cette mine ; elle contient $\frac{2}{3}$ environ de cuivre, & $\frac{1}{4}$—$\frac{1}{3}$ d'acide aérien : on y trouve auffi un peu d'eau (1).

§. CXCII. A.

M. l'Abbé Fontana a fait imprimer dans le Journal de Phyfique 1778 ; T. II. p. 509. , une analyfe de la malachite, dans laquelle il démontre contre le fentiment de quelques Chimiftes modernes, que la malachite n'eft point une combinaifon de l'alkali volatil, d'une matière graffe & du cuivre ; mais fimplement une union d'acide aërien & de cuivre avec une certaine quantité d'eau. La malachite eft d'un verd plus ou moins foncé ; il y en a cependant d'un verd tendre, & en général il fe trouve plufieurs nuances dans le même morceau. Tantôt elle eft mamelonée ; tantôt par zones ou couches contournées en différens fens ou en aiguilles convergentes vers un centre commun. En général elle paroît être produite comme les concrétions & les ftalactites. L'acide vitriolique l'attaque avec effervefcence, & cette effervefcence eft due à la portion d'acide aërien qui s'en dégage, & non pas à une portion calcaire, comme on l'avoit cru ; quoiqu'elle ne foit pas d'une grande dureté, elle eft cependant fufceptible d'un beau poli. La Sibérie eft, jufqu'à préfent, le pays qui en a fourni le plus & les plus belles.

§. CXCII. B.

Avec le chalumeau, la malachite noircit au premier coup de flame, fe fond fur la cuillier & fur le charbon, il y a réduction de la partie qui touche au fupport enflammé.

§. CXCIII.

CUIVRE *minéralifé par le foufre.* Cronftedt, *Min.* §. 197. Mine de cuivre vitreufe ordinaire, mais mal nommée.

Elle eft rarement fans un peu de fer.

---

(1) Opufc. vol. II. p. 429.

§. CXCIII. A.

☞ *La mine de cuivre* peu fulphureufe, improprement nommée *vitreufe*, eft en général une des plus riches mines de cuivre ; elle eft pefante, quelquefois d'une confiftance molle & flexible, fe laiffe aifément couper au couteau, & prend un poli brillant jaune d'or, dans l'endroit de la coupure ; elle eft même un peu malléable. Elle eft fi fufible que la chaleur de la flame d'une chandelle fuffit pour la fondre. Sa couleur eft brune verdâtre, obfcure & couleur de fer ; on en voit auffi de couleur de foie, ce qui l'a fait confondre par quelques Minéralogiftes avec la mine de cuivre hépatique ; cette efpèce offre dans fa caffure des couleurs violettes ou rougeâtres & chatoyantes. Plus elle tient de fer, & plus ces couleurs font vives. En général, même quand elle n'en contient que la moindre quantité poffible, elle eft grife obfcure. Quoiqu'elle contient très-peu de foufre, elle eft plus fufible que la mine (§. 195), qui en contient beaucoup plus, parce qu'elle eft mêlée de moins de fubftances hétérogènes, de fer, de quartz, &c. qui rendent les mines refractaires. Elle eft auffi plus riche que la mine de cuivre azurée (§ 194.), & fon produit va jufqu'à quatre-vingt-dix livres au quintal. Prefque toutes les mines de cuivre fourniffent plus ou moins de cuivre vitreux. Mais rarement en filons, le plus fouvent en parties ifolées & adhérentes à d'autres efpèces de mines de cuivre. Il n'y en a peut-être point qui en ait fourni autant que les mines du Tillot dans les Vôges.

§. CXCIII. B.

Au chalumeau, elle fe réduit affez facilement fur le charbon, mais pour avoir le grain de cuivre parfaitement raffiné, il faut le tenir long-temps au feu, parce que le peu de fer & de foufre auxquels il eft allié ont de la peine à fe volatilifer complétement.

§. CXCIV.

Cuivre *avec un peu de fer, minéralifé par le foufre. Mine de cuivre violette azurée.* Cronftedt, *Min.* §. 198, b.

J'entends, par *un peu de fer*, la quantité de ce métal, lorsqu'elle ne furpaſſe pas celle du cuivre; comme par *beaucoup de fer*, lorſqu'elle furpaſſe, par le poids, celle du cuivre. Dans cette mine le cuivre y forme ordinairement le $\frac{40\ ou\ 50}{100}$ de la maſſe.

§. CXCIV. A.

☞ Cette eſpèce ne diffère de la précédente, §. 193. *a.* que par la quantité de fer qu'elle contient. Les caractères minéralogiques ſont les mêmes à la couleur près, qui eſt d'un violet plus marqué & un peu azuré. Sa fracture eſt ordinairement rougeâtre & brillante comme celle du verre. Il y en a une eſpèce de violette; c'eſt la réunion de la couleur rougeâtre intérieure & de l'azurée extérieure. Ces couleurs éprouvent des altérations à l'air.

§. CXCIV. B.

Cette mine au chalumeau eſt d'une réduction un peu plus difficile que la précédente, à cauſe du fer qui y eſt en plus grande quantité.

§. CXCV.

CUIVRE *avec beaucoup de fer*, *minéraliſé par le foufre. Pyrite cuivreuſe.* Cronſtedt, *Min.* 198.
La quantité de cuivre contenue dans cette mine varie beaucoup, mais elle paſſe à peine $\frac{40}{100}$.

§. CXCV. A.

☞ Cette mine, ou PYRITE CUIVREUSE, contient beaucoup plus de fer que les mines précédentes, & comme le fer y eſt lui-même minéraliſé par le foufre, ce métal y eſt auſſi à l'état pyriteux. Quand le cuivre y eſt aſſez abondant pour que le produit ſoit un vrai bénéfice, alors on l'exploite, ſinon on l'abandonne & on la rejette; dans quelques mines, comme à Saint-Bel, on en tire parti pour en obtenir du vitriol de cuivre. Lorſqu'elle eſt riche en cuivre, elle eſt d'un jaune brillant approchant quelquefois du rouge ; d'autrefois elle tire plus fur le verd, & fa nuance eſt le réfultat de ces deux couleurs. Elles font plus vives & plus tranchantes dans les caſſures de la mine, parce que fa furface s'altère à l'air. Elle paroît même changeante comme la gorge de pigeon. Elle n'eſt pas très-dure ; elle eſt fragile & donne peu d'étincelle au briquet. Plus elle eſt fulphureuſe, moins elle tient de fer & plus elle eſt friable. On peut en compter quelques varietés ; 1°, la *mine de cuivre jaune*, folide, pefante, brillante, & qui paroît compacte à la caſſure ; 2°. la mine de cuivre jaune qui, quoique dure, paroît feuilletée dans la caſſure ; c'eſt la plus commune de toutes ; 3°. la mine de cuivre d'un verd jaunâtre ; c'eſt celle qui contient le plus de foufre & le moins de fer ; 4°. la mine de cuivre jaune cryſtalliſée ; c'eſt la pyrite cuivreuſe, proprement dite ; elle contient le moins de cuivre, & le plus de fer ; dans les mines riches, quand on la rencontre, on la jette, comme de difficile déduction & d'un trop mince produit, car elle ne tient que quatre à cinq livres au quintal. Sa couleur varie, elle eſt rougeâtre ou gorge de pigeon, & lorſqu'elle eſt jaune, elle eſt d'un jaune plus pâle que la mine jaune, première variété.

§. C X C V. B.

Au chalumeau, elle fe réduit lentement, à cauſe du fer & du foufre qu'elle contient. Elle fe fond aſſez vîte en globule noir, mais qui n'eſt qu'une matte de cuivre ; il faut continuer la calcination juſqu'à ce que le petit globule étincelle vivement, & offre le brillant métallique de cuivre fondu.

§. C X C V I.

Cuivre *avec fer & arfenic, minéralifé par le foufre. Mine de cuivre grife.* Cronſtedt, *Min.* §. 198, A.

On y rencontre fouvent de l'argent : le cuivre y paſſe à peine $\frac{60}{100}$.

§. C X C V I. A.

☞ La mine de cuivre grise eſt d'une couleur grife obſcure ou noirâtre. Elle eſt dure, & l'arſenic qu'elle contient la rend aigre. Elle a beaucoup de rapport extérieur & de reſſemblance avec la mine de cuivre vitreuſe, §. 193; mais elle en diffère en ce qu'elle eſt moins brillante, que ſa couleur brune tire un peu ſur le jaune, qu'elle ne ſe laiſſe pas couper au couteau, & ſur-tout parce que l'endroit de la coupure ne prend pas un poli brillant. Elle eſt auſſi moins riche qu'elle, & d'une réduction plus difficile. Elle eſt fragile & rude au toucher, au lieu que l'autre eſt plus douce. Il ſeroit plus facile de la confondre avec la mine d'argent griſe, §. 169, C ; mais la pouſſière de la raclure eſt un caractère diſtinctif; elle eſt rouge pour la mine d'argent griſe, & griſe pour la mine de cuivre griſe. Il y a des morceaux de cette mine, qui ne tiennent point du tout d'argent. En général, ces deux mines ne diffèrent entre elles que par la quantité d'argent & de cuivre qu'elles contiennent. M. Monnet en diſtingue trois variétés; 1°. la mine de cuivre griſe, qu'il nomme fauſſement *vitreuſe*, couleur de marron ; c'eſt la plus riche de toutes ; 2°. la mine de cuivre griſe très-dure. Le Hartz en a fourni beaucoup de cette qualité : 3°. la mine de cuivre griſe, couleur de bronze ; c'eſt la plus arſenicale & la plus pauvre de toutes.

§. C X C V I. B.

Au chalumeau, l'arſenic s'évapore, & ſi à la première fuſion on laiſſe refroidir le petit globule avant que tout l'arſenic ſoit évaporé, il cryſtalliſe tout autour du globule en fleurs brunes noires. Continuez la calcination juſqu'à ce que le petit globule étincelle & offre le brillant du cuivre fondu.

§. C X C V I. C.

Pour compléter les mines de cuivre, nous joindrons :
1°. *CUIVRE avec antimoine & arſenic minéraliſé par le ſoufre* ; mine de cuivre antimoniale. Sage, Elém de Minér. T. 2. p. 228.
Cette mine eſt griſe comme l'antimoine crud, brillante dans ſa fracture, & ſuſceptible d'une eſſloreſcence bleue & verte ; & d'après l'analyſe de ce Chimiſte, elle tient vingt livres de cuivre au quintal, & d'après celle de M. de la Chabeauſſière, Ingénieur des mines de Baigory, elle n'en tient que quatorze. Elle offre un phénomène aſſez particulier; c'eſt

celui d'entrer facilement en fufion & de conferver long-temps
cet état de fluidité avant que d'être décompofée par le feu. La
caufe de ce phénomène eft fans doute due à l'antimoine qu'elle
contient.

§. CXCVI. D.

2°. *Cuivre mêlé avec matière bitumineufe*, ou *mine de cuivre inflammable*. Ce n'eft qu'un charbon de terre très-bitu-
mineux, imprégné ou de chaux de cuivre ou de cuivre minéralifé. Cette mine s'enflamme affez facilement & brûle lentement en laiffant des cendres dont on peut extraire le
cuivre qu'elles contiennent. On en a trouvé de cette efpèce en
Dalecarlie, en Hongrie, & au Val de Villers en Alface.

§. CXCVI. E.

3°. *Mine de cuivre noire ou couleur de poix*. M. Gellert eft
le premier Minéralogifte qui ait parlé de cette mine, encore
n'entre-t-il dans aucun détail à cet égard. Il dit feulement
qu'elle eft d'un noir luifant comme la poix, ou qu'elle reffemble à une fcorie vitrifiée. (*Chimie métal. Gellert*, **T. I,**
p. 61.)

§. CXCVI. F.

4°. *Cuivre avec foufre, fer, & terre argileufe*. Cette mine
eft connue fous le nom de *mine de cuivre fchifteufe*, ou fchifte
cuivreufe, ou ardoife cuivreufe. Si je cite ici cette mine, ce
n'eft pas pour en faire une efpèce particulière, puifque le
fchite ou l'ardoife ne fert ici que de gangue, & que différentes
variétés des mines citées plus haut, comme la mine de cuivre
jaune, la mine de cuivre verdâtre, la chaux de cuivre native, le bleu de montagne, &c. &c. peuvent fe trouver
difféminées dans des terres argileufes & fchifteufes; mais
feulement afin de faire obferver que ces mines doivent être
claffées fuivant les principes dont elles font compofées & non
dans un ordre à part. Celle-ci appartient au §. 195.

§. CXCVII.

FER.

SA gravité spécifique est $=$ 7,800. Tous les acides dissolvent facilement ce métal; mais il faut que l'acide vitriolique soit auparavant étendu d'eau, autrement on ne produiroit rien sans une ébullition continuée jusqu'à siccité. La quantité de phlogistique contenue dans un quintal de fer doux, dont il faut le dépouiller pour qu'il se dissolve, peut être exprimée par 342 (1); & ce principe y est retenu avec si peu de force, que ce métal n'occupe que la onzième ou dernière place avec quelques autres. Il faut un degré de feu très-considérable pour le fondre, savoir $+$ 872, si le rapport entre le thermomètre à mercure & celui à métal de *Mortimer*, est juste; il rougit au $+$ 566 degrés de chaleur.

§. CXCVII. A.

☞ LE FER, ce métal le plus commun & le plus abondant dans la nature, est d'une couleur grise, tirant un peu sur le bleu; sa cassure est brillante & composée de petites facettes brillantes & quelquefois de particules presque fibreuses. Quand il est sous forme d'acier, il est le plus dur de tous les métaux, & il peut les entamer tous. Quoique le moins malléable, il jouit d'une très-grande ductilité & d'une ténacité, telle que réduit à un fil d'un dixième de pouce de diamètre, il peut porter un poids de quatre cent cinquante livres avant que de se rompre. Il est le plus élastique de

---

(1) Dans le Mémoire sur la quantité de phlogistique contenue dans les métaux (*Journ. de Physiq.* 1783, t. *XXII.* p. 109) on ne trouve que 256.

tous , & par conféquent le plus fonore ; il eſt fufceptible de prendre le plus beau poli. Outre toutes les propriétés métalli-ques qu'il partage avec tous les métaux, il en jouit d'une unique , c'eſt d'obéir à la vertu magnétique , de devenir lui même un aimant artificiel , & de produire cette vertu, comme lorſqu'on frotte rudement deux morceaux de fer l'un contre l'autre , ou qu'avec un marteau l'on frappe une barre de fer fuſpendue perpendiculairement.

Le fer frotté ou chauffé a une odeur particulière , & une petite faveur aſtringente. L'air humide & l'eau altèrent le fer, non-feulement à fa furface , mais juſque dans fon inté-rieur , le réduiſent en rouille jaunâtre, pulvérulente, à la-quelle on a donné le nom de *fafran de Mars*. Je crois , d'après M. de Fourcroy , que la rouille ou fafran de Mars eſt un fel moyen métallique réfultant de la combinaiſon du fer avec l'acide aërien répandu dans l'atmoſphère & dans l'eau. M. Mon-net a remarqué que l'eau diſſolvoit une portion de fer , fans doute en raiſon de fon acide aërien. Si l'on agite pendant long-temps du fer dans l'eau, il s'y diviſe en molécules extrême-ment fines, attirables à l'aimant. On a donné à cette pouſ-fière le nom d'*æthiops martial*.

Le fer & l'acier chauffés à rouge & plongés fubitement dans l'eau acquièrent plus de dureté ; cette opération s'ap-pelle la *trempe*. Chauffé lentement & à un feu doux, l'acier paſſe par toutes les couleurs du priſme ; il devient jaune, orangé, rouge , violet & enfin bleu. Si on pouſſe le feu , il devient rouge , étincelant, couleur de ceriſe , & enfin d'un blanc éclatant ; il brûle avec flamme & ne fe fond qu'à une chaleur extrême. Au foyer d'une grande lentille , il lance fu-bitement des étincelles enflammées & brûlantes, & l'acier y fond plus vîte que le fer , fuivant l'obſervation de M. Mac-quer. Le fer fondu & refroidi avec précaution , eſt fufcepti-ble de cryſtalliſer en pyramides à quatre côtés. (*Journ. de Phyſ.* 1784. *T. XVIII. p.* 73.) Le feu calcine le fer & le réduit en une chaux d'un brun rougeâtre non-attirable à l'aimant ,qu'on nomme *fafran de Mars* , aſtringent. La cou-leur de la chaux de fer varie fuivant la durée, l'intenſité du feu , & la pureté du métal. Il y en a d'un brun jaune, de cou-leur de marron, d'un rouge foncé, & même de rouge de carmin.

De tous les alkalis, le volatil eſt le feul qui paroiſſe avoir une action marquée fur le fer, & il le diviſe à la manière de l'eau, suivant les Chimistes de Dijon, en formant un éthiops martial.

Les acides dissolvent tous le fer. L'acide vitriolique le dissout avec effervescence, & en dégage de l'air inflammable : la dissolution filtrée & évaporée donne par le refroidissement des cryslaux de vitriol martial ou couperose verte.

L'acide nitreux dissout le fer avec chaleur & effervescence. Durant la dissolution, l'acide nitreux se décompose, & il s'exhale beaucoup de vapeurs de gaz nitreux. La dissolution est d'un rouge brun, quand l'acide employé étoit concentré, parce qu'une partie du fer a été calcinée & qu'il se précipite une ochre martiale; elle est verdâtre, ou d'un jaune clair, quand l'acide étoit foible; il y a aussi moins de précipité. La dissolution filtrée & rapprochée par évaporation, laisse déposer une gelée rougeâtre de nitre de fer qui ne cryslallise point.

L'acide muriatique dissout très-bien le fer, & comme l'acide vitriolique, il en dégage une grande quantité d'air inflammable qui est plus inflammable, & a une odeur un peu différente de celle de l'air inflammable obtenu par l'acide vitriolique. La dissolution du fer par l'acide muriatique est verte & laisse précipiter comme les autres de l'éthiops martial, & ne cryslallise que très-difficilement, parce que le muriate de fer attire puissamment l'humidité & est très-déliquescent.

Les acides végétaux & l'acide aërien dissolvent aussi le fer; & nous verrons ce dernier acide jouer un grand rôle dans la minéralisation de ce métal. Toutes les substances qui ont plus d'affinité avec ces acides que le fer, le précipitent de ses différentes dissolutions.

Le soufre se combine facilement par la fusion avec le fer, & forme avec lui une espèce de pyrite artificielle; un mélange de limaille de fer & de soufre à parties égales humecté d'eau, s'échauffe insensiblement & finit par s'enflammer spontanément; c'est le volcan artificiel de Lémeri.

Le fer s'unit avec presque tous les métaux & les demi-métaux, difficilement à la vérité avec le plomb, encore faut-il une manipulation particulière, & le secours du flux noir qui hâte la fusion du fer, en même-temps qu'il arrête la calcination du plomb; ce n'est que dans l'état de chaux que le fer & le mercure peuvent s'amalgamer, suivant la découverte de M. Navier.

§. C X C V I L B.

Le fer se trouve répandu abondamment dans la nature, & l'on peut même dire qu'il n'y a aucune substance qui n'en contienne une certaine quantité. Existe-t-il tout formé à l'état de fer ? ou bien ses principes existent-ils simplement isolés, & le fer n'est-il dû qu'à l'incinération ou à la manipulation par lequel on l'extrait des diverses substances ? C'est un problême qui n'est pas aussi facile à résoudre qu'on le croit communément. Dans la seconde hypothèse les principes du fer existeroient dans tous les corps de la nature, mais séparés les uns des autres & privés de phlogistique, l'art les réuniroit seulement par l'incinération, en leur fournissant ce principe de métalléité. M. Bergman a donné un très-beau Mémoire sur l'analyse du fer, traduit par M. Grignon. (Paris, chez Méquignon, 1783.) Il mérite d'être consulté & sur-tout médité attentivement ; dans les analyses qu'il a fait de diverses espèces de fer, il a toujours trouvé une certaine quantité de matière siliceuse, de plombagine, & de manganèse ; mais je crois que ces substances ne font pas parties constituantes du fer ; la première n'est qu'accidentelle ; la seconde se forme pendant la fabrication du fer ; & la troisième se rencontre presque toujours avec les mines de ce métal.

§. C X C V I I I.

FER *natif.*

On ne peut douter que cette grande masse de fer que M. Pallas a apporté de Sibérie, soit produite des mains de la nature ; par sa composition elle a beaucoup de rapport avec le fer forgé ; car l'acide muriatique lui enlève par quintal 49 pouces cubiques d'air inflammable : & d'après plusieurs expériences, la quantité d'air inflammable produit par le fer doux, va entre 48 & 61 pouces cubiques (1).

----

(1) *Dissert. de Analysi ferri.*

§. CXCVIII. A.

☞ Quoiqu'il soit presque démontré parmi les bons Minéralogistes qu'il n'existe point de vrai fer natif, nous allons citer les échantillons les plus connus, afin que les voyageurs soient à même de les examiner scrupuleusement dans leurs courses & de les comparer avec ce qu'ils pourroient rencontrer dans ce genre. Outre le fer natif que M Pallas a rapporté de Sibérie, les Minéralogistes en citent encore plusieurs autres échantillons. Dans le cabinet de M. Margraff, à Berlin, on voit un morceau de fer natif d'Eybenstok en Saxe, lequel a encore les marques des deux côtés du filon ; il est attirable à l'aimant, flexible comme du fil de fer, ductile sous le marteau, & fusible comme le fer pur. (*Lehmann.* T. I. p. 111.) On en voit un pareil dans le cabinet de M. Rouelle ; il vient du Sénégal, où l'on en trouve en quantité d'après le rapport de M. Adanson. M. Monnet rapporte que le collège des mines de Freyberg en possède dans son cabinet un morceau de plusieurs livres, & qui a toutes les qualités d'un bon fer. On en a trouvé aussi près de Bareyth, qui est malléable; le Baron de Hüpsch, dans le Duché de Juliers ; M. le Baron de Dietrich a un morceau de fer du même pays, pénétré de plomb, sous l'état métallique, sur la nature duquel il est encore en doute. M. Darcet a fait voir du fer natif venu de l'Isle de Bourbon. Enfin, au cabinet du Roi, à Paris, on voit trois échantillon de fer natif ; le premier vient de Kaumsdorf en Thuringe ; il est entouré de mine de fer hépatique, & l'on remarque dans une cavité de ce morceau quelques mamelons d'hématite brune. Les deux autres sont du fer natif trouvé en Sibérie, sur les Monts Emir, par M. Pallas. On peut croire que le morceau de fer trouvé dans la Sibérie par M. Pallas n'est qu'un produit de l'art, puisqu'on remarque que presque tous les morceaux envoyés dans différens endroits contiennent du verre de toutes couleurs & du charbon.

Voyez la description du fer natif de Sibérie, *Journ. de Phys. Supplément.* 1778. T. XIII. p. 128.

§. C X C I X.

Fer *natif mêlé d'arsenic.* *Mispickel.* Cronstedt; *Min.* §. 243 **B**, *mispickel ordinaire.*

Le fer fait ordinairement les deux tiers de cette mine ; mais la présence de l'arsenic l'empêche d'obéir à l'aimant.

§. C X C I X. A.

☞ On doit distinguer avec soin le *Mispickel*, dont il est ici question de la pyrite arsenicale dont il sera parlé §. 224, que l'on a trop souvent confondu ensemble ; le vrai mispickel ne contient point de soufre, & le fer est combiné directement avec l'arsenic, sans le secours du soufre ; au contraire dans la pyrite arsenicale, ces deux substances sont minéralisées par le soufre. Le mispickel est de la même nature que le mélange artificiel que l'on fait dans les laboratoires de Chimie, du fer avec l'arsenic fondus ensemble. Lorsqu'il est très-pur, il est d'un beau blanc métallique ; il a presque l'éclat de l'étain, sa texture est écailleuse ou à facettes, qui, à l'air, conservent leur couleur. Il fait ordinairement plus ou moins effervescence avec les acides, ce qui annonce que le fer y est en état de régule & non de chaux. Au feu il répand une odeur d'ail, & l'arsenic se volatilise. On peut en distinguer trois variétés, qui sont essentiellement la même chose; 1°. le mispickel grenu ; 2°. le mispickel a facettes ; 3°. le mispickel cristallisé.

Dans le commerce on fait usage du mispickel sous le nom de *pierre de santé*, & on le taille pour des bijoux.

§. C X C I X. B.

Au chalumeau, le mispickel est d'une réduction presqu'impossible ; l'arsenic s'évapore en partie, l'autre reste tellement adhérente au fer, qu'on ne peut les séparer, & le globule n'est qu'un mauvais fer cassant. Il colore en noir les flux.

§. C X C I X. C.

Mine de fer arsenicale, de *nature particulière. Wolfram.*

Quoique cette mine n'ait pas encore été affez examinée pour décider à quelle claffe elle appartient exactement, & dans quel état le fer s'y trouve : cependant M. Monnet, d'après M. Pabft d'Hoain, qui en a fait l'analyfe, la regarde comme une mine de fer uni à l'arfenic, & à une terre de nature quartzeufe ; & moi-même au chalumeau, ayant reconnu la préfence du demi-métal, je crois qu'il faut la placer ici. Au refte, le wolfram eft une matière noire, d'un brun obfcur ou rougeâtre, qui a toute l'apparence métallique ; intérieurement elle eft ftriée ou en lame, fragile, peu dure ; on le réduit facilement en une pouffière d'un brun rougeâtre. Sa raclure donne la même couleur ; elle eft en partie diffoluble dans les acides ; l'alkali fixe la précipite fans former de coagulum. Un caractère qui lui eft particulier & que cite Vallérius, c'eft que fa diffolution dans l'acide muriatique donne par l'évaporation des cryftaux capillaires ou en aiguilles très-fines, qui, defféchées au feu, deviennent rouges. Le wolfram fond difficilement au feu, & donne une fcorie d'un brun rougeâtre, qui gâte & arrête la fonte dans les grands fourneaux, ce qui lui a fait donner le nom de *fpuma lupi*, *lupus jovis*, *ferrum jovem adulterans*, &c. &c. Il y en a deux variétés principales, le wolfram ftrié & le wolfram cryftallifé. Cette fubftance eft affez commune, fur-tout dans les mines d'étain de Saxe & de Bohême. On a cru même qu'elle contenoit un peu d'étain ; mais les analyfes ont démontré le contraire.

§. C X C I X. D.

Au chalumeau, le wolfram exhale une odeur d'arfenic, & fe réduit en fcories noires attirables à l'aimant, ce qui le différencie abfolument des fchorls, avec lefquels la plupart des Minéralogiftes le confondent.

§. C C.

FER *jouiffant de la propriété d'attirer un autre fer.* Cronftedt, *Min.* §. 211, B. *Aimant.*

La caufe matérielle de cet effet nous eft encore inconnue.

§. C C. A.

☞ L'aimant est une vraie mine de fer, quelquefois assez riche, puisque M. Sage a retiré d'un aimant de Sibérie jusqu'à 75 livres de fer très-ductile par quintal ; mais on n'a pas encore assez étudié cette mine, & sur-tout l'état dans lequel le fer y est, pour oser hasarder quelque chose sur ses propriétés d'attirer un autre fer, & de se diriger constamment vers le nord. On connoît des aimans de différentes textures, & même de diverses couleurs ; il y en a de solide & compacte, de grenu & d'écailleux. Celui qui est à facettes grises & brillantes, exposé à un air humide, se rouille facilement, ce qui indique que le fer y est en état de régule, ou bien peu s'en faut. L'aimant est ou brun ou rougeâtre, ou couleur de fer ou blanchâtre ; ce dernier doit sa couleur à une argile blanche avec laquelle il est mêlé.

§. C C. B.

Nous renvoyons aux Ouvrages de Physique tout ce qui regarde les propriétés magnétiques de l'aimant ; nous observerons seulement que quelques Auteurs ont avancé faussement qu'elles devoient leur origine à la position du nord au sud de l'aimant dans le sein de la terre, puisque les mines d'aimant que l'on trouve au Pays-Bas de Devonshire, tant celles où l'aimant est dispersé çà & là par petits fragmens, que celles qui sont en grandes masses & unies au fer, sont toutes dirigées de l'est à l'ouest, & plus ou moins inclinées à l'horison.

§. C C I.

Fer *contenant assez de phlogistique pour obéir à l'aimant.* Cronstedt, *Min.* §§. 212-213.

Il ne faut pas comparer cette quantité avec celle qui est nécessaire pour donner au fer la ductilité, car le quintal donne rarement plus de trois pouces cubiques d'air inflammable.

§. CCI. A.

§. C C I. A.

☞ Cette espèce de mine est celle que Cronstedt, Vallerius, Sage, &c. nomment *mine de fer noirâtre*, attirable à l'aimant ; elle est pesante, d'un gris très-obscur, ou plutôt d'un noir d'ardoise ; quand on l'écrase ou qu'on la racle, elle donne une poussière noire ; il y en a cependant une espèce qui la donne rouge ; elle obéit très-facilement à l'aimant ; sa cassure offre des grains plus ou moins fins, ou des écailles & des facettes, ce qui lui a fait donner fort improprement le nom de *galène de fer* par quelques Minéralogistes. Exposée au feu, elle ne donne presqu'aucune odeur, & ne change que très - peu de couleur ; mais elle perd son brillant ; quand elle est solide & compacte, elle donne quelquefois des étincelles au briquet, ce qu'il faut attribuer aux parties quartzeuses qui s'y rencontrent assez souvent ; si on chauffe fortement cette même espèce, elle aquiert une sorte de malléabilité. Il y en a une variété qui est pulvérulente ; cette mine de fer est dissoluble dans les acides jusqu'à un certain point ; mais avec l'acide vitriolique elle ne donne presque pas de cristaux de vitriol, ce qui annonce, comme l'observe M. Monnet (*Nouveau système de Minéralogie*, p. 354.) que le fer n'y est pas suffisament phlogistiqué, & ce qui confirme ce que dit ici M. Bergman.

§. C C I. B.

Il y a beaucoup plus de mines de fer qui sont attirables à l'aimant que l'on ne pense, & qu'il ne faut pas pour cela confondre avec cette mine de fer noire.

§. C C I. C.

MINE DE FER *crystallisée en octaèdre ;* cette mine que l'on peut regarder comme un vrai éthiops martial natif, puisque le fer y est presqu'à l'état métallique & non sulphureux, comme l'ont cru quelques Minéralogistes, se présente ordinairement sous la forme octaèdre de l'alun, & les crystaux sont presque toujours noirs ou gris bleuâtres ; ils sont assez durs, & quand on les écrase ils donnent

une pouſſière brune ou noire; ils ſont très-attirables à l'aimant. On trouve ordinairement ces cryſtaux iſolés & épars
dans des roches talqueuſes, des ſteatites, des pierres ollaires
& de l'argile, quelquefois même dans le marbre blanc
(Romé de l'Iſle). Cette mine eſt très-riche en fer. La
Suède, la Corſe, la Hongrie, la Moldavie, &c. &c., en
fourniſſent.

§. CCI.

CHAUX DE FER *dépouillée ſimplement de ſon phlogiſtique.* Cronſtedt; *Min.* §§. 202-206.

§. CCI. A.

☞ De toutes les mines de fer, la plus abondante, ſans
contredit, eſt la MINE DE FER EN CHAUX. Mais quel eſt le
principe qui a réduit le fer dans cet état ? La ſolution de
cette queſtion eſt très-difficile à donner. Cependant ſi l'on
obſerve que ces eſpèces de mines de fer ſont de celles que
l'on nomme de ſeconde formation, qu'elles ſont preſque
toujours par dépôt, & très-ſouvent mêlées de parties étrangères qui ont appartenu à des corps organiſés, on les re-
gardera comme les réſultats des décompoſitions des autres
mines de fer, opérées par l'eau, & ſur-tout par l'acide
aérien, dont l'humidité qui circule dans la terre eſt toujours inprégnée; cet acide enlève inſenſiblement, & par une
action lente & d'autant plus efficace qu'elle eſt perpétuellement agiſſante, le phlogiſtique, ſoit du fer à ſon état métallique, ſoit de l'éthiops martial, & le réduit à l'état de
chaux ou de ſafran de Mars. On peut réduire toutes les
mines de chaux de fer à quatre eſpèces principales : 1º. les
ochres, 2º. la mine de fer limoneuſe, 3º. la mine de chaux
de fer cryſtalliſée de l'Iſle d'Elbe, 4º. la mine de chaux de
fer en hématite, 5º. à facettes brillantes, 6º. émeril.

§. CCI. B.

I. *Mine de chaux de fer* ou *ochre martial*; cette terre martiale eſt très-commune, & elle paroît due à la décompoſition des mines de fer ſulphureuſes, ou des pyrites qui
.tombent en effloreſcence, ou à la précipitation des eaux

vitrioliques ferrugineuses ; aussi la rencontre-t-on dans les fentes & les scissures des rochers, dans les eaux minérales, &c. Il y en a deux variétés : 1°. l'*ochre jaune* ; elle devient rouge à la calcination, & mêlée avec une matière vitrifiable, elle donne des scories noires ; elle est en poussière extrêmement fine, & a toujours une saveur astringente. Il y en a d'un beau jaune citron, qui est souvent mêlée à de l'argile, ce qui la rend pétrissable ; de jaune couleur de boue, c'est la plus commune, & elle se trouve dans les eaux minérales, les marais, les montagnes, &c. ; & de jaune tirant sur le gris, & faisant effervescence avec les acides, à cause des parties calcaires avec lesquelles elle est mêlée ; 2°. l'*ochre rouge* ; elle est quelquefois pulvérulente, & aussi douce que la farine ; quelquefois elle est plus solide ; sa couleur est la même que celle du safran de Mars astringent. Elle résiste au feu ; mais sa couleur y devient obscure ; sa saveur est martiale. Il y en a de rouge tirant sur le jaune, & qui porte le nom d'*ochre de rue* ; de rouge obscur ; elle est pulvérulente, & ses parties sont dures ; elle sert à polir les glaces, & on lui donne le nom de *potée de montagne* ou de *bianty* ; enfin, d'assez solide, d'un beau rouge, *la rubrique* ; quand elle est dure, solide, compacte, elle est susceptible d'un beau poli ; quand elle est mêlée d'argile, elle est douce au toucher, se laisse tailler, & est employée facilement par les Peintres sous le nom de *sanguine* ou *crayon rouge*.

§. CCII. C.

II. *Mine de fer terreuse ou limoneuse* ; cette mine varie assez pour la couleur ; elle est rougeâtre, jaunâtre, brune, & quelquefois grisâtre, sur-tout lorsqu'elle a été exposée quelque temps à l'air ; intérieurement elle est de couleur de fer ou d'un gris bleuâtre ; elle est fragile, ressemble à des scories, ou bien à des petits cailloux roulés, ronds ou plats ; elle n'est point attirable à l'aimant ; sa dureté en général est peu considérable. Comme elle doit son origine à la décomposition des autres mines de fer & aux dépôts des eaux, elle est mêlée presque toujours avec des substances étrangères, aussi il y en a de sabloneuses, d'argileuses, de calcaires, & de marneuses ; tantôt elles forment des couches suivies, plus ou moins étendues, plus ou moins épaisses ; tantôt elles sont par parcelles , par fragmens, isolées & mêlées avec la terre où elles se trouvent. Lorsque ces fragmens sont en petites géodes, à couches concentriques, ils reçoivent le nom de *mine de fer en grains* , *en pois*, *en feves* , *&c.* On rencontre ces mines dans les bas fonds, aux pieds des montagnes , dans les marais, les étangs , les terres labourables , & même dans les collines où elles forment quelquefois des couches considérables.

§. C C I I. D.

III. *Mine de chaux de fer cryftallifée , mine de fer de l'Isle d'Elbe ;* cette mine est une des plus belles que la Nature produise , soit pour la forme , soit pour le brillant , soit pour la variété & la vivacité des couleurs. On n'a encore rencontré cette espèce de mine que dans l'Isle d'Elbe près de l'Italie ; elle s'y trouve en différens états , en ochre de toutes les nuances , §. 201 , B, en mine de fer limoneuse , sabloneuse , &c., §. 201 , C., en mine cryftallifée & en hematite ; la cryftallifée est la plus commune, la plus pure & la plus belle ; la forme de la cryftallifation varie beaucoup , ainsi que les couleurs ; on y voit des nuances de verd , de rouge , de noir , de jaune , de brun , de bleu , de violet ; « enfin, comme le remarque M. Tronçon du » Coudrai , il y en a des morceaux qui paroissent être » l'assemblage de toutes les pierres précieuses , & offrir à » l'œil enchanté l'apparence des topazes , des émeraudes , » des rubis, des diamans & des saphirs reunis ; » tout cela cependant ce n'est que de la chaux de fer coloré par des exhalaisons minérales ; tout ce brillant, tout cet éclat se ternit à l'air humide. La mine d'Elbe est une des mines de fer les plus pesantes ; elle est très-dure, & souvent mélangées de pyrites cuivreuses ; elle n'est pas attaquable par les acides , & l'aimant ne l'attire point, à moins qu'elle ne soit réduite en parcelle , & que l'aimant ne soit très-fort, comme l'observe M. le Baron de Dietrich dans ses Notes à Ferber , page 443. On peut lire , dans le Journal de Physique, deux Mémoires très-intéressans sur cette singulière mine ; l'un, de M. Tronçon du Coudrai, 1774, T. IV, p. 52 ; & l'autre, du P. Fini, 1778, T. XII, p. 413. Ces deux Auteurs ne sont pas d'accord sur la nature & sur l'état du fer dans cette mine ; le premier le regarde, & à tort, comme minéralifé par le foufre ; & le fecond comme une fimple chaux de fer, une vraie hematite cryftallifée, & il a raifon.

§. C C I I. E.

IV. *Mine de chaux de fer en hématite ;* cette mine de chaux de fer eft affez abondante dans les mines de fer d'ancienne formation, & paroît être le réfultat des décompofitions des mines primitives ; auffi fe forme-t-elle à la manière des ftalactites & des concrétions pierreufes. On en voit à couches concentriques, en baguettes, en rayons divergens, & en incruftation fur tous les corps qu'elle rencontre. J'en ai rapporté, des mines d'Allevar en Dauphiné, un très-beau morceau, qui recouvre un cryftal de roche fort confidérable. En général l'hématite eft d'une confiftance affez dure, quelquefois affez pour donner des étincelles au briquet, fur-tout l'hematite noirâtre. S'il fe trouve des hematites faifant efferveſcence avec les acides, il faut l'attribuer à des portions calcaires avec lefquelles elles font unies. On a donné à cette mine le nom d'*hématite à caufe* de fa couleur qui approche de celle du fang. On peut réduire à quatre principales toutes les variétés des hématites : 1°. l'*hématite noirâtre ;* fa couleur la diftingue des autres ; elle a la caffure vitreufe, & quelquefois brillante ; fa texture eft fibreufe ou ftriée ; fa couleur extérieure eft d'un brun noirâtre ; mais écrafée elle donne une couleur rougeâtre. Sa confiftance eft affez dure, & elle fait feu avec le briquet. Au feu elle prend un ton de couleur plus fombre, & paroît comme écailleufe. Ses variétés dépendent de fes formes variées ; mais élles font effentiellement les mêmes ; 2°. *hématite rouge ;* c'eft elle qui doit prendre principalement le nom d'*hématite* à caufe de fa couleur ; quelquefois ce rouge va jufqu'au pourpre ; elle eft très-pefante, ftriée, & comme cryftallifée, ou en petits globules. Lorfqu'elle eft mélée à de la terre calcaire, ce qui arrive affez fouvent, elle fait alors efferveſcence avec les acides. Ses variétés dépendent, comme celles de la précédente, de la feule difpofition des parties au moment de fa formation ; auffi elle eft fibreufe, hémifphérique, globuleufe, en ftalactites, &c. ; 3°. l'*hématite jaune ;* cette hématite ne différe de la précédente que par la couleur, comme l'ochre jaune de l'ochre rouge ; feulement la pouffière qu'elle donne lorfqu'on l'écrase ou qu'on la racle, est jaune au lieu d'être rouge ; 4°. enfin, *l'hématite micacée*, ou la *mine de fer micacée*. On doit en distinguer deux variétés principales, la mine de fer micacée grise, *eisenman* des Allemands, & la mine de fer micacée rougeâtre, *eisenran*. M. Sage, & d'après lui le Docteur Demeste, ont regardé la première mine comme minéralisée par le soufre ; cependant ni Vallerius, ni M. Monnet, ni les autres Minéralogistes Allemands, ne sont de ce sentiment, & le premier, dans la description de la première, observe qu'au feu elle ne donne aucune odeur sensible ; & il est bien difficile qu'une mine qui contient une portion de soufre, quelque légère qu'elle soit, n'en exhale l'odeur. Je crois donc que c'est avec raison qu'il faut placer ici la mine de fer micacée grise comme la rouge ; 1°. *mine de fer micacée grise* ; elle est composée d'écailles plus ou moins considérables, de couleur de fer, ou même noirâtres ; mais brillantes, rarement attirables à l'aimant ; cependant celle à grandes écailles l'est assez ; elle donne une poussière rouge, ce qui la rapproche encore plus de la mine de fer micacée rougeâtre ; quelquefois elle est dure & solide, d'autres fois elle est friable. Au feu sa couleur se change en gris ; 2°. *mine de fer micacée rougeâtre* ; sa couleur est quelquefois rouge comme la sanguine ; elle est douce & grasse au toucher, elle tache les doigts ; se laisse couper au couteau, & sa poussière est rouge ; au feu elle prend une couleur brune foncée

§. CCII. F.

V. MINE DE FER *à facettes brillantes* ou *spéculaire* ; c'est encore une espèce de mine de chaux de fer ; le soufre y est en moindre quantité que dans les mines de fer attirables à l'aimant ; mais il y est plus intimément combiné. Cette mine est facile à reconnoître à ses facettes brillantes, & qui ressemblent souvent à de l'acier poli. Plusieurs Minéralogistes la classent à côté des mines de l'isle d'Elbe, qui, comme nous l'avons vu, sont des chaux de fer crystallisées sans soufre. Si la mine de fer spéculaire en contient une petite portion, il faudra la regarder comme le passage des mines de fer calciformes non sulphureuses, aux mines sulphureuses. On en trouve beaucoup au Mont-d'Or en Auvergne.

§. C C I I. G.

VI. Mine de Fer *pierreuse*, *très-dure*, **Emeril.** De toutes les mines de fer c'est la plus compacte & la plus dure, ou plutôt c'est une mine de fer en état de chaux disséminée dans une roche dure; sa cassure est grenue, & offre de petits grains très-compactes; elle est de couleur noirâtre, ou cendrée, ou brune; quand on la broie, ou qu'on la racle, la couleur de la poussière est rouge, & quelquefois brune. A la calcination, elle s'endurcit encore, & prend une couleur brune ou rouge. Cette variété indique assez que l'on doit distinguer deux espèces d'émeril, l'un attirable à l'aimant, qui n'est qu'une mine de fer noirâtre, dispersée dans une roche feuilletée, grise ou bleuâtre, talqueuse ou quartzeuse, faisant feu avec le briquet; c'est cette variété qui donne une poussière brune; l'autre, non-attirable à l'aimant, qui est une mine de fer rougeâtre, mêlée à un jaspe grossier, faisant feu avec le briquet. M. Romé de l'Isle l'a désignée sous le nom d'*hematite solide & compacte*; c'est cette variété qui donne la poussière rouge.

§. C C I I. H.

Toutes ces mines sont d'une réduction très-difficile au chalumeau; elles deviennent cependant toutes attirables à l'aimant. La mine de fer micacée grise, ou eisenman, se fond à la longue, ainsi que l'hematite; dans la cuiller, avec l'alkali, elles se fondent toutes, & elles sont toutes dissolubles dans les flux qu'elles colorent en verd sombre.

§. C C I I I.

Fer *avec manganèse & terre calcaire, minéralisé par l'acide aérien. Mine de fer blanche.* Cronstedt, *Min.* §. 30 (1).

§. C C I I I. A.

☞ Cette *mine de fer blanche*, en Allemagne *pierre d'a-*

____

(1) Opusc. vol. II. p. 184.

cier, eft plus connue en France fous le nom de *mine de fer fpathique* ; nous l'emploirons donc toujours pour la défigner. Ce nom lui vient de fa ftructure, de fa criftallifation, & de fa caffure, qui ont tous les caractères du fpath calcaire rhomboïdal. On pourroit même ajouter que cette mine étant une combinaifon directe de l'acide aérien & du fer, c'eft une efpèce de fpath ferrugineux. M. Bayen, célèbre Chimifte, a fait l'analyfe de cette mine avec toute l'exactitude qu'on lui connoît, & il a trouvé que le minéralifateur du fer étoit l'acide aérien feul, ou l'air fixe, & non l'acide marin; le fer y eft uni à une petite portion de zinc, & il va à environ les $\frac{2}{3}$ du total, & l'acide aérien $\frac{1}{3}$. Des expériences bien faites lui ont encore démontré que le fer y étoit fous forme métallique, & non pas en état de chaux (*Journ. de Phyf.* 1776, *T. VII*, *p.* 213.). M. Bergman (endroit cité) penfe que la manganèfe accompagne toujours les mines de fer fpathique.

§. C C I I I. B.

LA MINE DE FER SPATHIQUE eft plus ou moins blanche; mais toujours avec une nuance jaunâtre ; cette couleur s'altère à l'air, devient d'un brun violet ou rougeâtre, & cette décompofition lente fait paffer cette mine à l'état de *mine de fer hépatique*, qui ne diffère de la première que par la couleur. Ordinairement elle eft en maffes folides rhomboïdales ou criftallifées en crète de coq ; ces criftaux font doux au toucher, à demi-tranfparens ; elle eft affez fouvent mêlée de criftaux de quartz & de pyrites jaunes & gorge de pigeon. Sa caffure eft fpathique ; fa confiftance n'eft pas très-dure, & le couteau l'entame facilement ; le briquet n'en tire point d'étincelles, & fi cela arrive quelquefois, c'eft qu'il a porté ou fur du quartz ou fur une pyrite. Elle fait effervefcence avec tous les acides, qui en dégagent l'acide aérien ; elle n'eft attirable à l'aimant qu'après fa calcination; lorfqu'on l'expofe au feu, elle décrépite vivement. Il n'y a que deux variétés de cette mine, celle en maffes plus ou moins confidérables, & dont la caffure eft fpathique, & celle qui eft criftallifée. L'Allemagne, la Suède, le Bergamafque, & le Brefche, donnent de cette mine, & en France, Baigorri dans les Pyrénées, & Allevar en Dauphiné.

§. CCIV.

Fer *minéralisé par le soufre. Pyrite.* Cronftedt, *Min. §. 152.*

§. CCIV. A.

☞ Cette *mine sulphureuse de fer*, connue sous le nom de *pyrite*, contient rarement assez de fer pour qu'on puisse l'exploiter avec profit ; de plus, le soufre y est tellement combiné avec le fer, qu'il faut le feu le plus violent & le plus long-temps continué pour l'en dépouiller entiérement ; & il faudroit encor un très-grand travail pour purifier le fer qu'on en obtiendroit, parce que celui de cette espèce est toujours de mauvaise qualité. Avec le fer, les pyrites martiales contiennent le plus souvent une portion de zinc, de la terre argileuse ou de la terre calcaire. La pyrite martiale proprement dite, la plus commune de toutes, est plus ou moins dure ou fragile ; de couleur jaune pâle, approchante quelquefois de l'or, brillante, faisant toujours feu avec le briquet ; donnant une odeur de soufre assez vive ; décrépitant au feu & y brûlant d'une flamme bleue, elle perd sa couleur & son brillant pour en prendre une sombre & brune ; à l'air elle se décompose, s'effleurit & se vitriolise assez facilement. La dureté, la forme & la cristallisation en établissent les variétés ; 1°. la pyrite martiale en masse irrégulière ; 2°. la pyrite martiale en boules plus ou moins grosses disséminées dans la craie ; 3°. la pyrite martiale en stalactites ; 4°. la pyrite martiale cubique, qui se trouve assez souvent dans l'argile ; 5°. la pyrite martiale ou marcassite, qui ne diffère essentiellement des précédentes que par la cristallisation ; elle est quelquefois assez dure pour pouvoir être taillée en facettes.

§. CCIV. B.

La pyrite ferrugineuse au chalumeau exhale d'abord l'odeur de soufre, passe ensuite à la couleur rousse, devient alors un peu attirable à l'aimant ; si on continue le feu, elle peut être réduite en globule, à la faveur du soufre qu'elle contient, & qui s'annonce, & par l'odeur d'acide sulphureux, & par une petite flamme bleue ; mais le fer sulphureux se calcinant facilement, se change en scories

noires, ce qui l'empêche de paſſer à l'état de régule ni ſeul
ni avec les flux.

§. C C V.

FER *uni à un nouveau métal fragile, ou à une*
modification particulière de fer, qui eſt cauſe qu'il
caſſe facilement à froid.

Il exiſte dans le fer que l'on nomme ordinairement *caſſant à froid*, un métal fragile que l'on
enlève facilement au fer doux par le feu, ce qui
fait diſparoître cette facilité de rompre à froid. Ce
métal, diſſous dans les acides, donne avec l'alkali
phlogiſtiqué, le bleu de Pruſſe; mais il n'eſt pas
attirable à l'aimant, & donne une chaux blanche,
plus riche en phlogiſtique que la chaux rougeâtre
du bon fer. J'eſpère que des expériences ultérieures
me feront connoître beaucoup mieux ce principe (1).

§. C C V. A.

☞ Cette ſubſtance particulière qui rend le fer caſſant
à froid, peut s'obtenir d'un régule de fer battu de cette
eſpèce, en le diſſolvant dans l'acide vitriolique, & en
poſant le vaſe qui contient la diſſolution à l'air libre; après
quelques heures, on apperçoit des molécules blanches qui
troublent la liqueur & ſe dépoſent inſenſiblement; il faut
ſéparer d'abord ce ſédiment, qui eſt ſuivi d'un autre
qui tire ſur le jaune; on accélère cette ſéparation par
l'effet du feu. Ce ſédiment, bien lavé & ſéché, conſerve ſa
blancheur; avec tous les acides il produit une légère efferveſcence, & ſe précipite de nouveau par l'effet de l'alkali fixe aéré; l'alkali phlogiſtiqué le colore en bleu, ce
qui annonce la préſence du fer; l'alkali fixe ou volatil ne
le diſſolvent preſque pas, encore faut-il que le précipité ſoit
très-récent & encore humide; il ne perd pas ſa blancheur par
la calcination, & il reſte inſenſible à l'aimant.

---

(1) *Diſſert. de ferro*

Au chalumeau sur le charbon il se fond, & le globule prend une couleur de cendre ; alors il devient de très-difficile dissolution dans les acides ; avec le borax & le sel microcosmique il donne un verre de couleur brune ; 100 livres de cette chaux, mise avec de la poudre de charbon dans un creuset, ont donné à M. Bergman 116 livres de régule ; ce régule est très-cassant, & bien plus fusible que la fonte de fer ; il n'est pas attirable à l'aimant ; sa pesanteur spécifique est presque la même que celle du fer, avec lequel il se fond très-aisément, & qu'il rend tout de suite très-cassant à froid. M. Bergman qui a découvert cette substance particulière, & qui est le seul jusqu'à présent qui s'en soit occupé, ne l'a rencontré encore que dans les fers cassans à froid.

§. CCVI.

FER en chaux, phlogistiqué d'une manière particulière. *Bleu de Prusse natif.* Cronstedt, *Min.* §. 208. Bleu de Prusse natif.

Souvent l'argile & l'humus sont colorés, à leur superficie, d'une nuance bleue ; quelquefois la première, récemment tirée de la terre & exposée à l'air, prend d'elle-même cette couleur. Il paroît facilement que la base est martiale, très-chargée de phlogistique, car elle donne de la flamme en brûlant sur un charbon, elle devient rouge & attirable à l'aimant ; à une chaleur douce, cette même matière verdit, & à la fusion elle donne des scories noires. Les alkalis comme les acides dissolvent cette poussière bleue, détruisent sa couleur, que cependant l'on fait reparoître, si on précipite cette substance des acides par les alkalis, & des alkalis par les acides ; mais ordinairement elle est verdâtre, & elle blanchit bientôt. Si l'on verse sur ce sédiment blanchâtre une infusion de thé ou de noix de galles, il reprend sa première couleur. D'après ces détails, il paroît que ce bleu de Prusse, quoiqu'analogue au bleu de Prusse artificiel, en diffère cependant par son intensité, par la manière dont il est produit & par d'autres qualités qui lui sont propres : il conserve sa couleur dans l'eau, mais il noircit dans l'huile.

§. C C V I. A.

On a trouvé le bleu de Prusse natif mêlé à de l'argile dans l'Uplande ; à l'humus, en Finlande & en Scanie, à Weissenfels en Saxe. M. Woulf l'a rencontré en Ecosse, en poudre très-fine, à la surface de la terre, & M. Sage, dans la tourbe de Picardie. La plus grande partie des marais à tourbe en contiennent, au rapport de M. le Baron de Dietrich ; en tirant ces bleus de Prusse de terre, ils sont ordinairement blancs, mais ils deviennent bleus à l'air ; j'ai reconnu cette substance dans des morceaux d'argile du cabinet d'Histoire naturelle de l'Académie de Bordeaux.

§. C C V I. B.

Au chalumeau, le bleu de Prusse natif noircit d'abord, mais il se vitrifie bientôt en scories noires, ensuite en un petit globule de même couleur.

§. C C V I I.

É T A I N.

Sa gravité spécifique est $= 7,264$. L'acide muriatique, le vitriolique, l'eau régale & l'acide acéteux le dissolvent, quand ils sont appliqués comme il faut ; mais l'acide nitreux, sur-tout le concentré, l'attaque avec une telle énergie, qu'il le corrode bientôt, & le réduit en chaux indissoluble. La quantité de phlogistique qu'il faut lui enlever pour que la diſſolution puiſſe avoir lieu, peut être exprimée par 114 (1), & il lui adhère tellement, que l'étain occupe la neuvième place entre les métaux, conſidérés ſous ce rapport. Après le mercure, c'eſt celui qui fond le plus facilement; il ne lui faut que 213 degrés de chaleur.

§. CCVII. A.

☞ L'ÉTAIN PUR eſt un métal imparfait, d'une couleur blanche brillante, & approchante de celle de l'argent. Il eſt mol, ſe plie & ſe coupe facilement; il eſt le moins ductile des métaux, & n'eſt pas ſonore; quand on le plie, il fait entendre un petit bruit auquel on a donné le nom de *cri de l'étain.* L'alliage qui accompagne toujours celui du commerce lui donne ſouvent un coup d'œil jaunâtre. Il eſt plus élaſtique que le plomb & moins que tous les autres métaux. Sa tenacité eſt telle, qu'un fil d'étain d'un dixième de pouce de diamètre, peut porter quarante-neuf livres avant que de rompre. Il a une odeur particulière qui s'exhalte lorſqu'on le chauffe ou qu'on le frotte; il a auſſi une ſaveur propre déſagréable. Lorſque je travaillai les premières fois ſur les moyens de faire cryſtalliſer les régules métalliques purs, je ne parvins pas à faire cryſtalliſer le régule d'étain; mais depuis ce temps MM. Pelletier & de la Chenaye en ſont venus à bout. Il ſuffit pour cela de le faire fondre à pluſieurs fois de ſuite.

L'étain expoſé à l'air, perd inſenſiblement de ſon brillant, & quand il n'eſt pas pur, ſa ſuperficie ſe décompoſe & ſe recouvre d'une pouſſière griſe qui eſt une vraie chaux d'étain produite par l'acide aërien de l'atmoſphère. L'eau abſolument pure n'altéreroit peut-être pas l'étain; mais l'eau commune qui contient toujours une portion d'acide aërien, le ternit & le calcine à ſa ſuperficie.

A un feu très-doux, l'étain ſe fond, & ſi on en brûle une petite lame à la flamme d'une chandelle, il la colore en bleu. L'étain, fondu avec le contact de l'air, ſe calcine &

---

(1) Comparée avec la quantité de phlogiſtique contenue dans un quintal d'argent, ſuppoſée 100. (*Journ. de Phyſ.* 1783, t. *XXII,* p. 109).

se recouvre d'une poussière grise qui , exposée de nouveau à l'action du feu, devient blanche & prend alors le nom de *potée d'étain* ; poussée à un très-grand feu, cette chaux coule en un verre couleur d'hiacinte. L'étain fondu à un grand feu brûle d'une flamme blanchâtre très-vive, & se volatilise en une fumée légère , qui se condense en formant une chaux blanchâtre & aiguillée , qui porte le nom de *fleurs d'étain.*

L'acide vitriolique concentré & bouillant, dissout très-bien l'étain. La dissolution donne en refroidissant des cryftaux semblables à la félénite. Les alkalis en précipitent une chaux d'étain de la plus grande blancheur.

L'acide nitreux attaque l'étain avec la plus forte effervescence ; mais il le calcine plutôt qu'il ne le dissout. Cet acide en dissout cependant une certaine portion, mais le reste se précipire sous la forme d'une poudre blanche d'une très-difficile réduction.

L'acide muriatique le dissout à chaud comme à froid , avec une légère effervescence. La dissolution est jaunâtre, d'une odeur fétide, & il ne s'y forme point de précipité de chaux d'étain comme dans les deux précédentes. Par évaporation , elle donne des cryftaux de muriate d'étain en aiguilles.

' L'eau régale dissout l'étain avec effervescence & chaleur. La dissolution est d'un brun rougeâtre. Elle donne à l'évaporation des cryftaux octaèdres suivant Vallerius , & en petites aiguilles suivant M. de Fourcroy.

L'acide acéteux & les autres acides végétaux ont tous plus ou moins d'action sur l'étain , & réduisent sa superficie en chaux.

· L'étain se combine avec le soufre & forme avec lui une masse caffante & aiguillée ; c'est une mine d'étain sulphureuse artificielle ; mais si le soufre y est combiné en très-grande quantité, comme à près de moitié, ce que l'on obtient par le moyen de la sublimation d'un mêlange d'amalgame d'étain avec du soufre & du sel ammoniac, alors on a une masse écailleuse de couleur d'or, connue sous le nom d'or *muffif, aurum mufivum.*

Il s'allie facilement avec tous les métaux & les demi-métaux ; il leur enlève à tous la malléabilité, sur-tout à l'or, à l'argent & au cuivre ; mais aussi il les rend presque tous, sur-tout le cuivre, plus durs & plus sonores, & lui-même le devient par l'alliage d'un peu de fer ou de cuivre ou de

Bifmuth. Il s'amalgame très-bien avec le mercure, foit par la trituration feule, foit à l'aide de la chaleur, & cet amalgame cryftallife en petits cryftaux cubiques, comme l'a obfervé M. d'Aubenton; ces cryftaux font gris, brillans, en lames amincies vers leur bords, qui laiffent entr'elles des cavités polygones, fuivant la remarque de M. Sage.

§. C C V I I. B.

Si les mines d'étain font rares dans la nature, elles font en récompenfe très-abondantes, & très-riches. Les principales mines connues & exploitées font en Angleterre dans les provinces de Cornouailles & de Devonshire, en Allemagne, en Saxe, en Bohême; & aux Indes Orientales, à Banca & à Malaca.

§. C C V I I I.

Étain *natif.*

Je n'en ai pas encore vu de tel : plufieurs Naturaliftes doutent de fon exiftence, & ce n'eft pas fans raifon.

§. C C V I I I. A.

☞ On cite plufieurs échantillons d'étain vraiment natif, mais les meilleurs Minéralogiftes les révoquent en doute; cependant nous allons les citer afin que les voyageurs inftruits foient à même de les pouvoir examiner.

M. Vallerius dit qu'on en trouve à Muckenberg, à Gottesgabe, dans le Joachimftahl, qu'il en exifte un morceau venant de Malaca, dans le cabinet de M. Richeter, à Leypfik. M. Monnet, qui a vu ce morceau, avoue qu'il n'a pu favoir s'il étoit naturel ou factice, ne pouvant le comparer avec de l'étain véritablement vierge. M. Sage, dans fes Elémens de Minéralogie, en décrit un morceau qui étoit recouvert à fa furface d'une chaux d'étain grifâtre, trouvé dans les mines de Cornouailles, & que lui avoit donné M. Woulf, de la Société Royale de Londres. M. Romé de Lifle en a reçu du même pays un morceau d'autant plus intéreffant, que l'étain natif eft mêlé à de la mine d'étain blanche & coloré dans fa caffure comme certaines mines de cuivre.

La caufe, fuivant M. Monnet, de ce que l'on trouve fi

rarement ou peut-être point du tout d'étain natif, c'est que dans toutes les mines d'étain, ce métal est toujours à l'état de chaux.

§. CCIX.

Étain *en chaux, mêlé de terre martiale.*

§. CCIX. A.

☞ Toutes les mines d'étain crystallisées que l'on a trouvées jusqu'à présent ont toujours offert ce métal, en état de chaux. Quelques Chímistes ont cru qu'il étoit minéralisé par l'acide marin, mais c'est plutôt par l'acide aërîen, comme il est le minéralisateur du fer dans la mine de fer spathique, & du cuivre dans la malachite. Le fer en état de chaux l'accompagne toujours en petite quantité, à la vérité; mais le cuivre en fait une partie considérable, suivant M. le Baron de Dietrich, sur-tout dans quelques mines de Cornouailles. (*Journ. de Phys.* 1780. T. XV. p. 381). Voici les deux principales variétés :

§. CCIX. B.

1°. *Mine d'étain commune* Elle est presque toujours crystallisée, sa surface est brillante, quelquefois striée; la cassure est lamelleuse. Elle est très-pesante, assez tendre pour se laisser entamer au couteau; la poussière qu'elle donne est d'un rouge tendre; elle décrépite au feu, se gerce & prend une couleur rouge quand elle est noire, & verte quand elle est rougeâtre. Quelques Auteurs prétendent qu'elle contient plus ou moins d'arsenic, & d'autres point du tout; il est constant qu'il y a des mines d'étain qui n'en contiennent pas du tout, comme l'a démontré M. Margraff, dans ses Opuscules chimiques, par rapport à certaines mines dont il a fait l'essai, tandis que d'autres en contiennent. Les couleurs & la forme de la crystallisation donnent les variétés de cette mine. Il y en a de jaunâtre, de couleur de grenat, de rougeâtre & de noire; c'est la plus commune & la plus riche.

2°. *Mine d'étain blanche* ou *spathique.* Elle est très-rare, blanche & demi-transparente. Elle ressemble à l'extérieur au spath pesant; elle en approche même pour la configuration; mais ce qui la fait aisément reconnoître, c'est sa pesanteur

métallique

métallique, & le luifant gras qu'elle a toujou●. Il y en a d'un beau blanc, vitreufe dans fa caffure & demi-tranfparente ; c'eft la plus belle & la plus rare de toutes. Il y en a d'un blanc fale ou gris, & d'une couleur terne un peu brune. Il faut bien diftinguer cette mine de la *tungftène*, §. 97.

§. C C I X. C.

Au chalumeau, fur le charbon, la mine d'étain a befoin d'une longue calcination ; elle fe réduit enfuite en globule métallique, mais affez difficilement.

§. C C I X. D.

Nous plaçons ici l'étain fulphureux , reconnu par M. Bergman (*Journ. de Phyf.* 1783, t. XXII.)

ÉTAIN *avec une très-petite portion de cuivre minéralifé par le foufre. Or muffif natif.*

Le morceau envoyé à M. Bergman venoit de Netchinfkoi, en Sibérie. Il reffembloit à l'or muffif artificiel extérieument ; ou plutôt cet or muffif étoit comme une croute autour d'un noyau rayonnant dans fa caffure, & reffemblant à un métal blanc. Il fe laiffe couper au couteau, & l'endroit coupé offre des couleurs changeantes. Ecrafé, il donne une pouffière noire. L'analyfe qu'il en a faite lui a fait connoître que c'étoit de l'étain minéralifé par le foufre avec une très-petite portion de cuivre ; mais le morceau étoit fi petit qu'il n'a pu déterminer les proportions de ces fubftances par l'analyfe en grand.

§. C C X.

B I S M U T H.

SA gravité fpécifique eft = 9,670, & il eft le plus pefant des métaux *fragiles* ou demi-métaux qui fuivent. L'acide nitreux & l'eau régale le diffolvent très-bien, le vitriolique a befoin de l'ébullition jufqu'à ficcité, & le muriatique n'attaque

R

preſque que ſa chaux. La quantité de phlogiſtique qui réſiſte aux menſtrues & s'oppoſe à la diſſolution, s'exprime par 57 (1), & la force par laquelle ce principe adhère à ce métal, lui aſſigne la ſeptième place ; il ſe fond au 257me degré de chaleur.

§. C C X. A.

☞ Le BISMUTH eſt un demi-métal d'une couleur de blanc jaunâtre, naturellement lamelleux ; il eſt fragile, & au lieu de s'étendre ſous le marteau, il ſe briſe en petites paillettes & ſe réduit en pouſſière. Il a un brillant métallique qui s'altère à l'air, & alors il prend une teinte violette ; à la longue même il ſe décompoſe & il ſe forme à ſa ſurface une rouille blanchâtre, due, ſelon toutes les apparences, à l'acide aërien. L'eau ne l'attaque point. Au feu, le biſmuth ſe fond aſſez facilement ; & long-temps avant que de rougir, il répand une fumée épaiſſe, qui n'eſt que du biſmuth volatiliſé en fleurs. Le biſmuth fondu & refroidi avec précaution, eſt ſuſceptible de cryſtalliſer ; c'eſt M. Brogniard qui, le premier, a fait cryſtalliſer ce régule (*Journ. de Phyſ.* 1781, t. XVIII, p. 73.) Si on le fond avec le contact de l'air à un feu modéré, il ſe change inſenſiblement en une chaux d'un gris verdâtre ou brune. La première chaux peut ſe fondre en un verd d'un jaune verdâtre, approchant un peu de la litharge. Comme il ſe conduit à la coupelle comme le plomb, il peut ſervir à coupeller les métaux ; M. Sage, dans ſon *Eſſai de l'or & de l'argent*, a donné une ſuite de coupellations par ce métal.

L'acide vitriolique agit ſur le biſmuth ; il en diſſout une portion avec laquelle il forme du vitriol de biſmuth très-déliqueſcent, & il calcine l'autre.

L'acide nitreux le diſſout avec efferveſcence & chaleur, & donne enſuite des cryſtaux de nitre de biſmuth. Cette diſſolution étendue d'eau ſe décompoſe & laiſſe précipiter une poudre blanche brillante, feuilletée, que l'on nomme

---

(1) Comparée avec la quantité de phlogiſtique contenue dans un quintal d'argent, ſuppoſée 100 (*Journ. de Phyſiq.* 1783, t. XXII, 100.) ; & comparée avec elle dans le zinc, elle ſe trouve = 64.

en Chimie *magistère de bismuth*, & dans le commerce, blanc d'Espagne ou blanc de Fard.

L'acide marin dissout difficilement le bismuth; il faut qu'il soit concentré & en digestion long-temps sur ce demi-métal; mais il dissout plus facilement sa chaux.

L'eau régale le dissout aussi, & la dissolution est d'abord un peu verdâtre; elle blanchit ensuite.

L'acide acéteux l'attaque à-peu-près comme le plomb; mais le sel neutre qui en résulte, n'est pas doux comme l'acet de plomb; au contraire, il a un goût septique & austère.

Le bismuth s'unit très-bien avec le soufre & il en résulte une mine de bismuth sulphureuse artificielle, noirâtre & poreuse, qui, refondue, devient par le refroidissement grise, brillante, & striée & est même susceptible de crystalliser comme l'a obtenue M. Mezaize, Chimiste de Rouen. Ce demi-métal s'allie assez facilement avec tous les métaux & les demi-métaux, excepté le zinc & le cobalt. Il les rend plus cassans & les volatilise tous à la coupelle, excepté l'or, la platine & l'argent.

§. C C X I.

BISMUTH *natif*. Cronstedt, *Min.* §. 222.

§. C C X I. A.

☞ Le *bismuth natif* est assez commun dans les mines d'où l'on extrait ce demi-métal; il est de couleur blanche tirant beaucoup sur le jaune, en écailles minces appliquées les unes sur les autres; il ne diffère en ce point du régule que par la largeur des facettes; quelquefois il est incrusté dans une gangue, ou mêlé avec les mines de cobalt; il fait effervescence avec l'eau-forte, & sa dissolution est d'abord un peu laiteuse; mais elle devient ensuite claire & transparente. Comme il est très-fusible, on le fait couler facilement en exposant les morceaux qui le contiennent à une douce chaleur; alors ce demi-métal suinte à travers en globules blancs; plus il est pur, plus il coule facilement; il est ou en morceaux solides, ou superficiel & disséminé sur & dans différentes gangues. On en trouve à Scala en Néritie, en Dalécarlie, à Schneeberg en Allemagne. Quelquefois le bifmuth natif de Schneeberg , fur-tout celui qui eft dans une gangue de jafpe rouge, répand une odeur d'ail lorfqu'on frappe le jafpe avec le briquet en même-temps qu'il donne des étincelles.

§. C C X I. B.

Il coule facilement au chalumeau ; quand il tient un peu d'arfenic , on s'en apperçoit facilement à l'odeur d'ail-qu'il répand.

§. C C X I I.

BISMUTH *en chaux*. Cronftedt , *Min.* §. 223.
J'ignore encore fi cette mine eft fimplement dépouillée de fon phlogiftique , ou fi elle eft minéralifée par l'acide aérien.

§. C C X I I. A.

La CHAUX DE BIſMUTH qui doit peut-être fon origine à la décompofition des autres mines de bifmuth , ou à l'altération du bifmuth natif par l'acide aérien ou air fixe, eft ordinairement pulvérulente , très - rarement folide & en maſſes. Sa couleur eft jaune verdâtre , & elle recouvre fouvent les mines de bifmuth ; alors on la nomme *fleurs de bifmuth* ; il faut bien les diftinguer des fleurs de cobalt, qui font toujours rouges , tandis que celles du bifmuth ne le deviennent jamais. L'acide nitreux la diffout facilement , & en verfant feulement de l'eau dans la diffolution on précipite tout de fuite le bifmuth feul , les fubftances hétérogènes mêlées à la chaux de bifmuth, reftent diffoutes dans les menftrues ; *Los* en Suède.

§. C C X I I. B.

Quand la chaux de bifmuth fe trouve mêlée avec de l'argile, elle forme proprement ce que Vallerius a.défigné fous le nom d'*ochre de bifmuth ;* elle eft de couleur jaunâtre ; *Los* en Suède.

§. C C X I I. C.

La chaux de bifmuth fe reduit fur le charbon, & fe fond dans la cuiller;avec le fel microcofmique elle donne un globule d'un jaune obfcur, qui en réfroidiffant devient plus pâle & perd un peu de fa tranfparence ; fi le globule eft trop chargé il devient abfolument opaque. Avec le borax on obtient une maffe fur la cuiller, qui eft grife fur le charbon, & difficilement exempte de petites bulles ; ce verre fume lorfqu'on le tient en fufion, & forme un cercle d'un jaune verdâtre autour de lui, ce qui eft dû à une portion de bifmuth qui fe volatilife.

§. CCXIII.

BISMUTH *minéralifé par le foufre.* Cronftedt, *Min.* §. 224.

§. CCXIII. A.

LA MINE DE BISMUTH SULPHUREUSE eft d'un blanc bleuâtre, ou grife, compofée de lames ou feuillets comme la galène ; fragile, facile à couper au couteau, ne fait point d'effervefcence avec les acides, quoique diffoluble dans l'eauforte ; la diffolution eft claire & quelquefois un peu verdâtre ; elle ne contient point d'arfenic. Il y en a deux variétés ; l'une teffulaire, comme la galène, *Baftnaes* en Suède, & *Schneeberg* en Saxe, elle eft très-rare ; l'autre ftriée, compofée d'écailles ou de petites aiguilles, femblable à la mine d'antimoine fulphureufe ; mais ne tachant pas les doigts comme elle, *Schneeberg* & *Johan-Georgenftadt* en Saxe.

§. CCXIII. B.

Il ne faut pas confondre cette mine fulphureufe avec certains morceaux de bifmuth natif, dans lefquels ce demimétal eft uni à une fi petite portion de foufre, qu'elle n'empêche pas qu'il coule en petits globules d'une couleur livide ou grife.

§. CCXIII. C.

Au chalumeau cette mine fe fond promptement & donne une flamme bleue avec odeur de foufre ; mais la réduction parfaite eft affez longue & difficile ; M. Bergman indique

de précipiter le bismuth avec un peu de cobalt, qui pénètre le globule à l'aide du soufre ; alors il se boursoufle , & produit une scorie divisée par des comparti-
mens très-marqués. Cette scorie tenue au feu plus long-
temps pousse au dehors des globules de bismuth.

§. C C X I V.

BISMUTH *avec fer , minéralisé par le soufre.*
Cronstedt, *Min.* §. 225.

§. C C X I V. A.

☞ Cette mine est composée de petites écailles assez
épaisses & uniformes. M. Cronstedt dit qu'on l'a trouvée dans
la mine du Roi , proche de Gellebert en Norwege. On en
voit un morceau au Cabinet de Sainte-Geneviève ; elle a
pris une couleur jaunâtre comme la pyrite ; mais la cassure
récente offre une couleur grise mêlée d'un peu de jaune. La
réduction au chalumeau est encore plus difficile que la précédente à cause de la portion de fer qu'elle contient.

§. C C X I V. B.

Vallerius, MM. Sage & Romé de l'Isle citent une mine
de bismuth minéralisé par l'arsenic. Quoique Cronstedt &
Monnet la regardent comme une mine de bismuth minéralisé par le soufre, mais ne différant de celle §. 213.
que parce qu'elle est en petites écailles , nous allons cependant en donner la description d'après ces Auteurs. Vallerius
la définit : BISMUTH *minéralisé par le soufre & l'arsenic ,
en écailles.*

Cette mine est d'un blanc jaunâtre ou grise , & quelquefois blanche comme de l'argent ; elle est composée d'écailles
plus ou moins grandes ; mais en général assez petites ;
elle est dure, fait quelquefois feu avec le briquet ; ne
fait point effervescence avec l'eau-forte, quoiqu'elle y soit
dissoluble en partie. Ce qui porteroit beaucoup à croire que
c'est la mine de bismuth sulphureuse §. 213, c'est que la
dissolution de l'une & de l'autre est claire & transparente,
& que si l'on écrit avec, les traces des lettres disparoissent

& reparoiſſent jaunes quand on les préſente au feu ; mais il eſt étonnant que l'on ne ſoit pas d'accord ſur la préſence de l'arſenic, puiſqu'il eſt ſi facile de s'en convaincre par l'odeur d'ail que cette ſubſtance exhale au feu. M. Sage obſerve que quelquefois cette mine eſt d'un gris jaunâtre, & chatoie en vert & en rouge. Souvent le cobalt eſt mélé au biſmuth dans cette mine, & ſi le cobalt vient à ſe décompoſer, la mine ſe recouvre d'efflorescence lilas.

§. C C X I. V. C.

Au chalumeau la mine de biſmuth minéraliſé par le ſoufre & l'arſenic exhale une forte odeur d'ail ; pour obtenir le petit régule, il faut abſolument volatiliſer tout le ſoufre & tout l'arſenic qu'elle contient, ce qui eſt un peu long, ſur-tout pour le premier.

§. C C X V.

NICKEL.

LA gravité ſpécifique du régule de NICKEL très-pur eſt = 9,000, & elle eſt peut-être encore plus conſidérable ; mais le nickel ordinaire que l'on obtient à la première réduction, paſſe rarement 7,000. L'acide nitreux & l'eau régale le diſſolvent très-bien, le muriatique lentement ; le vitriolique a beſoin de l'ébullition juſqu'à ſiccité, & l'acide acéteux n'attaque ce métal qu'en état de chaux. La quantité de phlogiſtique qu'il faut lui enlever, s'exprime par 156 (1), & la force avec laquelle il le retient, égale celle avec laquelle le fer conſerve ſon principe inflammable, §. 197 ; il a beſoin, pour

____

(1) Comparée avec la quantité de phlogiſtique contenue dans un quintal d'argent, ſuppoſée 100. (*Journ. de Phyſiq.* 1783, t. *XXII.* p. 109).

fondre, d'une chaleur presqu'égale à celle qui est nécessaire à l'or, & quand il est bien dépuré, il ne fond pas plus vîte que le fer. J'ai donné plus en détail ses autres propriétés, dans le second volume de mes *Opuscules chimiques*, p. 231.

§. C C X V. A.

☞ C'est à M. Cronstedt que l'on doit la découverte de ce demi-métal, dont plusieurs Minéralogistes ont nié l'existence, & qu'ils ont regardé comme un mêlange, un alliage de plusieurs substances métalliques, plutôt qu'un demi-métal particulier. Cependant la suite d'expériences que M. Bergman a faites, prouve & démontre clairement que cette substance si difficile à obtenir pure, jouit de toutes les propriétés métalliques (*Journ. de Phys.* 1776, *T. VIII*, *p.* 279.); ce n'est que par de longues calcinations & scorifications qu'on peut espérer d'obtenir le régule de nickel pur, encore* y-a-t-il toujours une portion de fer qui y reste adhérente. *Voyez* l'endroit cité du Journal de Physique.

§. C C X V. B.

LE RÉGULE DE NICKEL, bien dépuré, est un demi-métal fragile, blanc, tirant un peu sur le rougeâtre, dense, & sa fracture est brillante. On ne sait pas encore quelle est l'action de l'air & de l'eau sur lui; il y a apparence qu'ils peuvent l'attaquer comme les autres substances métalliques, sur-tout à raison de l'acide aérien qu'ils contiennent; traité au feu avec le contact de l'air, il se calcine, suivant Vallerius, en une chaux qui, poussée au feu, végète & pousse de tous côtés des petites ramifications rouges comme du corail. Il faut observer ici que ce caractère est trompeur ou plutôt il indique que le régule n'est pas pur, puisque par de longues torréfactions & des fusions répétées, il donne une chaux de couleur ferrugineuse sombre, mêlée d'un peu de verd & sans aucune végétation.

Le Nickel est soluble dans les acides. L'acide vitriolique dissout sa chaux & forme avec elle un vitriol de nickel crystallisable. L'acide nitreux a la même action sur la chaux de nickel.

L'acide muriatique diffout, à l'aide de la chaleur, & le régule & la chaux de nickel. Les alkalis volatil & fixe le diffolvent auffi.

Le nickel s'allie avec l'argent fans altérer beaucoup fa blancheur & fa ductilité; au cuivre, avec lequel il forme une maffe rougeâtre & ductile; à l'étain & au zinc, avec lefquels il donne un métal caffant; il ne s'amalgame point avec le mercure.

§. C C X V I.

NICKEL *natif uni au fer & à l'arfenic.* •

Il contient peut-être encore du cobalt; quand on a enlevé tout le foufre & tout l'acide minéralifateur, le métal, réduit en forme de régule, eft du vrai nickel natif, quoiqu'il foit encore allié avec quelques métaux étrangers.

§. C C X V I. A.

☞ Tous les nickels natifs que j'ai examinés au chalumeau m'ont annoncé la préfence de l'arfenic par une forte odeur d'ail.

§. C C X V I I.

NICKEL *minéralifé par l'acide aérien.* Cronftedt, *Min.* §. 255.

§. C C X V I I. A.

☞ Cette MINE DE NICKEL EN CHAUX eft due à la décompofition du kupfer-nickel; elle eft ordinairement en efflorefcence verte, & recouvre fouvent les mines qui le contiennent. Cronftedt rapporte que l'on a trouvé à Normark en Wermeland de cette chaux, fans apparence de kupfer-nickel, dans une argile qui contenoit de l'argent natif.

§. C C X V I I I.

NICKEL *avec fer, cobalt & arfenic, minéralifé par le foufre.* Cronftedt, *Min.* §. 256. Kupfer-nickel.

§. C C X V I I I. A.

☞ Cette mine est celle qui est connue sous le nom de KUPFER-NICKEL, & de laquelle on peut retirer le plus facilement le régule de nickel. Elle est d'un jaune rougeâtre, & presque de couleur hépathique; du reste, elle a le brillant des pyrites ordinaires. Il est facile d'y reconnoître l'arsenic & le soufre en la torréfiant; elle exhale une fumée épaisse accompagnée de l'odeur d'ail & de soufre; poussée au feu, elle donne de jolies végétations vertes, qui à la longue deviennent brunes. Elle est dissoluble dans les acides minéraux, & sa dissolution est verte, caractère qui lui est propre, & qui la fait aisément distinguer des autres espèces de mines. Il y en a de compacte, de grenu, & d'écailleux ou lamelleux.

§. C C X V I I I. B.

Au chalumeau en fondant & calcinant le kupfer-nickel avec le borax on en obtient le régule; mais comme le remarque M. Bergman, il est toujours mêlé de parties métalliques étrangères.

§. C C X I X.

A R S E N I C.

LA gravité spécifique de l'acide *radical* ou arsenical est = 3,391; celle de l'arsenic blanc = 3,706; celle du verre d'arsenic = 5,000, & celle enfin du régule = 8,308. L'acide muriatique & l'eau régale le dissolvent très-bien; le vitriolique a besoin de l'ébullition; l'acéteux n'attaque que sa chaux; mais l'acide nitreux non-seulement enlève la portion de phlogistique désignée par 109 (1), nécessaire

(1) Journ. de Physiq. 1783, t. XXII. p. 109.

pour réduire le métal sous forme de chaux, mais encore, quand il est en juste dose & au degré de feu nécessaire, il déphlogistique si bien la chaux de ce métal, qu'il laisse à nud & libre l'acide arsenical. Ces phénomènes sont de la plus grande importance, parce qu'ils répandent beaucoup de jour sur la nature des métaux; car en raisonnant par analogie, on pourroit croire que tout métal a pour base un acide particulier, qui, combiné avec une certaine portion de principe inflammable, forme une chaux métallique, & que lorsque cette portion est très-considérable & qu'il en est saturé, il devient un métal complet. Mais cet acide radical retient bien plus fortement le phlogistique coagulant, qu'il n'est nécessaire ensuite pour la saturation. Les différens acides métalliques attirent l'une & l'autre avec des forces inégales; de là vient que les métaux parfaits, ou ne peuvent pas, ou ne peuvent que très-difficilement se réduire en chaux par voie sèche, & qu'il faut nécessairement, pour cela, qu'ils soient dissous par des menstrues acides; mais toutes les autres substances métalliques laissent échapper au feu le phlogistique, à la vérité avec plus ou moins de difficulté. J'ai observé onze degrés très-distincts dans cette différence. L'or est précipité par tous les autres métaux, excepté peut-être la platine, ce que l'on peut expliquer ainsi : la chaux d'or, par la force d'une attraction supérieure, enlève le phlogistique à tous les autres, & par-là perd sa dissolubilité, & se précipite sous forme métallique; c'est pour cela que l'or occupe la seconde place dans la série des métaux. La platine est précipitée par tous les métaux, cependant moins distinctement que l'or : ce seroit donc, si je ne me trompe, à ce métal qu'il faudroit

affigner la première place, & ainfi des autres ;
comme je l'ai remarqué dans le caractère de chaque
métal. Mais le nickel, le cobalt, le fer, la manganèfe & le zinc, ne fe précipitent point les uns les
autres, c'eft pour cela qu'ils occupent la onzième &
dernière place (1).

Pour pouvoir mettre à nud les acides radicaux
métalliques, il faut brifer le lien du phlogiftique,
qui les rend concrets & folides : fi les Chimiftes en
viennent jamais à bout, je crois que cela répandra
un très-grand jour fur toute la Métallurgie ; mais
c'eft-là le plus difficile à faire. Je fais que l'on peut
fe fier, jufqu'à un certain point, à l'analogie, mais
il faut que de nouvelles expériences la confirment.
On n'a réuffi encore qu'avec l'arfenic, & l'on doit
remarquer ici que ce métal, qui n'occupe que la
cinquième place par rapport au phlogiftique qui le
fature, le cède à tous les autres, fi on le confidère
du côté de l'attraction, qui fixe le principe coagulant.

Il fe fond, mais il faut l'expofer tout d'un coup
au degré de feu néceffaire pour fa fufion, fans quoi
il fe calcineroit en fe volatilifant, avant que de fe
fondre. Le régule répandu fur un fer chaud, s'allume, & fe réduit bientôt en chaux, en répandant
une odeur d'ail (2).

§. CCXIX. A.

☞ On obtient le RÉGULE D'ARSENIC très-pur en fublimant
la chaux ou le verre d'arfenic avec un corps qui peut lui
rendre la portion de phlogiftique qui lui avoit été enlevé
par la calcination. On fe fert ordinairement de matières

---

(1) *Diff. de quantitate phlogifti in metallis.*
(2) Opufc. vol. II. p. 272.

grasses comme du savon, du suif. On en fait une pâte avec de la chaux ou du verre d'arsenic que l'on met dans un matras sur un bain de sable ; on ménage d'abord le feu, on l'augmente ensuite, & l'arsenic se sublime avec tout son brillant métallique.

§. C C X I X. B.

Le *régule d'arsenic* est d'une couleur grise noirâtre & un peu chatoyante. L'air l'altère facilement, & alors il devient noir & se recouvre d'une poussière, vraie chaux d'arsenic. Il est friable & très-pesant.

Au feu, si l'arsenic est traité avec le contact de l'air, il se calcine facilement, s'évapore en fumée blanche, qui n'est que la chaux volatilisée, en répandant une violente odeur d'ail ; si l'on pousse le feu, l'arsenic rougit & brûle avec flamme. Si l'arsenic est traité dans des vaisseaux fermés, il se sublime sans éprouver de décomposition. La chaux d'arsenic se vitrifie facilement en un verre blanc, très-transparent, qui, a l'air, perd insensiblement cette transparence, & devient laiteux.

L'acide vitriolique ne paroît pas dissoudre le régule d'arsenic ; mais il le calcine & le réduit en chaux, encore faut-il qu'il soit bouillant & concentré.

L'acide nitreux attaque & calcine pareillement le régule d'arsenic ; la dissolution donne des cristaux de nitre d'arsenic, qui attire puissamment l'humidité de l'air.

L'acide muriatique, suivant les belles expériences de M. Bayen (Recherches sur l'étain), à froid, n'a aucune action sur l'arsenic, & à chaux, il n'en a qu'une très-foible & à peine sensible.

L'arsenic & sa chaux se combinent très-bien avec le soufre avec lequel ils forment une masse très-volatile, jaune ou rouge, suivant les proportions, ou plutôt suivant le degré de feu qu'elle a éprouvé ; car l'arsenic pénétré de soufre jusqu'à saturation n'en peut pas prendre une plus grande quantité. L'on nomme cette masse *orpin*, *orpiment* lorsqu'elle est jaune, & *realgar* lorsqu'elle est rouge.

L'arsenic peut s'allier avec tous les métaux & les demi-métaux ; mais il leur enlève à tous quelques propriétés principales, sur-tout la malléabilité, il les rend en même-temps fragiles & cassant ; il change leur couleur ; il rend le cuivre & le fer blancs ; l'argent, l'or & le zinc gris ; mais il relève la couleur de l'étain.

Au sujet de l'acide arfenical, voyez §. 31 , & nous ajouterons ici que nous penfons que fon acide feul peut être minéralifateur.

§. C C X X.

Arsenic *natif uni au fer.* Cronftedt , *Min.* §. 239. Je n'ai pas encore trouvé l'arfenic fans fer.

§. C C X X. A.

☞ L'Arsenic natif eft un vrai régule d'arfenic qui jouit de toutes les propriétés métalliques ; il eft d'un gris obfcur, tirant fur le noir ; il eft dur, compacte , ferré , quelquefois cependant il eft ftrié ou en écailles. Sa caffure fraîche offre la couleur de plomb, ou plutôt comme l'obferve M. Monnet, celle du fer de gueufe ; mais cette couleur fe noircit facilement à l'air ; au feu il brûle , fe calcine, s'enflamme & fe volatilife en une chaux blanche & friable, en exhalant une violente odeur d'ail , & il laiffe toujours une fcorie ferrugineufe & quartzeufe. L'eau-forte le diffout avec vivacité & forme avec lui un fel moyen déliquefcent. Il y en a trois variétés : 1°. l'arfenic natif, friable, qui eft noir, qui fe laiffe entamer au couteau, dont la caffure eft un peu brillante, ce qui lui a fait donner très-improprement le nom de *cobalt teftacé*, & que MM. de Born & Linné ont mieux appelé *arfenic teftacé* ; Annaberg en Saxe : 2°. l'arfenic natif ftrié qui eft ordinairement d'une couleur grife bleuâtre, compacte ; la caffure couleur de plomb , ftriée ou écailleufe ; c'eft l'efpèce la plus commune ; Sainte-Marie-aux-Mines , Freyberg en Saxe , Kungfberg en Norvège : 3°. l'arfenic natif teftacé ou en écailles ; cette variété ne diffère des deux précédentes , fur-tout de la feconde, que parce qu'aulieu d'être ftriée elle eft en écailles plus ou moins larges.

§. C C X X. B.

Au chalumeau l'arfenic natif s'enflamme , répand une fumée blanche , tapiffe le charbon de fleurs d'arfenic, qui deviennent bientôt noires, & exhale une forte odeur d'ail. Si la portion de fer qu'il contient eſt conſidérable, elle reſte ſur le charbon, ſinon elle diſparoît. Il communique aux flux une couleur jaunâtre, qui ſe diſſipe à meſure que l'arſenic ſe volatiliſe.

§. CCXXI.

ARSENIC *natif uni à l'argent.*

§. CCXXI. A.

☞ *Voyez* §. 158.

§. CCXXII.

ARSENIC *en chaux, privé ſimplement de ſon phlo-giſtique.* Cronſtedt, *Min.* §. 240.

§. CCXXII. A.

Pluſieurs Minéralogiſtes ont placé la chaux d'arſenic, ou l'arſenic blanc, avec l'arſenic natif, & en cela ils ſe ſont trompés, puiſque la chaux d'arſenic eſt ce demi-métal privé de ſon phlogiſtique. Quel eſt l'agent qui l'en a dépouillé? Ne pourroit-ce pas être l'acide aérien, comme dans les autres chaux métalliques natives?

§. CCXXII. B.

La CHAUX D'ARSENIC en général eſt aſſez rare, elle eſt blanche & criſtalline & demi-tranſparente, diſſoluble dans l'eau. Au feu elle ſe volatiliſe comme la chaux d'arſenic artificielle, en répandant l'odeur d'ail. La chaux d'arſenic eſt ordinairement pulvérulente ou en farine adhérente aux parois des mines, & recouvrant certaines mines arſenicales tombées en effloreſcence. Quelquefois on trouve la chaux d'arſenic ſous forme criſtalline à la ſuperficie de quelques mines de cobalt; eſt-ce un *vrai verre d'arſenic natif*, ou n'eſt-ce pas plutôt la chaux d'arſenic criſtalliſée tout ſimplement? Il faut avouer cependant que les cryſtaux

de chaux d'arſenic que l'on rencontre parmi les productions volcaniques doivent être conſidérés comme de vrai
verre d'arſenic natif, parce qu'ils ont été formés par ſu-
blimation & fuſion, au moyen du feu ou de la chaleur
violente du volcan. On a trouvé cette mine d'arſenic à
Joachimſthal, à Saint-Andreasberg ; & M. Sage en a vu ſur
des mines de cobalt de la vallée de Giſtan dans les Pyre-
nées Eſpagnoles.

§. CCXXII. C.

Au chalumeau la chaux d'arſenic s'évapore en répandant
une forte odeur d'ail, & tapiſſant le charbon de fleurs
blanches qui paſſent ſubitement au noir ſi on porte deſſus
le cône intérieur de la flamme. J'ai obſervé ce phénomène
dans les eſſais de toutes les mines arſenicales que j'ai fait,
& je le regarde comme un très-bon caractère pour diſtinguer les fleurs d'arſenic de celles de l'antimoine qui ſont
& reſtent blanches au feu, & de celles de zinc qui de blanches
deviennent jaunes.

§. CCXXIII.

Arsenic *minéraliſé par le ſoufre*. Cronſtedt ,
Min. §. 241, Orpiment, Réalgar.

§. CCXXIII. A.

☞ On a vu, §. 219, A, que l'arſenic ſe combine facilement avec le ſoufre, & produit une maſſe jaune ou
rouge, ſuivant le degré de feu qu'elle a éprouvé. La Nature offre cette combinaiſon toute formée dans les mines,
& l'on a de l'orpiment natif & du realgar natif.

§. CCXXIII. B.

L'orpiment natif eſt d'une couleur jaune tirant tantôt
ſur le rouge & tantôt ſur le verd ; il eſt mêlé aſſez ordinairement de parcelle de mica jaune & de ſpath, ce qui
fait qu'il paroît compoſé de facettes plus ou moins grandes.
Il prend au feu une couleur obſcure, & donne une flamme
d'un blanc bleuâtre, avec une odeur d'ail & de ſoufre
conſidérable.

considérable. Il se volatilise presque tout entier au feu, &
il ne laisse qu'un résidu terreux, verdâtre; au contraire
dans un vase fermé il fond, & en se refroidissant il forme
une masse rougeâtre qui est un vrai réalgar. On le distingue
facilement de l'orpiment artificiel ou du commerce, en
ce qu'il est presque toujours sous forme de petits cristaux
soyeux & légers, ou sous une forme granuleuse; en Hongrie, en Servie, en Asie, à Loëfasen en Dalécarlie, &c.

§. CCXXIII. C.

Le *realgar natif* est rouge plus ou moins vif, quelquefois rouge de rubis, ce qui lui a fait donner le nom de
rubine d'arsenic; il est compacte, dur, brillant. Au feu
il donne une flamme bleue; il est fusible & volatil, &
répand une odeur d'ail & de soufre comme l'orpiment.
On en trouve d'opaque, de demi-transparent, de transparent, & de cristallisé, en Hongrie & à la Solfatare.

§. CCXXIV.

ARSENIC *avec fer, minéralisé par le soufre. Pyrite
arsenicale.* Cronstedt, *Min.* §. 243, A.

§. CCXXIV. A.

☞ Il a été dit, §. 199, A, que l'on devoit bien
distinguer le mispickel de la *pyrite arsenicale*; dans le premier, le fer étoit directement combiné avec l'arsenic
sans soufre, & ici ces deux substances métalliques sont
minéralisées par le soufre. Cette pyrite ou mine grise d'arsenic, est de couleur gris de cendre, un peu bleuâtre,
solide ou composée de petites parties brillantes. Elle se
ternit à l'air; elle fait feu avec le briquet, & répand une
odeur d'ail. Elle fait quelquefois effervescence avec l'acide
nitreux, qui la dissout en partie. Au feu elle se volatilise
en formant un vrai realgar, ce que ne donne point le
mispickel, & c'est là le caractère distinctif de ces deux substances que l'on confond si aisément.

S

§. C·C X X V.

C o b a l t.

Sa gravité spécifique est $= 7,700$. L'acide nitreux & l'eau régale le dissolvent très-facilement;
le vitriolique a besoin d'une ébullition jusqu'à siccité; le muriatique & l'acéteux ne peuvent le diffoudre qu'en état de chaux. Le phlogistique saturant est exprimé par 270 (1), & il y est retenu avec
la même force que le fer retient le sien. Le régule
ordinaire fond au même degré de chaleur que le
cuivre; mais quand il est bien dépuré, il ne se fond
guère plus facilement que le fer.

§. C C X X V. A.

☞ Le cobalt est un demi-métal d'une couleur blanche
ou plutôt grise tirant sur le rouge, d'une consistance dure;
il est fragile, & on le casse facilement; sa cassure est grenue; fraîchement faite, elle a un brillant métallique; mais
ce brillant passe assez vîte, & l'air l'altère; l'eau ne paroît pas avoir de l'action sur lui.

Au feu le cobalt ne se fond que lorsqu'il est bien rouge.
Lorsqu'on le fond avec le contact de l'air, il se calcine &
donne une chaux terne, qui passe au noir. Dans les expériences que j'ai faites pour le faire cristalliser, j'ai remarqué que lorsqu'il éprouvoit l'ébulition, il brûloit avec flamme
comme toutes les substances métalliques. Le cobalt fondu
& refroidi avec précaution, cristallise en faisceau d'aiguilles
ou de prismes aiguillés (*Journ. de Phys.* 1781, *T. XVIII*,
p. 73 ☞ La chaux de cobalt, traitée avec le borax, donne
un verre bleu, & cette propriété est très-commode pour

______

(1) Comparée à celui d'un quintal d'argent, supposée 100, (*Journ.*
de *Physiq.* 1782, *T. XXII. p.* 109).

pouvoir reconnoître la préfence de ce demi-métal dans une mine. Cette même chaux, d'une couleur grife & fombre, fe nomme dans le Commerce *fafre* ; mêlée avec trois fois fon poids de cailloux pulvérifés, expofée à un très-grand feu, elle fe fond en un verre d'un bleu obfcur, nommé *fmalt*.

L'acide vitriolique ne diffout le cobalt que lorfqu'il eft concentré & bouillant; la diffolution eft de couleur rofe, & par évaporation elle donne des cryftaux de vitriol de cobalt.

L'acide nitreux diffout très-bien le cobalt & avec effervefcence ; la diffolution eft rofe ; l'alkali fixe lui fait prendre une couleur obfcure, & l'alkali volatil une rouge; par évaporation elle donne des cryftaux de nitre de cobalt qui font très-déliquefcens. Si dans cette diffolution on verfe de l'acide muriatique, la couleur paffe au rouge ou jaune rougeâtre. L'acide marin s'empare du cobalt & forme l'*encre de fympathie* avec laquelle, fi on trace quelques lettres, elles difparoiffent en fe féchant ; mais approchées du feu & chauffées elles reparoiffent en verd.

L'acide muriatique ne diffout le cobalt qu'à chaud, & encore beaucoup mieux fa chaux que le régule ; par l'évaporation il fe forme des cryftaux de muriate de cobalt très-déliquefcens.

L'eau régale diffout ce demi-métal & fournit une encre de fympathie en raifon de l'acide muriatique qu'elle contient, & non de l'acide nitreux.

Le cobalt s'allie affez facilement avec tous les métaux & les demi-métaux, & les altère peu, excepté avec l'argent, le plomb, & le bifmuth; il s'allie très-difficilement avec le zinc, & ne s'amalgame point avec le mercure.

§. C C X X V I.

COBALT *natif uni à l'arfenic.* Cronftedt, *Min.* §. 249.

§. C C X X V I. A.

☞ On n'a pas encore trouvé jufqu'à préfent du cobalt natif abfolument pur, & c'eft dans cette mine qu'il approche le plus de cet état. Elle contient toujours une certaine portion de fer, mais en petite quantité. Elle eft folide, dure, pesante, de couleur grise, plus ou moins obscure, & qui quelquefois tire un peu sur le rouge. Sa cassure est grenue, peu ou point brillante. Elle fait ordinairement feu avec le briquet, en répandant une forte odeur d'ail ; elle noircit au feu ; elle est dissoluble dans l'eau forte, avec effervescence, & précipitée par l'acide muriatique, elle donne de l'encre sympathique. Comme on pourroit la confondre avec la mine d'arsenic blanche & grise, deux caractères particuliers la feront aisément reconnoître, 1°. de former de l'encre de sympathie avec l'acide muriatique ; 2°. de donner un verre bleu avec le borax ; la mine d'arsenic n'en donne qu'un noir. Il y en a deux variétés ; l'une solide & compacte, l'autre grenue & facile à briser ; de plus, sa couleur est d'un blanc rougeâtre, & quelquefois un peu hépathique. On trouve ces deux variétés à Loos en Helsingie, à Schneeberg en Saxe, & à Sainte-Marie-aux-Mines, en Alsace.

§. CCXXVI. B.

Au chalumeau, cette mine exhale d'abord une forte odeur d'ail, noircit & se fond en un petit globule qui est le régule de cobalt. Il colore en bleu les flux.

§. CCXXVII.

COBALT *en chaux*. Cronstedt, *Min.* §. 247.
On trouve beaucoup de substances étrangères mêlées à ce cobalt, sur-tout de l'arsenic, du fer ou du cuivre ; mais j'ignore encore si elles y sont mêlées seulement méchaniquement, ou si elles y sont combinées plus intimément.

§. CCXXVII. A.

☞ Cette mine de cobalt en chaux est encore une des preuves connues qui appuient mon sentiment sur les mines en chaux, qui ne sont dues, je crois, qu'à l'altération & à la décomposition produites par l'acide aërien, qui reste quelquefois combiné avec la chaux ou la terre métallique. En effet, si vous distillez à l'appareil pneumato-chimique la chaux native de cobalt, on obtient une certaine quantité d'acide aërien. Il peut arriver aussi que cet acide en soit dégagé par quelques causes particulières, & alors on ne le retrouve pas dans la chaux.

§. CCXXVII. B.

LA MINE DE COBALT EN CHAUX est ordinairement d'un gris noir, mais quelquefois si noire, qu'on la prendroit pour du noir de fumée; elle tache les doigts, elle est presque toujours friable & pulvérulente. Quand elle est compacte, si on la rompt, on remarque souvent dans son intérieur des taches de couleur rose, à-peu-près comme les fleurs de cobalt. Il est rare qu'il ne s'y trouve mêlé un peu de terre martiale. Lorsqu'elle est solide, elle a quelquefois la ressemblance & la forme de scories vitreuses, ce qui lui a fait donner par quelques Minéralogistes, le nom de *mine de cobalt vitreuse*. L'espèce de mine ici décrite ne contient point d'arsenic, ce qui la distingue absolument de l'espèce suivante, qui en contient toujours. Mêlée avec de l'argile, elle forme l'ochre de cobalt.

§. CCXXVII. C.

Au chàlumeau, comme la chaux noire de cobalt est toujours mêlée d'un peu de chaux rouge, qui est arsenicale, elle donne un peu d'odeur d'ail. Elle est d'une réduction très-difficile. Mais elle se dissout dans le borax, le colore en bleu & une partie se réduit en un petit culot métallique qui occupe le bas du globule.

§. CCXXVIII.

COBALT *minéralisé par l'acide arsenical*. Cronstedt, *Min.* §. 248.

Quelques morceaux de cette mine, que j'ai examinés, m'ont offert ce caractère (1).

§. CCXXVIII. A.

☞ Voici le seul exemple cité par M. Bergman, où il regarde l'acide arsenical comme minéralisant le cobalt; je

---

(1) Opusc. vol. II. p. 446.

penſe qu'il en exiſte bien d'autres, & qu'en général dans
toutes les mines arſenicales de couleur rouge , ce demi-métal y eſt ſous cette forme, comme argent rouge, fleurs rouges d'antimoine , &c. &c. *Voyez* l'Introduction.

On ſavoit bien en Minéralogie que les fleurs de cobalt ou
la chaux de cobalt rouge & roſe contenoient une certaine
quantité d'aſenic ; mais on n'avoit pas recherché encore dans
quel état il s'y trouvoit. Pluſieurs expériences ont démontré
qu'il y exiſtoit dans l'état d'acide, c'eſt-à-dire , dépouillé abſolument de ſon phlogiſtique. Il pourroit bien ſe faire que
le même agent qui auroit dépouillé le cobalt de ſon phlogiſtique en eût privé en même-temps l'arſenic qui , réduit par-là
à l'état d'acide, réagiroit ſur la chaux de cobalt , & lui donne-
roit la couleur rouge ou roſe, qu'elle n'a pas naturellement , & cet agent eſt peut-être l'acide aërien. Ce qui en-
gage encore à le croire, c'eſt que ſi l'on expoſe à l'air & à
l'humidité de la mine de cobalt ordinaire, elle s'effleurit bientôt en roſe.

§. C C X X V I I I. B.

Cette mine eſt rarement en maſſe ; communément elle eſt
en effloreſcence ou pulvérulente , & recouvre des morceaux
de mines de cobalt. Elle eſt due à la décompoſition de ces mines. Il y en a en ſtries ou en très-fines aiguilles d'un beau
roſe & couleur de fleurs de pêcher. Ces couleurs paſſent au
feu, & à meſure que l'arſenic ſe dégage, la chaux devient
noire & paſſe par conféquent à l'état de la mine de cobalt
en chaux, qui a été décrite à l'article précédent.

§. C C X X V I I I. C.

Au chalumeau, l'arſenic ſe volatiliſe; mais la chaux ſe
réduit plus difficilement encore que la précédente. Elle colore
en bleu le verre de borax.

§. C C X X I X.

C OBALT & *fer, ſouillé de l'acide vitriolique.*
Cronſtedt, *Min.* §. 250.

§. CCXXIX. A.

☞ Cette mine est connue sous le nom de MINE DE COBALT SULPHUREUSE & MINE DE COBALT SPÉCULAIRE. C'est la plus belle, la plus riche & la plus brillante des mines de cobalt ; elle est blanchâtre ou grise ; sa consistance est dure & compacte. A l'air elle se ternit moins que les autres, ce qui est dû sans doute à sa proportion de soufre & à ce qu'elle ne tient point d'arsenic, comme l'observe très-bien M. Monnet, ou plutôt, parce que d'après Brandet & Bergman, ce n'est pas le soufre, mais l'acide vitriolique qui est uni dans cette mine au cobalt & au fer. Il faut cependant observer, d'après ce dernier Chimiste, que l'acide vitriolique y est en trop petite quantité pour y former du vitriol de cobalt. Elle fait feu quelquefois avec le briquet ; au feu, tout l'acide vitriolique se dégage en soufre, & alors il ne reste plus que la chaux noire du cobalt. Si on fait dissoudre cette mine dans l'eau forte, la dissolution est d'abord blanchâtre ; mais bientôt elle passe au rouge altéré d'un peu de jaune ; & mêlée avec l'acide muriatique, elle forme une belle encre sympatique. Il y en a deux variétés, l'une solide & l'autre pulvérulente. On n'en a encore trouvé qu'en Suède.

§. CCXXIX. B.

M. Gmelin croit que cette mine n'est que du gyps ou *glacies mariæ*, pénétré de cobalt. (T. III, Édit. de Linné.)

§. CCXXX.

COBALT *avec fer & arsenic, minéralisé par le soufre.* Cronstedt, *Min.* §. 251.

§. CCXXX. A.

☞ Cette mine connue sous le nom de MINE DE COBALT BLANCHE, BRILLANTE, diffère de la précédente en ce qu'elle contient de l'arsenic, & que le cobalt & le fer y sont minéralisés tous deux & en même-temps par l'arsenic & le soufre. Elle est blanche, d'un blanc quelquefois tirant sur le gris & quelquefois tirant sur le rouge. Elle est pesante, dure, solide, & sa cassure est souvent lamelleuse & spathique comme celle de la galène. Elle fait effervescence avec l'acide nitreux qui la dissout en partie. En versant dans la dissolution qui est d'un rouge jaune un peu d'alkali fixe, il se forme d'abord un précipité gris qui n'est que du fer & de l'arsenic, & ensuite un précipité rose qui est le cobalt uni encore à une portion d'arsenic qui lui donne cette couleur. Avec l'acide vitriolique, la dissolution est rouge, & avec l'acide muriatique, on a de l'encre de sympathie. A un feu bien ménagé, l'arsenic s'évapore le premier, & la mine devient noire, ensuite le soufre se dégage & la mine de cobalt devient grise. Rarement cette espèce de mine de cobalt effleurit à l'air en fleurs roses, comme les autres, elle est presque toujours cryftallisée. Tunaberg en Sudermanie, & surtout les mines du Hartz, de Saxe, de Sainte-Marie-aux-Mines, en ont donné beaucoup.

C'est mal-à-propos que l'on a donné à l'arsenic natif le nom de cobalt testacé. *Voyez* §. 220. A.

§. CCXXX. B.

Au chalumeau, l'arsenic & le soufre s'exhalent, il se forme un petit globule de cobalt souillé de fer qui colore en très-beau bleu le borax & les flux.

§. CCXXXI.

COBALT *avec fer, arsenic & nickel, minéralisé par le soufre.* Cronstedt, *Min.* §. 252.

§. CCXXXI. A.

☞ Cette mine de cobalt n'est qu'une variété du kupfernickel. §. 218. A, mais dans laquelle le cobalt est en plus grande proportion.

§. CCXXXII.

ZINC.

SA gravité spécifique est = 6,862. Tous les acides le dissolvent facilement & avec effervescence, parce que le principe inflammable est très-peu adhérent à ce métal, comme nous l'avons déjà remarqué, §. 219. La quantité qu'il faut lui en enlever par quintal, est désignée par 182 (1); il se fond à 371 degrés de chaleur, & pour peu qu'on l'augmente, le métal s'enflamme en répandant des fleurs blanches (2).

§. CCXXXII. A.

☞ LE ZINC est un demi-métal d'un blanc tirant un peu sur le bleu, sur-tout dans sa cassure, car à l'intérieur, il approche plus de la couleur du plomb. Sa cassure offre ou de larges facettes unies ou des facettes pénétrées par de petites aiguilles qui sont dues à la forme crystalline que prend ce demi-métal en crystallisant. Il est un peu malléable, ou du moins il s'étend un peu sous le marteau avant que de se rompre & s'il est si difficile de le réduire en poussière avec cet instrument, c'est qu'il s'écrouit très-facilement. Il est susceptible d'être laminé, & c'est M. Sage qui, le premier, a fait connoître cette propriété.

L'air altère un peu le zinc, puisqu'il lui enlève insensiblement son brillant métallique; mais il ne paroît pas que l'eau pure ait de l'action sur lui.

Au feu, le zinc fond assez facilement; aussi-tôt qu'il rougit, avec le contact de l'air, & en ménageant le feu, il se réduit en une chaux grise; si l'on pousse le feu, bientôt il s'enflamme, brûle d'une flamme d'un bleu verdâtre très-brillante, & se volatilise en petites aiguilles très-fines & très-blanches, connues sous le nom de *fleurs de zinc*, *de pompholix*, *de laine philosophique*, &c. &c. Le zinc fondu & refroidi avec précaution, est susceptible de se crystalliser (*Journ. de Phys.* 1781. T. XVIII. p. 73. La chaux de zinc a besoin d'un très-grand feu pour se fondre, & elle donne alors un verre d'un beau jaune.

L'acide vitriolique dissout même à froid le zinc avec effervescence, & cette effervescence est produite par le dégage-

---

(1) Journ. de Physiq. 1783, T. XXII, p. 109.
(2) Opusc, vol. II. p. 309.

ment du gaz inflammable. La diſſolution étendue d'eau eſt tranſparente & donne par évaporation des cryſtaux de vitriol de zinc plus connus ſous le nom de *couperoſe blanche.*

L'acide nitreux diſſout le zinc avec vivacité & chaleur. La diſſolution d'abord un peu verdâtre & trouble, devient tranſparente, & par l'évaporation donne des cryſtaux de nitre de zinc.

L'acide muriatique diſſout le zinc avec les mêmes phénomènes que l'acide vitriolique, & dégage comme lui une grande quantité de gaz inflammable. La diſſolution eſt ſans couleur ; mais ne fournit point de cryſtaux par l'évaporation, & ſe coagule par la chaleur.

L'eau régale le diſſout avec efferveſcence & chaleur & la diſſolution eſt jaune.

L'acide acéteux le diſſout pareillement ; la diſſolution a un goût acerbe, mais répand une odeur agréable.

Enfin l'air fixe ou l'acide aërien mêlé avec de l'eau, diſſout le zinc, & par l'évaporation donne un ſel moyen métallique, un vrai méphite de zinc.

La potaſſe ou l'alkali fixe cauſtique, miſe en digeſtion, ſur du zinc en diſſout une certaine quantité.

M. de Morveau eſt enfin venu à bout de combiner artificiellement le zinc avec le ſoufre, ce qui avoit paru juſqu'à préſent impoſſible. (*Acad. de Dijon*, 1783, 1ᵉʳ *ſem.*).

Il s'allie avec tous les métaux & les demi-métaux, excepté le nickel & le biſmuth ; aſſez difficilement cependant avec le fer & le cobalt. Il rend tous les métaux, avec leſquels il eſt uni, plus fragiles, moins cependant l'étain & le plomb que tous les autres. Il les rend auſſi plus fuſibles. Il fait prendre au cuivre une couleur jaune d'or, & cet alliage fait avec du cuivre & de la calamine ou du zinc, eſt connu ſous le nom de *laiton ou cuivre jaune.*

Il s'amalgame très-facilement avec le mercure, ſoit par la trituration, ſoit par la chaleur

§. C C X X X I I. B.

La nature offre très-abondamment le zinc, puiſqu'il eſt très-peu de mines de fer qui n'en contiennent ; mais il a ſes mines propres qui ſont les ſuivantes. Quoique l'on ait beaucoup parlé de zinc natif, & que même M. Valmont de Bomare le cite dans ſa Minéralogie, les meilleurs Minéralogiſtes révoquent en doute ſon exiſtence.

§. CCXXXIII.

ZINC *en chaux, privé de son phlogistique.* Cronstedt, *Min.* §. 218, A. Pierre calaminaire.

Cette mine est presque toujours unie avec l'argile & le fer en chaux.

§. CCXXXIII. A.

☞ M. Bergman a donné une analyse très-exacte de la *pierre calaminaire*, dans un Mémoire sur les mines de zinc, (*Journ. de Phys.* 1780. T. XVI. p. 17.) dans lequel il prouve que la vraie pierre calaminaire est une pure chaux de zinc qui est mélée seulement avec un peu de chaux de fer & une quantité assez considérable d'argile & de terre siliceuse, mais que la chaux de zinc n'y est pas minéralisée par l'acide aërien comme l'espèce suivante. §. 234.

§. CCXXXIII. B.

LA MINE DE ZINC EN CHAUX OU PIERRE CALAMINAIRE a l'air d'une terre, ou plutôt d'une ochre plus ou moins compacte, quelquefois solide & dure comme la pierre; quelquefois molle & friable comme de la terre. Sa texture paroît tantôt grenue comme du sable, tantôt lamelleuse, presque toujours remplie de trous & de cavités. Sa couleur varie beaucoup; il y en a de grise, de jaunâtre, de brune; mais elle n'a jamais le brillant métallique, quoiqu'elle contienne quelquefois des molécules brillantes & micacées. Elle est pesante, mais beaucoup moins que certaines mines de fer avec lesquelles elle a beaucoup de rapport extérieur. Quelque dureté qu'elle aie, elle n'en a jamais assez pour faire feu avec le briquet. Mise au feu elle jaunit. L'acide vitriolique la dissout avec chaleur, & l'acide nitreux avec effervescence, & ses dissolutions peuvent donner des cryftaux de vitriol & de nitre de zinc par évaporation. Le grand usage de la pierre calaminaire est de servir à convertir le cuivre rouge en cuivre jaune ou laiton. Les variétés de la pierre calaminaire dépendent de sa couleur; il y en a d'un gris cendré tirant sur le jaune, d'un gris cendré & d'un rouge brun; c'est la plus commune

& la plus abondante de toutes. La première variété vient d'Angleterre, & d'Aix-la-Chapelle ; la seconde de Bonn, & la troisième de Pologne & de Namur. On a trouvé depuis peu à Fribourg en Brifgaw une calamine cryſtallifée en aiguille, que l'on a confondu avec la zéolithe, & que M. Pelletier a reconnue. (*Journ. de Phyſiq.* 1782, *t.* XX, *p.* 420).

§. CCXXXIII. C.

Il ſe trouve ſouvent dans les cabinets de la pierre calaminaire jaune & recouverte d'une eſpèce d'efflorefcence jaune ; cette pierre calaminaire n'eſt pas telle qu'on la trouve dans la mine, mais elle a été déjà grillée.

§. CCXXXIII. D.

Au chalumeau, la pierre calaminaire ne ſe fond pas ; quand elle eſt mêlée de parties martiales, elle devient attirable à l'aimant & d'une couleur plus obſcure. Elle prend une couleur de verd enfumé avec le ſel microcoſmique, d'un verd jaune avec le borax, & noircit l'alkali minéral. Quand ces flux en tiennent une trop grande quantité en diſſolution, ils deviennent opaques ; ſur le charbon, il ſe forme quelques fleurs de zinc blanches, qui deviennent jaunes, & brûlent d'une petite flamme d'un verd bleu.

§. CCXXXIV.

ZINC *minéraliſé par l'acide aérien.* Cronſtedt, *Min.* §. 228, A, I.

§. CCXXXIV. A.

☞ La mine de zinc en chaux minéraliſée par l'acide aërien, eſt connue ſous le nom de MINE DE ZINC VITREUSE, à cauſe de ſon rapport avec le verre de zinc artificiel ; elle eſt griſe tirant un peu ſur le bleu, quelquefois verdâtre ou jaunâtre ; elle reſſemble beaucoup à la pierre calaminaire avec laquelle on la confond ordinairement ; & elle n'en diffère eſſentiellement que par l'acide aërien qui lui ſert de minéraliſateur ; mais l'analyſe fait bientôt voir la différence qu'il y a entre ces deux mines. Sa caſſure eſt comme celle du quartz ; mais fans le brillant & la dureté, quoique cependant elle en ait affez pour faire feu avec le briquet. Sa fuperficie eft recouverte de grandes parties de nodofités, de cavités ; elle eft par zones ou par feuillets. Au feu elle prend une couleur jaune, mais ne laiffe échapper aucune odeur fulphureufe. Avec les acides, fur-tout l'acide vitriolique & l'acide marin elle fait effervefcence, & fe diffout prefqu'en entier. L'effervefcence eft produite par le dégagement de l'acide aërien qui minéralifoit le zinc. La diffolution avec l'acide vitriolique donne par l'évaporation des cryftaux de vitriol blanc ou vitriol de zinc. Cette mine contient prefque toujours une petite portion de fer. D'après l'analyfe d'un morceau de cette mine venant d'Haliwel en Angleterre, M. Bergman (*Mém. cité.*) conclut qu'elle tient par quintal vingt-huit livres d'acide aërien, fix livres d'eau, & environ foixante-cinq livres de zinc, & le refte eft du fer. Il y en a trois variétés, toutes trois venant de Flinshire en Angleterre, l'une folide, compacte, c'eft la plus rare ; l'autre par zones ou par lames, rentrantes les unes dans les autres, plus ou moins inclinées, plus ou moins droites, & la troifième enfin cryftallifée ; c'eft celle qui eft ordinairement noueufe & pleine de cavités, où fe trouvent les cryftaux.

§. C C X X X V.

ZINC *aéré mêlé de terre filiceufe.*

M. Born m'a envoyé des cryftaux de cette efpèce, qui, expofés au feu, laiffent échapper l'acide aërien, & qui ne fe diffolvent pas tout entiers dans les acides.

§. C C X X X V. A.

☞ Ce n'eft qu'une variété de l'efpèce précédente, & elle n'en diffère que par la partie filiceufe qu'elle contient.

§. C C X X X V I.

ZINC *& fer, minéralifés par le foufre.* Cronftedt, *Min.* §. 229, 230. Pfeudo-galène.

§. C C X X X V I. A.

☞ Quelques rapports extérieurs avec la galène ont fait

donner à cette mine le nom de *pseudo-galène*; elle est cependant plus connue sous le nom de BLENDE, & c'est sous ce nom-là que nous en parlerons.

§. CCXXXVI. B.

Il y a peu de mines qui varient autant pour la couleur & pour les matières hétérogènes qu'elle contient que la blende ; mais en général elle est composée d'écailles ou de lames brillantes, qui se séparent facilement les unes des autres comme la galène. Si on l'humecte elle perd son brillant métallique, qu'elle recouvre en séchant, ce qui la distingue de la galène, ainsi que sa gravité spécifique bien moins considérable. Quelques variétés font feu avec le briquet, & certaines même donnent une lumière phosphorique lorsqu'on les frotte ; toutes, en se dissolvant dans l'acide vitriolique, exhalent une odeur de foie de soufre assez considérable. Si sur de la blende réduite en poussière on verse de l'eau régale, il s'excite une vive effervescence ; le zinc & le fer se dissolvent, & il s'élève à la superficie de la liqueur une matière spongieuse, légère, & noirâtre, qui n'est que du soufre. Elle est quelquefois demi-transparente & cristallisée ; elle est presque toujours mêlée d'argent, de plomb, de cuivre, d'arsenic, & d'autres substances métalliques, ainsi que de terre siliceuse, argileuse, & quelquefois de chaux ; mais, selon l'observation de M. Bergman (*mémoire cité*), il n'y a que le zinc, le fer, & le soufre, qui soient nécessaires pour former la blende.

§. CCXXXVI. C.

L'origine de l'odeur du foie de soufre qu'exhale la blende en se dissolvant dans les acides, & quelquefois par le simple frottement, est dû, suivant M. Sage, à un vrai foie de soufre calcaire, qui est le minéralisateur du zinc dans cette mine ; &, suivant Bergman, elle est due au soufre, à la matière de la chaleur, & au phlogistique contenu dans le zinc ; & cette odeur de foie de soufre n'existe pas toute formée dans la blende, elle se produit seulement par l'action des acides sur ces principes. Le sentiment de M. Sage paroît détruit par les expériences de M. Bergman, qui n'a pas trouvé un atôme de terre calcaire dans trois espèces différentes de blende qu'il a analyſées. Il peut cependant très-bien ſe faire que l'eſpèce analyſée par M. Sage en contînt, mais il ne la qualifie pas du tout ; il dit ſeulement qu'elle étoit jaunâtre.

§. CCXXXVI. D.

Par rapport à la lueur phoſphorique, couleur d'or, que certaines blendes donnent par le frottement, qui a lieu même dans l'eau, ſur-tout celle de Scharffenberg en Miſnie ; M. Bergman l'attribue à la matière de la chaleur, avec un excès déterminé de phlogiſtique conténu dans cette eſpèce de mine.

§. CCXXXVI. E.

Les principales variétés de la blende ſont : 1°. la blende commune, écailleuſe, ou compoſée de petits cubes comme la galène ; elle eſt d'une couleur griſe obſcure, quelquefois un peu martiale ; elle donne quelques légères étincelles avec le briquet ; 2°. la blende à larges écailles ; elle ne diffère de la précédente que par la forme & la couleur ; il y en a de brune, à larges facettes, aſſez dure, & étincellante un peu ſous le briquet ; de verdâtre, de noire ; cette variété a été nommée, par les Allemands, *pechblende*, blende couleur de poix ; elle eſt ordinairement en maſſes irrégulières, mamelonnées, ou feuilletées ; ces variétés ſont quelquefois criſtalliſées ; 3°. la blende rouge ; elle eſt écailleuſe ou criſtalliſée en cubes, rougeâtre, & quelquefois d'un rouge hépatique ; & écraſée ou raclée avec un couteau, elle donne toujours une pouſſière rouge ; elle devient jaunâtre par la calcination. L'acide vitriolique la diſſout ſans efferveſcence ; quelques variétés ſe diſſolvent dans l'eau-forte avec efferveſcence, par exemple, celle de Dannemore : c'eſt la plus commune ; elle eſt d'un rouge obſcur, & quelquefois d'un rouge plus clair ; il y en a de criſtalliſée & à demi-tranſparente ; 4°. enfin, la blende jaunâtre, phoſphorique ; elle eſt opaque ou a demi-tranſparente ; il y en a de ſi phoſphorique que le ſimple frottement d'un cure-dent laiſſe appercevoir, dans l'obſcurité, des traces d'une lumière couleur d'or.

§. CCXXXVI. F.

Au chalumeau les blendes ſe comportent différemment, ſuivant les différentes parties hétérogènes qu'elles contiennent ; mais en général fur le charbon elles décrépitent ; répandent une odeur fulphureufe, dépofent des fleurs blanches de zinc, qui deviennent jaunes au feu, & quelquefois teignent un peu la flamme en verd bleu. L'alkali les diffout avec effervefcence & forme une maffe hépathique, mais il n'en fépare point de métal. Le borax & le fel microcofmique les diffolvent, & les verres un peu verdâtres, paffent au noir opaque s'ils font trop chargés de blende.

§. CCXXXVII.

ANTIMOINE.

SA gravité fpécifique eft = 6,860. L'eau régale le diffout très-bien ; l'acide vitriolique a befoin de l'ébullition ; le muriatique & l'acéteux y font peu ou prefque rien, à moins qu'il ne foit en état de chaux ; mais l'acide nitreux le corrode fi bien, qu'il ne peut plus être diffous. La quantité de phlogiftique faturant qu'il faut lui enlever par quintal pour pouvoir le diffoudre, peut être exprimée par 120 (1) ; & fur le rapport de la force avec laquelle ce métal le retient, il occupe la fixième place dans la férie des métaux : il fe fond à 432 degrés de chaleur.

§. CCXXXVII. A.

☞ L'ANTIMOINE eft un demi-métal fragile, non-malléable, d'une belle couleur blanche argentine ; il eft compofé de lames ou feuillets, & fa caffure eft écailleufe ; plus il eft pur, & plus les lames font larges & brillantes. L'antimoine a une faveur propre, puifqu'il agit fur l'eftomac comme émétique & purgatif ; au feu il fond affez facile-

---

(1) Comparée à celle d'un quintal d'argent, fuppofée 100 ; mais comparée à celle d'un quintal de zinc, trouvée 182 : alors elle fera 127. (*Journ. de Phyfiq.* 1783, t. *XXII*, p. 109).

mcnt,

ment; & si on le traite avec le contact de l'air, il se calcine & se réduit en fleurs blanches & argentines, connues
sous le nom de *fleurs d'antimoine*, & qui ne font qu'une
chaux d'antimoine très-pure; poussée à un feu convenable,
cette chaux se réduit en un verre couleur d'hyacinte
pâle. Si on fond l'antimoine dans un creuset couvert, &
qu'on le laisse refroidir avec les précautions convenables,
il est susceptible d'une vraie cristallisation en piramides
isolées, comme je l'ai découvert (*Journ. de Phys.* 1781,
T. XVIII, p. 73.)

Les acides attaquent l'antimoine avec plus ou moins de
facilité; l'acide vitriolique concentré & bouillant l'attaque
avec un peu d'effervescence, & le calcine en même-temps;
la dissolution est brunâtre, & tient de la chaux d'antimoine en aiguilles blanches & un peu de vitriol d'antimoine; le simple refroidissement, ou de l'eau distillée, sépare l'un de l'autre; le vitriol d'antimoine est très-déliquescent.

L'acide nitreux se comporte comme l'acide vitriolique,
mais avec plus d'énergie.

L'acide mariatique, tant qu'il est chaud, paroît dissoudre
complettement le régule d'antimoine; mais en se refroidissant
il laisse précipiter la partie calcinée & retient du muriate
d'antimoine, qu'on obtient par l'évaporation de la liqueur,
mais qui est très-déliquescent.

L'eau régale, à chaud, dissout l'antimoine mieux que les
autres acides; cependant, en refroidissant, il laisse encore
précipiter une portion de chaux blanche.

L'antimoine se combine très-bien avec le soufre, & alors
il porte improprement le nom d'*antimoine*, qui doit appartenir au seul régule; il forme une mine d'antimoine
sulphureuse, artificielle; ce seroit peut-être le cas de ren-
voyer à l'article §. 239 tout ce que nous avons à dire sur
cette combinaison; mais comme cela tient aux propriétés
physiques & chimiques de l'antimoine, nous allons donner
un court détail des phénomènes que présente l'antimoine
sulphureux ou *antimoine crud*.

L'antimoine crud se calcine en une chaux grise, qui,
poussée au feu, se fond en un verre d'un brun rouge, ou
couleur d'hyacinthe foncé; quand la proportion du soufre
est considérable, alors le verre est plus sombre & d'un
rouge noir, comme le foie des animaux; aussi donne-t-on

T

au verre qui en réfulte le nom de *foie d'antimoine*; il fe diffout beaucoup mieux dans les acides que le régule pur, & s'y calcine moins. L'antimoine crud projetté à parties égales dans un creufet, rougi avec du nitre, détonne, fe calcine, & forme un nouveau mélange compofé de chaux d'antimoine unie à l'alkali du nitre & à une portion de nitre non décompofée; on lui a donné le nom de *fondant de Rotrou*, ou *antimoine diaphoretique non-lavé*; cette matière jettée dans l'eau chaude s'y diffout, la chaux métallique refte fufpendue; on décante la liqueur, on la laiffe repofer, & l'on obtient cette chaux d'une couleur très-blanche & très-fine, qui prend alors le nom d'*antimoine diaphoretique lavé*. L'antimoine diaphoretique eft d'une vitrification & d'une réduction beaucoup plus difficile que les autres chaux d'antimoine. Si on fait bouillir de l'antimoine crud avec une eau chargée d'alkali fixe aéré, l'alkali attaque le foufre de l'antimoine, forme avec lui un vrai foie de foufre qui diffout le régule. La liqueur bouillante, filtrée, laiffe dépofer, par le refroidiffement, une matière rougeâtre, à laquelle on a donné le nom de *kermés minéral*; en précipitant la liqueur par le moyen des acides on obtient du *foufre doré d'antimoine*.

L'antimoine s'allie affez bien avec tous les métaux & les demi-métaux, mais il s'amalgame difficilement avec le mercure.

§. CCXXXVIII.

ANTIMOINE *natif*. Cronftedt, *Min.* §. 233.

§. CCXXXVIII. A.

L'ANTIMOINE NATIF avoit été découvert autrefois par Swab dans la mine de Salberg. Quelques expériences qu'il avoit faites lui prouvèrent que ce demi-métal y étoit fous forme régulière; mais comme depuis lui perfonne ne l'avoit rencontré, on avoit révoqué en doute fon exiftence, & on l'avoit confondu avec la pyrite arfenicale. M. Schreiber, Directeur des mines d'Allemont en Dauphiné, l'a retrouvée, & en 1780 ou 81 M. Sage lut à l'Académie des Sciences une Analyfe de cette mine, qui lui avoit été envoyée d'Allemont. D'après fon analyfe, il a trouvé 16 livres d'arfenic par quintal, unies au régule d'antimoine. J'en ai rapporté de mon voyage du Dauphiné, deux échantillons, que m'a donné M. Schreiber : j'en ai fait une analyse aussi exacte que je l'ai pu (*Journ. de Physiq.* 1783, *T. XXIII*, p. 66). L'antimoine y est à l'état de régule assez pur; il ne contient pas un atôme de soufre, puisque je n'ai pu obtenir ni foie d'antimoine, ni soufre doré, ni kermès, ni même du cinabre, lorsqu'après l'avoir amalgamé avec le mercure, j'ai voulu le sublimer. Les échantillons que j'avois contenoient aussi très-peu d'arsenic, puisqu'à peine ai-je pu avoir de l'orpiment en le sublimant avec du soufre. Il peut se faire que dans ceux que M. Sage a employés, l'arsenic fût beaucoup plus abondant : non-seulement l'analyse, mais encore la synthèse, m'a prouvé que dans cette mine l'arsenic ne faisoit pas l'office de minéralisateur, mais qu'il y étoit simplement uni méchaniquement, & qu'à peine alloit-il à $\frac{2 \text{ou}_3}{100}$.

§. CCXXXVIII. B.

L'*Antimoine natif* est d'une couleur blanche, brillante comme le régule d'antimoine du commerce; il est composé de lames ou feuillets plus ou moins larges, comme lui; sa cassure est absolument la même : il se comporte dans les acides comme lui, & l'eau régale sur-tout le dissout très-bien; la dissolution même froide conserve sa transparence. Les alkalis la précipitent en blanc, & l'alkali phlogistiqué en verdâtre, avec des petits points bleus; ce qui annonceroit la présence du fer. Au feu l'antimoine natif se fond & se volatilise en fleurs blanches; mais il se forme autour du métal fondu une matière qui paroît grasse & huileuse, beaucoup plus abondante qu'avec le régule pur, & qui n'est que la chaux réduite en verre d'antimoine. Au premier moment qu'on le chauffe, il répand une légère odeur d'arsenic, qui se dissipe tout de suite; en le fondant dans un creuset sans flux réductif, on obtient un très-beau culot, dont la cassure est plus brillante, plus nette, les facettes plus larges, & susceptible de cristallisation.

§. CCXXXVIII. C.

Au chalumeau il s'évapore en fumée, en répandant une odeur d'ail, & tapissant le charbon d'une poussière blanche, dont une portion arfenicale noircit & devient fixe, en y portant le cône intérieur de la flamme. Les flux fe colorent un peu en couleur d'hyacinthe.

§. CCXXXVIII. D.

CHAUX D'ANTIMOINE NATIVE. J'ai découvert & reconnu cette chaux d'antimoine fur un morceau d'antimoine natif des Chalanges en Dauphiné. Elle eft ordinairement cryftal-lifée en aiguilles très-blanches & très-fines, qui tantôt font mêlées avec les lames d'antimoine, & tantôt font grouppées enfemble exactement comme de la zéolithe cryftallifée : elles ne contiennent point d'arfenic. (*Journ. de Phyfiq.* 1783. *T. XXIII. p. 66*).

§. CCXXXIX.

ANTIMOINE *minéralifé par le foufre.* Cronftedt, *Min.* §. 234.

§. CCXXXIX. A.

☞ L'ANTIMOINE SULPHUREUX OU MINE D'ANTIMOINE STRIÉE, eft la mine d'antimoine la plus commune & la plus abondante. Elle eft compofée de ftries ou de filets plus ou moins gros, couchés parallèlement les uns aux autres & concentri-ques, friables, brillans, ordinairement d'une belle couleur grife métallique, & quelquefois d'une couleur chatoyante très-vive ; elle eft très-fufible, puifqu'elle fond à la flamme d'une chandelle, & fi fulphureufe, qu'il fuffit de la rompre ou de la frotter rudement pour fentir l'odeur du foufre. Les acides la diffolvent très-facilement, & l'eau régale en dif-folvant le régule dégage le foufre qui vient nager à la fur-face de la liqueur. C'eft un moyen très-fimple de reconnoître la quantité de foufre qu'elle contient. On a plufieurs va-riétés de la mine d'antimoine fulphureufe.

1°. *Mine d'antimoine grife ftriée*, que nous venons de décrire.

2°. *Mine d'antimoine en plumes* ; elle eft en petits filets foyeux gris ou bleuâtres, prefque toujours efflorefcente. Il y en a de rouge foncé & de rougeâtre pulvérulent en gros prifmes en efflorefcence fur la mine d'antimoine grife.

Telle est celle de Toscane. M. Sage regarde la mine d'antimoine en plumes, rouge comme un soufre doré natif, & la
rougeâtre pulvérulente comme un kermès minéral natif.

3°. *Mine d'antimoine grise solide ;* elle est en masse couleur de fer poli ou de plomb, très-fragile, & sa cassure
offre de petites facettes brillantes, & quelquefois des stries ;
elle se fond à la flamme d'une chandelle & se volatilise.

§. CCXXXIX. B.

Au chalumeau cette mine donne de la fumée, se liquéfie
sur le charbon, coule, le pénètre, & disparoît à la fin
entièrement, à la réserve des fleurs, qui se déposent circu-
lairement.

§. CCXL.

ANTIMOINE & *arsenic, minéralisé par le soufre.*
Cronstedt, *Min.* §. 235.

§. CCXL. A.

☞ Cette mine ressemble beaucoup aux précédentes, &
elle n'en diffère que par une portion d'arsenic, qui lui donne
la couleur rouge. Vallerius en distingue trois variétés, qui
se trouvent en Hongrie & en Saxe : la mine d'antimoine
colorée rouge, la violette & la rouge pâle.

§. CCXLI.

MANGANÈSE.

SA gravité spécifique est = 6,850. Tous les
acides dissolvent ce nouveau métal, qui se laisse si
facilement enlever son phlogistique saturant, qu'il
occupe la dernière place avec le fer & quelques
autres métaux. La quantité qu'il faut lui enlever

par quintal, pour le diffoudre dans les acides, eft défignée par 227 (1); il fe fond très-difficilement, & fous ce rapport il paroît l'emporter fur le fer (2).

§. C C X L I. A.

☞ Ce n'eft que depuis peu que l'on a découvert que la MANGANÈSE pouvoit donner un régule d'un demi-métal particulier; M. Bergman l'avoit foupçonné depuis long-temps, à la pefanteur de la manganèfe, à la propriété qu'elle a de teindre le verre, & à fon précipité blanchâtre, que l'on obtient avec l'alkali phlogiftiqué, de fes diffolutions par les acides : enfin M. Gahn eft venu le premier à bout de la réduire & d'en obtenir un régule.

Le régule de manganèfe eft blanchâtre; fa caffure eft grenue, irrégulière, d'un blanc métallique brillant, qui difparoît bientôt à l'air. Au feu, avec le contact de l'air, ce régule fe calcine à la manière des autres fubftances métalliques, & fe réduit en une chaux d'abord blanchâtre, qui devient noire de plus en plus, à mefure que la calcination augmente, & qui paffe enfuite au verd; il ne fond qu'au degré de feu le plus fort. La chaux de manganèfe fe fond en un verre d'un rouge jaune; & mêlée avec les fubftances propres à faire le verre, elle leur donne une nuance violette ou brune.

L'acide vitriolique diffout & le régule de manganèfe & fa chaux; il fe produit une efferve[ce]nce par le dégagement d'une certaine quantité de gaz inflammable. La diffolution du régule eft claire, & donne, par l'évaporation, des cryftaux de vitriol de manganèfe; celle de la chaux eft colorée. L'alkali fixe le précipite fous forme d'une chaux blanche.

L'acide nitreux le diffout avec un peu d'efferve[ce]nce, mais il ne donne point de cryftaux par évaporation.

L'acide marin diffout très-bien le régule de manganèfe; cette diffolution cryftallife très-difficilement, ou plutôt elle fe réduit en une maffe faline qui attire puiffamment l'humidité de l'air.

---

(1) Journ. de Phyfiq. 1783, T. XXII, p. 109.
(2) Opufc. vol. II, p. 201.

L'acide du vinaigre a un peu d'action sur le régule de manganèse & sur sa chaux.

Le soufre ne paroît pas s'unir avec le régule, mais bien avec sa chaux.

Il s'allie assez bien avec les autres métaux & demi-métaux, excepté avec le mercure.

§. C C X L I. B.

La nature offre assez abondamment les mines de manganèse, presque toutes les mines de fer en contiennent; mais jusqu'à présent on n'a jamais trouvé son régule natif.

§. C C X L I. C.

Comme il est assez facile de confondre les mines de manganèse & les hématites, avec lesquelles elles vont assez souvent, voici les caractères distinctifs : les hématites écrasées donnent une poussière rouge, & les manganèses une noire; les manganèses tachent les doigts en noir, & les hématites en rouge; l'hématite calcinée devient attirable à l'aimant, & la manganèse point du tout : enfin, plusieurs hématites font feu avec le briquet, sur-tout la noire, & la manganèse jamais.

§. C C X L I. D.

Un peu de chaux noire de manganèse, fondue au chalumeau avec du sel microcosmique sur un charbon, donne bientôt un verre transparent d'un rouge bleuâtre; qu'on le laisse refroidir & qu'on le refonde, mais lentement, la couleur disparoîtra; si on le refond de nouveau avec la flamme extérieure du chalumeau, la couleur reparoîtra & disparoîtra de nouveau. Une petite portion de nitre lui rend sa rougeur; au contraire le soufre, les sels vitrioliques & les chaux métalliques l'enlèvent. Si du charbon on transporte dans une cuiller d'argent le petit globule sans couleur, & qu'on le fonde, il reprend sa couleur rouge & la conserve, quelque long-temps qu'on le tienne en fusion. Ces vicissitudes si agréables à la vue, font dues, suivant M. Bergman, (*Opusc. chim. T. II, Mémoir. sur les mines de fer blanches,*

§. *VII*), à la quantité de phlogiſtique que le globule perd ou acquiert; quand il en eſt privé, il eſt rouge; quand il s'en ſature, il perd cette couleur.

§. C C X L I I.

MANGANÈSE *en chaux, privée de ſon phlogiſtique.* Cronſtedt, *Min.* §, 114.

§. C C X L I I. A.

☞ M. de la Peyrouſe a donné, dans le Journal de Phyſique 1780, T. XV, p. 67, des deſcriptions très-exactes des différentes eſpèces de mines de manganèſe : nous ne pouvons mieux faire que de le ſuivre.

§. C C X L I I. B.

LA CHAUX DE MANGANÈSE bien pure, eſt pulvérulente, légère, douce au toucher, & ſalit les doigts; tantôt elle eſt en petits pelotons dans les cavités des mines, tantôt en couches ou par feuillets; on la trouve auſſi en maſſes, & alors elle a une eſpèce de ſolidité, quoique pulvérulente; elle varie pour la couleur; il y en a qui eſt parfaitement noire; c'eſt celle qui eſt preſqu'entiérement privée de phlogiſtique; quelquefois elle eſt brune; rarement rougeâtre; quelquefois elle a l'œil & l'éclat de l'argent, alors elle ſe trouve aſſez fréquemment en petites maſſes ſpongieuſes dans les cavités des mines de fer ; elle orne la ſurface de quelques hématites noires par des dendrites très-agréables, qui ont tout l'éclat de l'argent le mieux poli : cette variété de chaux de manganèſe eſt déſignée par M. Romé de l'Iſle, ſous le noms de *fleurs d'hématite*, & par M. Sage ſous celui de *mine de fer ſpongieuſe brune*; cette chaux eſt rougeâtre ſi elle eſt mêlée avec l'ochre de fer. Elle perd quelquefois ſa couleur & ſon éclat, & devient noire. C'eſt la plus légère, la plus onctueuſe & la plus atténuée de toutes les chaux de manganèſe. M. de la Peyrouſe en compte onze variétés, que l'on peut réduire à quatre principales : 1°. la chaux de manganèſe argentée, qui eſt ou en maſſe avec une couleur matte, ou en végétation & brillante, ou en pelotons & en petites aiguilles & rougeâtre ; 2°. la chaux de manganèse rougeâtre ; 3°. la chaux de manganèse brune, qui eſt ou en couches friables, ou en végétation, ou en aiguilles extrêmement fines, ou en ſtalactites, ou enfin en feuillets très-déliés ; 4°. la chaux de manganèse noire, qui eſt ou ſeule en couches concentriques, ou mêlée avec l'argentée ou avec la brune.

§. C C X L I I. C.

Au chalumeau la chaux·noire communique au flux une couleur bleue tirant au rouge ; la teinte du borax eſt plus jaune ; la flamme intérieure peut emporter cette couleur, & la flamme extérieure, ou une molécule de nitre, la fait reparoître.

§. C C X L I I I.

MANGANÈSE *minéraliſée par l'acide aérien.* Cronſtedt, *Min.* §. 115, I, A.

§. C C X L I I I. A.

☞ On ne trouve que très-rarement la manganèſe minéraliſée par l'acide aérien pur ; cependant elle ſert de matrice à la mine aurifère de naggyac, & elle y eſt mêlée d'une très-petite portion de fer, puiſque, dans une diſſolution faite par l'acide nitreux, l'alkali phlogiſtiqué ne précipite rien de bleu.

§. C C X L I I I. B.

Au chalumeau, de blanche qu'elle eſt, elle noircit par la calcination, & elle ſe comporte du reſte comme la chaux noire §. 242.

§. C C X L I I I. C.

M. de la Peyrouſe a aſſigné deux états particuliers dans leſquels ſe trouve la mine de manganèſe.

1°. *Mine de manganèſe ſolide* ; elle ne diffère de celle qui eſt en chaux peut-être que par ſa peſanteur, ſa dureté & ſon intenſité ; alors il faudroit la rapporter avec elle, §. 242, B. Suivant ce ſavant Naturaliſte elle a une plus

grande portion de phlogiſtique & contient preſque toujours
du fer. Son tiſſu, ſoit feuilleté, ſoit en maſſe, eſt compacte, ſerré, & ſans aucune forme déterminée, & c'eſt
ce qui la diſtingue encore de l'eſpèce ſuivante ; elle ſalit
les doigts ; mais n'eſt point friable ni pulvérulente. Il en
compte huit variétés : 1°. la manganèſe ſolide, brune,
poreuſe ; 2°. noire & ſpongieuſe ; 3°. rougeâtre, en couches
concentriques ; 4°. noire, en feuillets très-épais ; 5°. ſolide
& vitreuſe, en couches très-minces ; 6°. ſtalactiforme
noirâtre, mamelonnée, 7°. ſtalactiforme bleuâtre, en
grappes ; 8°. ſtalactiforme noirâtre.

2°. *La manganèſe criſtalliſée* en aiguilles plus ou moins
grandes, plus ou moins groſſes, plus ou moins brillantes.

§. CCXLIII. D.

M. Bergman eſt aſſez porté à croire que l'on pourroit
trouver la manganèſe combinée avec l'acide muriatique,
quoiqu'on ne l'ait pas encore rencontré, parce que quelques
eaux minérales tiennent ce ſel moyen métallique, comme
l'a découvert M. Hielm, dans des eaux, proche le lac Veltern.
Voyez *Prelæ. chem.* Schfferi, §. 182, obſ. 3.

§. CCXLIV.

PREMIER APPENDICE.

DANS toutes les substances que nous avons considérées jusqu'à présent, nous n'avons trouvé que des mélanges simples, dont les principes sont, ou unis chimiquement, ou au moins sont si intimément combinés, que la masse qui en résulte paroît parfaitement homogène. Si deux ou plusieurs de ces espèces, formant des masses distinctes, viennent à se réunir, ces mélanges méchaniques, que l'on peut reconnoître à l'œil, doivent former une nouvelle série de substances, qu'il faut classer suivant leurs principes *principiés*, comme on l'a fait pour les premières. Ces nouveaux composés pourroient, peut-être avec raison, être proscrits de notre Sciagraphie, mais à cause de leur grand usage, tant physique & économique que métallurgique, je les parcourrai brièvement dans cet appendice, & je parlerai des genres les plus frappans.

§. CCXLV.

Il paroît que l'on peut rapporter ici, en quelque façon, non-seulement plusieurs espèces solides, mais encore des espèces friables & pulvérulentes, auxquelles on donne en général le nom de *terres*.

§. CCXLV. A.

☞ Nous avons déjà observé que les terres étant communément le détritus des pierres en grandes masses, attaquées, rongées, brisées, & décomposées perpétuellement, non-seulement par les agens méchaniques, comme le frottement, la chûte, les éboulemens, mais encore par des agens physiques, non moins puissans, quoique leur marche soit plus lente, comme les météores, les terres, dis-je, ne peuvent se trouver que très-rarement pures; mais au contraire mêlangées de toutes les espèces de substances qui les ont produites.

§. CCXLVI.

Il est clair, par la doctrine des combinaisons, en distribuant les fossiles en quatre classes, qu'il n'y a que dix genres possibles composés de deux principes, quatre de trois & un de quatre : quoiqu'on ne les ait pas encore découvert tous, je crois cependant qu'on peut ici les citer tous, en attendant que dans la suite on les trouve. Nous composerons les espèces des variétés des espèces simples & composées.

§. CCXLVII.

Substance saline avec substance saline.

Cette combinaison fera rarement un genre particulier, si l'on veut un mélange sec, car excepté le gypse, tous les autres sels natifs se dissolvent facilement dans l'eau, & par l'évaporation ils se combinent tellement ensemble, qu'ils offrent difficilement des masses discernables : cependant on pourra classer ici l'alkali minéral mêlé au sel marin. Au reste, les sels contenus dans les eaux naturelles peuvent encore se rapporter ici, parce que leur différence matérielle ne dépend que des particules tenues en dissolution.

§. CCXLVIII.

SUBSTANCE SALINE AVEC TERRE.

Ce mélange ne peut guère se trouver que dans les endroits où des morceaux de gypse se sont mêlés avec des substances terreuses.

§. CCXLVIII. A.

☞ La Nature offre plusieurs exemples du mélange d'une substance saline avec une terre, & l'on peut même dire en général que les sels se présentant rarement purs, ils sont presque toujours mêlés avec des substances terreuses. L'on n'a qu'à parcourir tout ce que nous avons dit à l'article de chaque sel en particulier.

§. CCXLIX.

SUBSTANCE SALINE AVEC BITUME.

C'est peut-être parmi les produits volcaniques qu'il faut le chercher.

§. CCXLIX. A.

☞ Il existe dans les volcans des substances salines, comme l'acide vitriolique phlogistiqué, l'acide aérien, du sel marin, du sel ammoniac, du vitriol de soude, du gypse, de l'alun, & du vitriol, & d'un autre côté, du pétrole, du soufre ; il peut & il doit souvent arriver que dans les opérations des volcans, ces différentes substances se trouvent mélangées & vomies ensemble ; si cependant on les rencontre rarement, cela vient de la facilité avec laquelle les substances salines se décomposent ensuite, soit par la chaleur, soit par l'humidité.

§. CCL.

SUBSTANCE SALINE AVEC UN MÉTAL.

Si le gypse sert de matrice à un métal, il faut classer ici cette mine.

§. C C L. A.

☞ Non-seulement il est intéressant de bien connoître les substances métalliques qui composent une mine, mais il n'est pas moins essentiel de connoître parfaitement leurs gangues ; cette partie de la Métallurgie jette le plus grand jour sur l'exploitation des mines en général. Ainsi, dans la distribution d'un cabinet en grand, sur-tout dans un cabinet d'histoire naturelle public, & qui doit servir à l'instruction des jeunes gens qui se livreroient à ce genre d'étude, il faudroit avoir grand soin de faire une classe à part des mines placées suivant leurs gangues, & la nature de ces gangues : *Voyez* §. 253. Dans le catalogue de M. de Born, intitulé : *Lithophylacium*, il a eu soin de mettre à la fin de la plupart des substances métalliques les différentes gangues où on les trouve.

§. C C L I.

TERRE AVEC TERRE.

C'est ici qu'il faut classer les substances désignées par Cronstedt par le mot de *saxa*, roches, qui forment les grandes masses de montagnes. Elles méritent toute notre attention, parce qu'elles nous conduisent à la connoissance de l'écorce de la terre, par rapport à sa nature & à sa structure, à celle des matrices des mines, & nous apprennent à tourner à notre profit toutes ces substances.

§. C C L I. A.

☞ Nous avons vu, dans la seconde classe, l'histoire des substances terreuses, ou pures, ou mélangées les unes avec les autres, mais tellement combinées que l'on ne pouvoit les distinguer les unes des autres que par le moyen de l'analyse. Dans cette troisième classe nous allons parcourir les pierres de nature différente, réunies ensemble, ne faisant qu'une seule masse, mais dont l'agrégation est facile à diftinguer à l'œil feul. Cette claffe eft connue parmi les Naturaliftes fous le nom de ROCHES ou *pierres compofées*, & elle renferme plufieurs efpèces principales qui contiennent elles-mêmes plufieurs variétés.

En général, les pierres compofées font en grandes maffes dans la nature, & forment même de hautes montagnes auxquelles on a donné le nom de *première formation* ou *primitives*, parce qu'on fuppofe qu'elles ont exifté les premières. Leur pofition attefte certainement l'antiquité de leur origine, puifqu'elles fervent de point d'appui à toutes les autres; mais en même-temps, en étudiant leur compo-fition, on eft forcé de convenir qu'avant leur formation les fubftances dont elles font compofées exiftoient déjà ifolées & éparfes, & que ce n'eft qu'à leur réunion & à leur mé-lange qu'elles doivent leur naiffance. Quelle eft la grande époque de la Nature, où les montagnes de granit, de porphyre, d'ophite, de gneis, fe font élevées ? quelle étoit la figure & la forme de la terre auparavant ? quelle révolution immenfe, quel bouleverfement général a tout détruit pour tout recompofer ? Ici le Philofophe, le Sage doit s'arrêter, & fans fe laiffer féduire par les vains fyf-têmes qui ont été imaginés, convenir que le fecret de la Nature eft encore enveloppé d'un voile épais que l'étude feule des détails pourra foulever en partie; il ira pas à pas, accumulera obfervations fur obfervations, & pourra comp-ter fur quelque chofe de certain, parce que ce fera des faits qu'il connoîtra.

§. C C L I. B.

La divifion des roches compofées, donnée par Vallerius & Cronftedt, n'étant pas claire, je crois qu'on peut lui fubftituer la fuivante comme plus fimple & plus précife; 1°. pierres mélangées dont les parties ne paroiffent réunies par aucun ciment, & qui femblent n'adhérer entre elles que par la force de la juxta-pofition, granit, gneis, la roche de corne; 2°. pierres mélangées dont les parties font incruftées dans un ciment commun, porphire, orphite, brèche, poudingue.

§. C C L I. C.

LES GRANITS.

De toutes les pierres compofées, le granit eft certainemtnt celle qui eft en plus grande maffe dans la Nature ; il forme des montagnes immenfes, & pour l'étendue & pour la hauteur, & l'on ignore encore jufqu'à quelle profondeur il defcend dans la terre. Le caractère propre du granit eft d'être compofé de deux, de trois, de quatre, & même de cinq fubftances pierreufes, bien diftinctes les unes des autres, réunies enfemble fans apparence de ciment qui les lie, & toutes plus ou moins réfractaires, & ayant toujours le quartz pour bafe. La maffe totale fait feu au briquet, quelquefois elle eft fi dure, qu'elle eft fufceptible du plus beau poli, quelquefois auffi elle fe décompofe à l'air, & les différentes parties fe défuniffent entre elles ; c'eft à cette défunion fpontanée, & à une recompofition poftérieure, que font dûs ces granits de feconde formation que l'on rencontre quelquefois par couche au pied des grandes montagnes de granit ; ces jeunes granits n'ont ni la dureté, ni la folidité, ni la beauté des anciens. J'en ai rapporté un morceau de Bourgogne où l'on voit des criftaux de quartz bien confervés, avec du quartz grenu, du feld-fpath & du mica. Il n'y a point d'exemple encore que l'on ait trouvé dans le granit des productions marines ; cependant, en 1779, M. Habel trouva, entre Wiesbaden & Idftein, un morceau de granit qui contenoit une coquille pétrifiée. Il feroit bien intéreffant de favoir fi ce granit eft de première ou feconde formation. (*Collini, confi. fur les mont. volcan.*)

Les fubftances qui concourent à la formation du granit font : le quartz, le feld-fpath, le mica, le fchorl, la fteatite ; elles peuvent être réunies deux à deux, trois à trois, quatre à quatre ; mais toujours avec le quartz pour bafe, & elles forment autant de variétés de granits ; ces variétés font très-nombrenfes, & fe rencontrent dans les montagnes primitives ; fouvent la même maffe contient plufieurs de ces variétés : non-feulement les granits varient par le nombre de leurs parties, mais encore par la proportion qu'elles obfervent entr'elles ; il faut cependant obferver en général que les fubftances les plus abondantes dans les granits font toujours le quartz & le feld-fpath ; le feld-fpath y eft tantôt criftallifé & tantôt en maffes irrégulières, mais qui décèlent leur nature, foit par la caffure, foit par le chatoiement qui accompagne toujours le feld-fpath. Le fchorl y eft auffi prefque toujours en prifme ou

en

en aiguilles, quelquefois auſſi il eſt en maſſe feuilleté d'un verd ſombre, dans l'état en un mot auquel les Allemands ont donné le nom *d'horn-blend*. Le mica y eſt en paillètes ou feuillets plus ou moins larges, très-rarement criſtalliſé, noir, jaune, ou blanc ; mais toujours avec ſon brillant particulier. La ſtéatite ſe rencontre quelquefois unie au quartz & au ſchorl, & forme un eſpèce de granit.

Le granit n'eſt jamais d'une ſeule couleur, mais toujours varié ; cependant on lui donne communément le nom de la couleur dominante : c'eſt ainſi qu'on dit le granit blanc, gris, rouge, brun, verd, noir, &c.

Le *granitello* des Italiens, ou le granitelle, n'eſt qu'un granit à très-petits grains ; ordinairement il eſt blanc ou gris, avec des points noirs de mica.

Les variétés de granit les plus connues ſont, 1°. granit de deux ſubſtances, auquel M. Daubenton a donné le nom de *granitin*.

(A) *Quartz & feld-ſpath*. Tantôt le quartz l'emporte ſur le feld-ſpath ; tantôt c'eſt le feld-ſpath. Le quartz eſt communément blanc, & le feld-ſpath ou rougeâtre ou jaunâtre ou brun.

(B) *Quartz & ſchorl*. Le quartz y eſt toujours la partie principale & preſque toujours blanc ; le ſchorl au contraire y eſt ou en priſme ou en maſſe feuilletée, noir, brun, verd ou verdâtre

(C) *Quartz & mica*. Quand le mica eſt en petite proportion, cette eſpèce de granitin eſt très-belle, parce qu'elle eſt blanche ou légèrement griſe ; quand le mica y eſt en grande quantité ; elle n'eſt pas ſi belle ; elle eſt beaucoup plus griſe, verdâtre & rougeâtre, ſuivant la couleur du mica ; c'eſt le *geſtell-ſtein* des Allemands. Enfin, ſi la proportion du mica eſt trop conſidérable, ce granitin eſt comme pulvérulent & friable.

(D) *Quartz & ſtéatite. Saxum molare* de Val'erius. Dans cette eſpèce de granitin, la ſtéatite l'emporte ſur le quartz, & celui-ci eſt en petits grains enveloppés par la ſtéatite, ce qui lui donne l'air d'une pierre ſabloneuſe ; malgré cela il eſt très-dur & fort compacte. On s'en ſert en Allemagne pour faire des meubles. On en trouve auſſi en Dauphiné, près des mines de fer d'Allevard, qu'on emploie au même uſage. Il y en a de rougeâtre, de blanc & de verdâtre ; celui du Dauphiné eſt de cette couleur.

V

2°. Granit de trois subſtances.

(A) *Quartz*, *feld-ſpath* & *mica*. C'eſt le granit le plus commun, & il y en a un très-grand nombre de variétés qui dépendent des proportions & de la couleur des trois ſubſtances. Il ſeroit trop long de les parcourir toutes; nous diſtinguerons ſeulement les trois principales, 1°. le granitello des Italiens, qui eſt blanc avec des taches noires, comme le feld-ſpath y eſt blanchâtre & en petit grains, on le confond ſouvent avec le quartz; 2°. le granit oriental qui eſt rougeâtre & le granit d'Egypte, dont la couleur qui eſt due au feld-ſpath rouge, eſt la même. La différence de ces deux granits, c'eſt que dans le premier le quartz eſt fragile & opaque, & dans le ſecond il eſt gras & demi-tranſparent.

(B) *Quartz*, *mica* & *ſchorl*. Sa couleur eſt ordinairement griſe.

(C) *Quartz*, *ſchorl* & *ſtéatite*. Ce granit, cité par Vogel, eſt mamelonné & compoſé de noyaux bruns ou noirs de ſtéatite, enveloppés de quartz & de ſchorl.

3°. Granit de quatre ſubſtances.

(A) *Quartz*, *feld-ſpath*, *ſchorl* & *mica*. C'eſt une des plus belles eſpèces de granit, & les montagnes de France en fourniſſent pluſieurs variétés pour les couleurs & les proportions.

(B) *Quartz*, *feld-ſpath*, *ſchorl* & *ſtéatite*.

§. C C L I. D.

GNEIS.

LE GNEIS des Saxons, ſuivant Linné & Cronſtedt, ne contient que du quartz & du mica, & au lieu de feld-ſpath, plus ou moins d'argile ou de ſtéatite qui lui ſert comme de baſe, le rend toujours feuilleté & lui donne l'air d'un ſchiſte. Le granit au contraire ne contient jamais d'argile pour baſe. Ne pourroit-on pas auſſi claſſer avec le gneis une roche feuilletée qui en a tous les caractères, excepté qu'elle contient des grains de feld-ſpath? Telle eſt celle où ſe trouve la mine d'argent d'Allemont en Dauphiné.

Il y a pluſieurs variétés de gneis, & ces variétés dépendent, comme dans le granit, de la proportion des ſubſtances qui le compoſent. Quelquefois le mica eſt ſi abondant qu'on prendroit ſouvent le morceau de gneis pour une ſimple terre micacée ; cette variété a reçu en conséquence les noms de pierre micacée ou de fchifte micacé. Le quartz y eft affez ordinairement en petits grains blanchâtres ainfi que le feldfpath. Le gneis eft très-fufceptible de s'altérer, fe déliter & fe décompofer à l'air à caufe de la quantité d'argile qu'il contient & qui s'imbibant d'humidité, s'enfle & écarte les différens feuillets dont il eft compofé. La dureté du gneis varie encore, fuivant les proportions où fe trouve le mica ; quand il eft abondant, le gneis eft doux au toucher, tendre & friable ; quand il eft rare, le gneis devient rude au toucher, grenu, dur & fait feu au briquet. La couleur n'eft pas moins variée, & elle dépend principalement de la couleur du mica & de l'argile ou ftéatite qui lui fert de bafe. Au feu il durcit & prend une couleur rougeâtre.

Les Alpes Dauphinoifes contiennent prefque toutes les variétés de gneis ; & dans la fuite que j'ai apportée de ce pays-là, l'on voit le paffage du gneis le plus micacé à la roche de corne, que je regarde comme un gneis à grains très-fins & très-compactes ; puifque dans la roche de corne on retrouve tous les principes du gneis.

§. CCLI. E.

LA ROCHE DE CORNE compofée de parties extrêmement fines & atténuées, a toujours un coup-d'œil terreux & d'une couleur obfcure ; on y remarque cependant des petits points de mica qui confervent leur brillant. La roche de corne eft toujours plus ou moins folide & compacte ; quelques variétés où le quartz abonde, font feu avec le briquet. D'autres au contraire, celles fur-tout qui ont une couleur fombre & obfcure, font peu ou point de feu avec le briquet. Toutes les roches de corne fe laiffent facilement entamer avec la lime, & quelques-unes même au couteau. La pouffière qu'elles donnent eft toujours grife. Un caractère que l'on a cru appartenir aux roches de corne en particulier, mais qui eft commun à toutes les pierres qui contiennent abondamment de l'argile comme les fchiftes & les gneis, c'eft l'odeur d'argile mouillée qu'elles répandent, foit qu'on les entame avec quelque chofe de dur, foit feulement qu'on les humecte avec l'haleine ou un peu d'eau. Les roches de corne comme les gneis, fe durciffent au feu, au point que les variétés qui ne faifoient pas feu au briquet auparavant, en deviennent ſuſceptibles après la calcination. Au feu de fuſion elles ſe réduiſent en une ſcorie poreuſe noire ou même en un verre noir ſolide. Les acides en diſſolvent une portion, mais ſans efferveſcence. Les couleurs de la roche de corne ſont très-variées ; il y en a de griſes, de noires, de vertes, de rouges & de toutes les nuances intermédiaires.

Des morceaux de roche de corne & de TRAPP comparés enſemble m'engagent à croire que ce dernier n'eſt qu'une roche de corne d'une pâte extrêmement fine, dont la caſſure par degrés n'eſt dûe qu'à la nature feuilletée de cette pierre. Alors le gneis, la roche de corne & le trapp ſeroient un même genre de pierre dont les extrêmes ſeroient le gneis très-micacé, & le trapp, qui ne contiendroit preſque point de mica.

§. CCLI. F.

PIERRES COMPOSÉES A PATE. (A) PORPHYRE.

Les eſpèces de roches compoſées que nous avons examinées dans les §§ précédens, ne nous ont offert que la réunion de différentes ſubſtances ſous l'apparence d'un ciment ou d'une pâte commune qui leur ſervit de lien. Mais dans celles que nous allons décrire, on reconnoît au premier coup d'œil, une pâte, un ciment commun qui entoure & enveloppe de tous côtés des grains de quartz, du feld-ſpath, quelquefois du ſchorl, mais je crois jamais du mica. Cette pâte paroît être du jaſpe ; elle eſt d'un grain très-fin & très-compacte.

LE PORPHYRE eſt une roche compoſée très-dure, & ſuſceptible du plus beau poli ; il fait feu avec le briquet. Il eſt plus fuſible que le jaſpe, à cauſe du mélange & ſur-tout du feld-ſpath qu'il contient. Quoique le porphyre ne faſſe point d'efferveſcence ſenſible avec les acides, cependant à la longue il s'en laiſſe attaquer, comme l'a découvert M. Bayen (*Journ. de Phyſ.* 1779. T. XIV, p. 446.) & d'après différentes expériences : par la voie humide, il a obtenu de 2 onces de porphyre rouge à taches blanches ; traité avec l'acide vitriolique, deux grains de fer ſous la forme d'ocre, onze grains de ſélénite, un gros vingt-cinq grains de ſel d'epſom, deux gros neuf grains d'alun & ſix grains de vitriol martial ; le reſte, indiſſoluble, étoit un mélange de pierre ſiliceuſe & argileuſe. On compte pluſieurs variétés de porphyre, 1°. le porphyre rouge à grandes taches, & le porphyre rouge à petites taches ; 2°. le phorphyre noir ou rouge brun très-foncé, à grandes taches, & le porphyre noir à petites taches. Dans ces quatre variétés, les taches qui font du quartz ou du feld-fpaht font toujours blanches; quelquefois cependant celles du feld-fpath, font un peu rougeâtres. Certaines variétés de porphyre contiennent encore du fchorl noir.

(B) OPHITE, SERPENTIN, PORPHYRE VERD. L'ophite n'eft abfolument qu'un porphyre dont la pâte eft d'un verd foncé & obfcur, au lieu d'être rouge ou noir; & les taches ou cryftaux d'un verd tendre. A l'analyfe, M. Bayen a trouvé les mêmes principes, (endroit cité.) La différence de la couleur ne vient que de l'état où s'eft trouvé le fer au moment de la formation de ces pierres. Dans la partie rouge du porphyre, il étoit fous forme de chaux ou de colcater, & dans l'ophite au contraire il étoit en diffolution, ou du moins dans un état propre à la diffolution, au moment où la pétrification s'opéroit, & s'uniffant alors à la partie argileufe & à la vitrifiable, il a coloré la première en verd foncé, tandis qu'il n'a pu communiquer à la feconde qu'une teinte légère. L'ophite eft un peu moins dure que le porphyre, & la lime l'attaque affez bien; il fait cependant feu au briquet, & à la fufion il donne une fcorie noire. Les variétés principales de l'ophite font, 1°. l'ophite d'un vert foncé à grandes ou à petites taches vertes; c'eft proprement le ferpentin antique; 2°. l'ophite à très-petites taches, peu apparentes, que les fauvages taillent en forme de coin, & que l'on nomme improprement *pierre de foudre*; 3°. l'ophite d'un verd foncé avec des taches de feld-fpath blanchâtre, c'eft le porphyre verd antique. Une particularité affez fingulière & qui jufqu'à un certain point peut fervir à diftinguer l'ophite d'avec le porphyre, c'eft la forme des taches. Dans l'ophite, affez communément, elles font oblongues, tandis qu'elles font rondes ou quarrées dans le porphyre. Cependant ce n'eft pas une règle générale.

(C) BRÈCHE POUDING; les pierres compofées connues fous le nom de *brèche*, n'ont pas une origine auffi ancienne que celles dont il a été queftion jufqu'à préfent dans les §§. précédens. Leur compofition annonce qu'elles ont été formées du détritus des montagnes primitives, & des fragmens des roches de diverfes natures, réunis enfemble par un ciment commun, de plus dans le porphyre, le fchorl, le feld-fpath fe montrent prefque toujours en cryftaux, au lieu que dans la brèche, les fragmens font toujours informes. Plufieurs Auteurs Minéralo-

giftes ont établi une diftinction entre les brèches & les poudings fur la forme des pierres qui les compofent. Quand ces
parties ont confervé leurs angles, ils les ont nommé *brèches* ;
& *poudings*, lorfqu'elles ont été arrondies & ufées par le rou-
lement. Mais nous croyons, fur-tout dans cet ouvrage, devoir
rejetter cette diftinction comme inutile & n'indiquant nullement la nature de la pierre compofée, & adopter au contraire
une feule & même dénomination, *brèche*, (qui eft dérivé du mot
Italien *briccia*, miette, fragment, & non de *breccia*, brèche,
fracture) pour les deux genres, ayant foin d'ajouter une
phrafe qui fera connoître, & la nature du ciment & la nature des fubftances qui y font enchaffées. Le ciment peut
être ou calcaire, ou argileux, ou filiceux ou fableux &
ferrugineux, & les fragmens pierreux peuvent être de tous
les genres de pierres connues. Auffi on aura autant de variétés de brèches qu'il fe trouvera dans la nature de combinaifons entre les cimens & les fragmens. Quand on les dé-
crira, il faudra donc avoir très-grand foin de les bien diftinguer, afin de pouvoir les reconnoître facilement & les
claffer au rang qu'elles doivent occuper. Pour cela il fuffira de
convenir qu'après le mot *brèche* on exprimera la nature du ciment ou par un adjectif ou par un fubftantif, & enfuite la nature
des fragmens ; ainfi, par exemple, on dira : *brèche calcareo-*
calcaire, ou *brèche à ciment & à fragmens calcaires* ; *brèche*
calcareo-filiceufe, ou *brèche à ciment calcaire & fragmens fi-*
liceux ; *brèche arenario-filiceufe* ou *brèche à ciment fableux*
& fragmens filiceux ; *brèche filico-filiceufe* ou *brèche à ciment*
& fragmens filiceux ; *brèche volcanique*, celle dont le ciment, & les fragmens tiennent aux productions des volcans, &c. &c. Nous allons citer les brèches les plus intéref-
fantes & qui ferviront de termes de comparaifons pour les
autres.

1°. Breche calcareo-calcaire. C'eft le marbre connu fous le
nom de *brèche* & même de *lumachelle*. Ils ne diffèrent l'un
de l'autre que parce que le premier renferme des petits
fragmens de pierre calcaire, & le fecond des coquilles plus
ou moins bien confervées. Dans cette claffe, il faut diftinguer
la brèche d'Alep, dont les fragmens font gris, ou rougeâtres, ou bruns ou noirâtres, mais où le jaune domine ; la
brèche violette, dont les fragmens font blancs, violets &
quelquefois bruns. Ces brèches font fufceptibles d'un beau
poli.

2°. Brèche silico-filiceuse. Cette brèche est celle que l'on désigne ordinairement sous le nom de *poudingue*. Le ciment est filiceux, ainsi que les fragmens, qui sont communément de diverses couleurs. Cette brèche fait feu avec le briquet & est susceptible d'un très-beau poli.

3°. Brèche à ciment calcaire & à fragmens çalcaires & filiceux.

4°. Brèche à ciment filiceux & à fragmens calcaires & filiceux.

5°. Brèche arenario-filiceuse. On en trouve de cette espèce près de Chartres, où elle porte le nom de *grison*.

6°. Brèche à ciment & à fragmens de jaspe.

7°. Brèche à ciment & à fragmens de porphyre.

8°. Brèche volcanique qui peut être de deux formations; suivant M. Faujas de Saint-Fond (*Recherch. sur les volc.* p. 173.) ou ce font d'anciennes matières volcaniques remaniées par le feu & amalgamées avec des laves modernes, sans le concours de l'eau ; ou elles se font aglutinées dans un ciment commun, depuis l'éruption du volcan & par le secours de l'eau.

On comprend facilement qu'il peut & qu'il existe certainement un plus grand nombre de variétés de brèches que celles que nous citons. Mais elles suffisent pour faire voir comment on peut les distribuer & les classer.

§. C C L I I.

TERRE AVEC BITUME.

On trouve assez souvent des morceaux de poix de montagne adhérens à des pierres : on trouve encore une espèce de soufre engagée dans des matières terrestres.

§. C C L I I. A.

☞ Les terres bitumineuses & sulphureuses font assez communes. Il se forme tous les jours du soufre par la voie humide dans les plâtras, les décombres & les voiries où les substances animales & végétales se décomposent & tombent en putréfaction. Le soufre se trouve alors desséminé dans la terre & quelquefois même cryſtalliſé ; tel eſt entr'autres celui que l'on a trouvé à Paris, dans les foſſés du boule-vard de la Porte Saint-Antoine.

§. CCLIII.

TERRE AVEC MÉTAL.

Ce genre comprend les principales matrices des métaux, dont la connoiſſance parfaite ſeroit très-utile aux mineurs.

§. CCLIII. A.

☞ Il eſt peu d'eſpèces de pierres qui ne puiſſent ſervir de gangues à toutes ſubſtances métalliques ; mais il y en a qui les accompagnent plus habituellement & qui, quelquefois peuvent ſervir d'indication ſur l'eſpèce de mines qu'elles renferment. Il eſt donc eſſentiel de connoître parfaitement & la nature & la variété des gangues de chaque métal. *Voyez* §. 250. A.

§. CCLIII. B.

On pourroit à la rigueur placer ici les ochres qui ſont des chaux ſouillées de plus ou moins d'argile ; mais nous avons cru qu'il valloit mieux les claſſer avec leur métaux, afin de ne pas trop les iſoler.

§. CCLIV.

BITUME AVEC BITUME.

On rencontrera peut-être quelque part des eſ-pèces de ſoufre mêlées avec de la poix de mon-tagne, *& vice verſâ.*

§. CCLV.

BITUME AVEC MÉTAL.

La plombagine & le ſoufre ordinaire, s'ils ſe

rencontrent quelque part mêlés à un métal, devront être claſſés dans ce genre.

§. CCLV. A.

☞ La mine de cuivre inflammable appartient à cette variété. §. 196. C. puiſque ce n'eſt qu'une chaux de cuivre mêlée de terre bitumineuſe, ainſi que la mine de mercure inflammable d'Idria.

§. CCLVI.

MÉTAL AVEC MÉTAL.

Nous connoiſſons certains métaux qui ſont toujours mêlés enſemble dans le ſein de la terre, les autres, au contraire, très-rarement, ou pour mieux dire, jamais. Leur connoiſſance plus parfaite jettera un très-grand jour, tant ſur la Phyſiographie que ſur la Métallurgie.

Paſſons à des genres plus compoſés.

§. CCLVII.

SUBSTANCE SALINE AVEC TERRE ET BITUME.

On ne pourra guère trouver ce genre que dans des pays qui ont été expoſés autrefois à un feu ſouterrain.

§. CCLVIII.

SUBSTANCE SALINE AVEC TERRE ET MÉTAL.

C'eſt parmi les produits des volcans qu'il faut les chercher.

§. CCLVIII. A.

☞ Les vitriols terreux peuvent appartenir à cette claſſe.

§. CCLIX.

Substance saline avec bitume et métal.

C'eſt parmi les produits volcaniques qu'il faut les chercher.

§. CCLX.

Terre avec bitume et métal.

On peut trouver ce mélange dans les produits volcaniques, rarement autre part.

§. CCLXI.

Substance saline avec terre, bitume et métal.

On en trouvera difficilement hors des pays volcaniſés.

§. CCLXII.

SECOND APPENDICE.

Les fossiles que l'on rencontre avec une forme extérieure d'animal ou de végétal, tirent leur origine de corps étrangers à la terre, & qui dans son sein y ont été ou changés par un moyen particulier, ou tellement incrustés de particules minérales qui se rencontrent dans les endroits où les corps tombent en putréfaction, qu'on les prendroit pour des corps organiques, si on ne considéroit que leurs figures. On leur a donné le nom de PÉTRIFICATIONS.

§. CCLXII. A.

☞ *Voyez Journ. de Phys.* 1781. T. XVIII, p. 255, un Mémoire que j'ai donné sur la *Pétrification* du bois en particulier, & qui peut s'appliquer en général à toute espèce de pétrification; dans lequel je démontre que dans toutes pétrifications, il n'y a qu'une substitution de la substance pierreuse à la substance végétale ou animale; & comme cette substitution ne se fait que successivement, non-seulement la forme extérieure est conservée, mais très-souvent encore la forme intérieure, sur-tout dans les bois.

§. CCLXIII.

Les enveloppes écailleuses plus dures des petits animaux, exposées aux vicissitudes de l'atmosphère, ne sont pas toujours exemptes d'une sorte de mort; car la partie gélatineuse qui les compose se dégageant insensiblement par la putréfaction, elles deviennent fragiles & comme calcinées; dans un endroit à l'abri des injures de l'air, quelques-unes conservent le caractère de la matière dont elles étoient formées, mais elles acquièrent une texture spathique.

§. CCLXIV.

Il faut distinguer avec grand soin ces corps étrangers changés ou pétrifiés, d'avec les impressions qu'ils laissent sur les substances qui les ont enveloppés & servi de matrice; quelquefois le corps se détruit entièrement, en laissant une cavité dans la masse qui l'enveloppoit, & qui se remplit ensuite d'une nouvelle matière. On trouve aussi des noyaux, qui se forment de la destruction des coquilles plus dures, & qui représentent leur intérieur.

§. CCLXIV. A.

☞ Une substance animale & végétale se pétrifie quand il survient successivement une substance pierreuse à mesure qu'elle se décompose; & elle ne laisse son impression que lorsque dans sa décomposition, elle n'est point remplacée par une substance pierreuse. Alors l'animale ou la végétale disparoissent, excepté cependant leurs parties solides & indestructibles d'elles-mêmes, & il ne reste que leur forme extérieure moulée des deux côtés dans la terre qui les renfermoit.

§. CCLXV.

Il s'en faut de beaucoup que nous regardions la connoissance des pétrifications comme stérile & inutile; car on peut & on doit les considérer comme des médailles déposées par les mains de la nature, en mémoire de ses travaux, pour la fabrication de l'écorce de la terre, & qui nous instruisent du

temps & de la manière dont elle s'y eft pris, tandis
que tous les autres monumens fe taifent. Ces médailles, quand on fait bien les lire, nous inftruifent
par rapport au pays où on les rencontre, & de l'an-
cien état de fa fuperficie, de l'exiftence de la mer
dans cet endroit, & des viciffitudes qu'il a éprouvées
poftérieurement ; par rapport à leur matière, elles
établiffent la diftinction entre les anciennes couches
du règne minéral & les nouvelles ; car celles qui
ne produifent point de pétrifications ou qui n'en
contiennent pas, font certainement antérieures aux
animaux & aux végétaux : enfin, par leur figure,
elles nous repréfentent les anciens habitans de notre
globe, & fur-tout de la haute mer.

§. C C L X V I.

M. Cronftedt a très-bien claffé les pétrifications ;
& nous croyons que l'on doit adopter fa méthode.
Les genres tirés des genres des foffiles, font diftri-
bués en quatre claffes ; on prend les efpèces des
efpèces mêmes, & les variétés, du corps organique devenu foffile.

Voici les genres que l'on a trouvés jufqu'à préfent.

§. C C L X V I I.

CHAUX SALINE *fous forme organique.*
Les pétrifications gypfeufes font très-rares.

§. C C L X V I I. A.

☞ Les bancs de gypfe ou de pierre à plâtre de Montmartre, près de Paris, font affez abondans en pétrifications,
fur-tout en os pétrifiés. M. Darcet, Profeffeur de Chimie
au Collège royal, y a trouvé un oifeau pétrifié. Les ichtyo-

lithes ou les empreintes de poiſſons, n'y ſont pas rares. Une obſervation très-intéreſſante que M. de Lamanon a faite ſur ces carrières de gypſe, c'eſt qu'on ne trouve point de coquilles dans la partie de pierre gypſeuſe. (*Voyez* Journal de Phyſiq. 1782, T. XIX, p. 173, & ce qui a été déjà dit ſur cet objet au mot GYPSE, §. 59).

Les carrières de gypſe en Allemagne, ſont auſſi très-abondantes en os foſſiles ; & c'eſt dans celles des environs d'Oſterode que ſe ſont trouvés les oſſemens monſtrueux que poſſède M. Beckmann, Profeſſeur à Goetting.

§. CCLXVIII.

FER SALIN *ſous forme organique.*

On trouve quelquefois des parties du corps humain pénétrées & endurcies par du vitriol martial ; ce qui arrive auſſi aux plantes, & ſur-tout aux racines : à l'air libre ces pétrifications ſe décompoſent ſenſiblement.

§. CCLXVIII. A.

☞ Vallerius en a fait une variété de mine de fer particulière, ainſi que Cronſtedt ; le premier ſous le nom de *petrificatum ferreum*, Spec. 345, & le ſecond ſous celui de *larva ferrifera*, 291. Ces mines ſont principalement des bois & des productions marines pétrifiées.

§. CCLXIX.

CHAUX AÉRÉE *ſous forme organique.*
Preſque toutes les pétrifications appartiennent à ce genre.

§. CCLXX.

ARGILE *ſous forme organique.*
Un phénomène très-digne de remarque, c'eſt que les pétrifications formées dans l'argile, ſont toutes affaiſſées, quoique même dans les couches très-

baſſes calcaires elles conſervent leur forme & leurs contours naturels. On remarque auſſi la même dé-preſſion dans le ſchiſte marneux.

§. CCLXXI.

TERRE SILICEUSE *ſous forme organique.*
On rencontre quelquefois des pétrifications ſili-ceuſes ; mais le plus ſouvent cette matière forme le noyau (§. 264) : on trouve auſſi des troncs d'arbres agatifiés. M. Forber a vu, dans du jaſpe & du pé-troſilex, des pétrifications, & M. de Born des por-pites dans le Zinnopel.

§. CCLXXI. A.

☞ M. Fuchs a trouvé dans du quartz un entroque changée auſſi en quartz. (*Société des Curieux de la nature,* *T. I. p. 332*).

§. CCLXXII.

TERRE ORGANIQUE.

Les animaux comme les végétaux, en tombant en putréfaction, ſe réſolvent en terre, que l'on peut conſidérer ſous un genre particulier, juſqu'à ce qu'on la claſſe parmi les terres ordinaires, après lui avoir enlevé tous veſtiges des corps organiſés.

§. CCLXXIII.

PÉTROLE *pénétrant des corps organiques.*
Le bois pénétré de pétrole offre une jolie variété de lithantrax.

✻

§. CCLXXIV.

ARGENT *sous forme organique.*
Quelquefois on rencontre de l'argent natif sur
des pétrifications, mais jamais, à ce que je sache,
il ne les constitue, à moins qu'il ne soit minéralisé
avec le cuivre, par le moyen du soufre.

§. CCLXXV.

MERCURE *sous forme organique.*
Le mercure minéralisé par le soufre forme rarement des pétrifications.

§. CCLXXVI.

CUIVRE *sous forme organique.*
On rencontre souvent des os & des dents imprégnés de chaux de cuivre ; une couche pyriteuse
adhére quelquefois à des pétrifications, mais rarement les forment-elles toutes entières : j'en possède
de telles dans une matrice magnétique, qui viennent de Norwège.

§. CCLXXVI. A.

☞ Cette espèce de pétrification, ou plutôt cette péné-
tration du cuivre dans les substances osseuses, est connue
sous le nom de *turquoise.* La TURQUOISE est opaque, d'une
couleur bleue ou vert bleuâtre, assez dure ; & comme ce
n'est que la partie osseuse qui s'est imprégnée d'une dissolution de cuivre, elle est composée de lames & de feuillets
comme l'os ; elle est susceptible d'être polie ; traitée au feu,
elle perd bientôt sa couleur, & calcinée, elle devient blanche
comme la terre des os calcinés ; ses variétés dépendent des
nuances de ses couleurs : non-seulement les os passent à
l'état de turquoise, mais encore les dents en sont susceptibles.

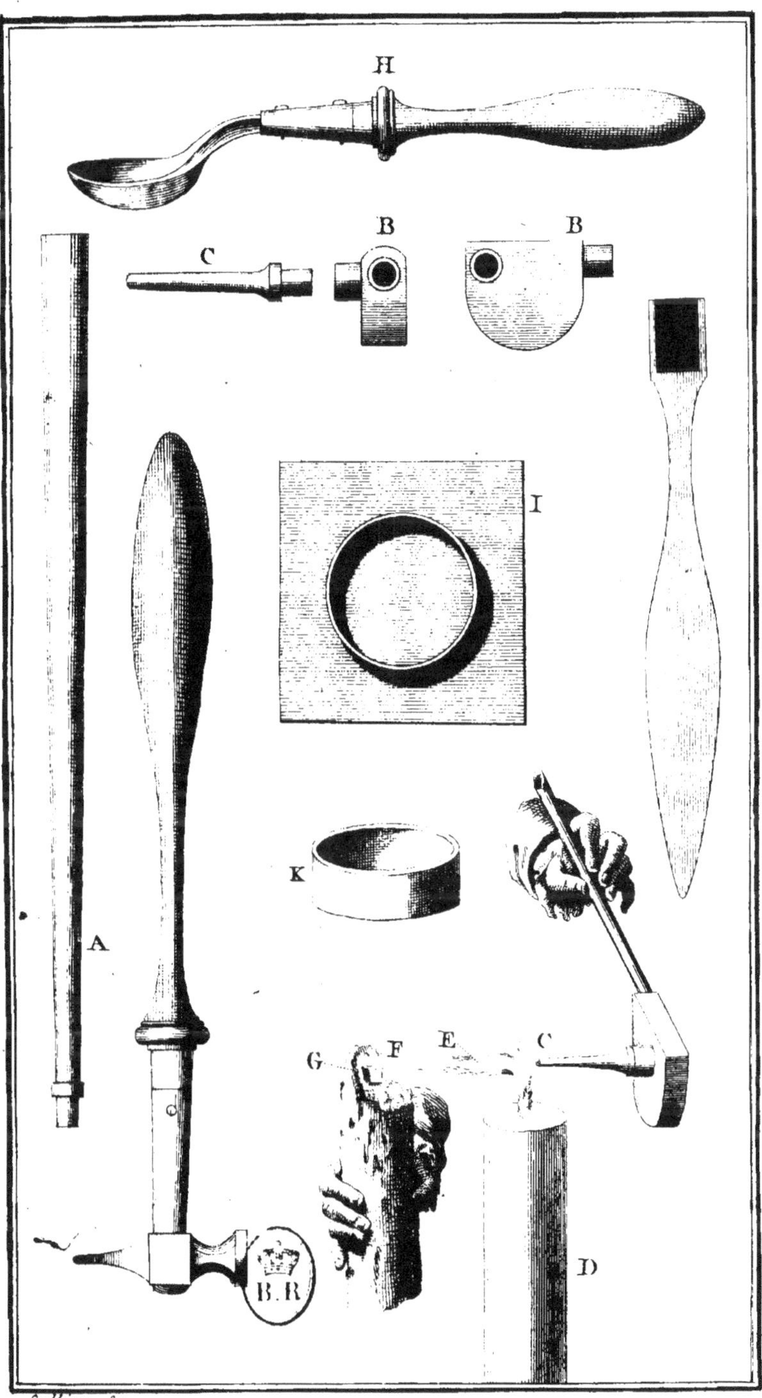
H
C
B
B
I
A
K
G F E C
D
B.R
Sellier Sc.

tibles. On peut remarquer, au Cabinet du Roi à Paris,
une main defféchée, dont les extrémités offeufes des doigts
font devenues des turquoifes.

§. CCLXXVII.

FER *fous forme organique.*
La chaux de fer imite quelquefois des troncs &
des racines d'arbres, en ftalactites; minéralifé par
le foufre, il fe rencontre fouvent avec les pétrifications, mais il ne les forme pas toutes entières.

§. CCLXXVIII.

ZINC *fous forme organique.*
J'ai vu la pfeudo-galène fous la forme de corail.

§. CCLXXIX.

PRODUITS VOLCANIQUES.

PRESQUE tous les Auteurs, avec Cronftedt,
placent les produits volcaniques dans un Appendice
à part, mais je crois que c'eft à tort. Tout ce que
la nature fait, foit par voie fèche, foit par voie
humide, & fouvent elle fe fert de toutes les deux,
doit être réuni enfemble; quelques-unes de fes
productions font enveloppées d'un tel voile, & les
veftiges de leur formation fi effacés, qu'il faudroit
être un Œdipe pour en retrouver les traces. Quelques-uns, & ce n'eft pas le plus petit nombre,
penfent que le règne minéral, ou du moins fa
majeure partie, doit fon origine au feu. Pour ne
pas nous tromper, claffons toujours les foffiles fui-

X

vant leurs principes conftitutifs, car des expériences
bien faites peuvent répandre un grand jour fur la
compofition des corps, mais rarement fur leur formation. Les produits volcaniques homogènes doivent entrer dans la claffe des corps primitifs; ceux
qui ne font que des compofés de ces premiers, fe
placent naturellement entre les roches & les autres
corps de l'Appendice premier.

§. C C L X X I X. A.

☞ Nous n'entrerons pas ici dans la grande difcuffion fi
la terre que nous habitons doit fon origine au feu ou à
l'eau, parce qu'elle eft abfolument inutile dans le plan que
nous nous fommes propofé. Nous renvoyons, non aux
Auteurs qui ont écrit fur cet objet, & qui ont créé des
fyftêmes, parce qu'ils s'établiffent juges & parties dans
cette queftion, mais au grand livre de la Nature, aux
montagnes, fur-tout de première formation, à ces maffes
immenfes qui dominent tout le globe. C'eft-là qu'il faut
étudier, c'eft-là que la plupart des Ecrivains cofmogoniftes
auroient dû méditer long-temps, obferver avec foin, comparer avec exactitude, raifonner, pour ainfi dire, fucceffivement & pas à pas, & puis écrire leurs remarques,
plutôt encore que des fyftêmes.

§. C C L X X I X. B.

Les *productions volcaniques* devroient fans doute être
placées fuivant leur nature dans les différentes claffes précédentes; mais comme elles ont prefque toujours un caractère particulier, celui que leur a donné l'altération du feu,
on peut, fur-tout dans un cabinet, en faire un ordre particulier. Nous allons fuivre ici la divifion que M. Bergman a
indiquée dans fon Mémoire fur les productions volcaniques
(*Journ. de Phyf.* 1780, *T. XVI*, p. 199.); il divife toutes
les productions volcaniques en productions par la voie fèche,
& productions par la voie humide.

§. C C L X X I X. C.

PRODUCTIONS VOLCANIQUES *par la voie fèche. Ejections*

peu ou point changées. Il arrive souvent que dans les éruptions des volcans, il s'est trouvé plusieurs substances différentes, qui ne sont pas restées assez long-temps dans le feu pour être altérées, ou même simplement changées.

(A) *Substances calcaires*; de la pierre calcaire ordinaire, des marbres, des spaths, des coquilles marines, &c. La plupart font encore effervescence avec les acides, & quelques unes sont réduites à l'état de chaux.

(B) *Argileuses*; des marnes, plus ou moins endurcies, fusibles d'elles-mêmes; des argiles pures qui ayant éprouvé un certain degré de feu, sont endurcies comme la terre cuite, ou la brique, & en ont souvent la couleur.

(C) *Grenats*. Ceux qui sont lancés par les volcans avec différentes substances, sont toujours plus ou moins altérés par le feu, d'un blanc mat, quelquefois cependant blancs & transparens. Ils sont plus ou moins gros, mais fragiles & friables, sur-tout à leur surface. Ordinairement ils se trouvent dans la lave & le peperino, très-rarement isolés.

(D) *Hyacinthes*. Elles sont assez communes dans les productions volcaniques, sur-tout celles du Vésuve. Leur couleur varie, sans doute, suivant le degré de feu qu'elles ont éprouvé; il y en a de plus ou moins brunes, tirant un peu sur le rougeâtre; de blanches & d'assez transparentes; enfin de jaune foncé un peu noirâtre, c'est les plus communes de toutes. On les trouve assez ordinairement dans des morceaux de quartz & de feld-spath lancés par es volcans.

(E) *Schorls*; ils se trouvent assez fréquemment dans les productions volcaniques, comme le peperino, la lave cellulaire, les brèches & les tufs volcaniques. Ils conservent presque toujours leur forme crystalline, & il y en a de aunes, de bruns, de noirâtres, de noirs, de roux, &c.

(F) *Substances micacées*. Ces substances sont noires, en lames ou en feuillets plus ou moins grands; on y trouve souvent dedans des grenats & des schorls.

(G) *Substances métalliques*. On en trouve peu, & elles sont ordinairement en état de pyrites qui contiennent principalement du fer, rarement du cuivre, & plus rarement de l'antimoine. On doit se méfier des chaux de cuivre vertes & bleues; elles ne sont pas volcaniques, parce qu'on sait que le moindre coup de feu les brunit & les noircit.

§. C C L X X I X. D.

SUBSTANCES TERREUSES CALCINÉES ET BRULÉES.

(A) *Cendres volcaniques*; quand elles font groffières ou en fragmens de la groffeur d'une noix ou d'une noifette, on les nomme *rapillo* ou *lapillo*; leur couleur eft d'un gris noirâtre. Quand ces fragmens font plus petits, ils portent le nom de *pouzzolane* que l'on a même confervé aux cendres encore plus fines. Il y en a de noire, de rouffe, de brune, de rougeâtre, de jaunâtre, & de cendrée. Toutes les pouzolanes ne fe reffemblent pas pour la qualité & la quantité de leurs parties hétérogènes; mais il paroît par l'analyfe que M. Bergman en a faite de quelques variétés, qu'elles contiennent toutes, mais en différentes proportions, de la terre filiceufe, de la terre argileufe, de la terre calcaire, & du fer. Tout le monde connoît la propriété des pouzzolanes de faire le meilleur mortier & de fe durcir dans l'eau.

(B) *Tufs* ou *Tufa* des Italiens. Ce font des cendres volcaniques qui ont été vomies délayées dans de l'eau comme de boue, ou qui, après une longue fuite d'années, fe font aglutinées, & réunies en maffes par le moyen de l'eau. Les matières hétérogènes qu'ils contiennent font à peu près les mêmes que celles de l'article (A) précédent. Les tufs font affez ordinairement efferveſcence. Le *trus des Hollandois*, qui n'eft qu'un tuf volcanique qu'ils tirent près d'Andernach, fait un peu plus d'efferveſcence, parce qu'il contient plus de fubftance calcaire; c'eft le peperino des Italiens.

Le *peperino*, fuivant M. Bergman, n'eft qu'une concrétion folide de cendres des volcans, contenant des petits morceaux de granit blanc, du chorl noir & écailleux, & quelquefois du mica.

(C) *Pierre ponce*. La pierre ponce eft compofée de filets très-fins, parallèles entre eux, & quelquefois entortillés comme des fils fur un peloton; elle eft fort légère & nage dans l'eau; elle ne fait pas d'efferveſcence avec les acides, rarement fait feu avec le briquet, & fe fond au feu en fcories. Quand elle vient d'être vomie par le volcan, elle eft brune ou noire; mais elle change bientôt de couleur, altérée ou par les météores atmofphériques, ou par l'eau de la mer, dans laquelle elle nage, & elle devient blanche ou plutôt grife. Comme ce paffage fe fait infenablement, il n'eft pas étonnant qu'il fe trouve des ponces de nuances intermédiaires ; auffi en rencontre-t-on de brune, de rougeâtre, de rouffe, de jaunâtre, & de grife. L'origine de la pierre-ponce a toujours embarraffé les Naturaliftes. D'après l'analyfe, MM. Pott, Demefte, & Bergman, fur-tout à caufe de la magnéfie qu'elle contient, l'ont regardée comme des amiantes & des asbeftes décompofées par le feu, Vallerius comme des charbons de terre ou des fchiftes calcinés, M. Sage comme des marnes fcorifiées, & M. le Chevalier Dolomieu comme des granits réduits à l'état de ponce par le feu.

(D) M. Ferber, & après lui M. Bergman, regardent comme une pierre-ponce décompofée par les vapeurs d'acide vitriolique phlogiftiqué, de fel ammoniac & autres, &c., qui s'exhalent des ouvertures de la Solfatare, *la terre blanche* qui recouvre la Solfatare même.

§. CCLXXIX. E.

MATIÈRES TERREUSES *qui ont éprouvé plus ou moins de fufion. Laves.*

On donne le nom de *laves* à des matières terreufes qui ont été fondues, à demi-vitrifiées, & vomies par les volcans.

(A) *Lave fpongieufe*, c'eft la plus légère ; celle qui furnageoit les courans de lave compacte, comme l'écume ou les fcories furnagent l'eau & les fubftances métalliques fondues. Quelquefois elle eft auffi légère que la pierre-ponce, &, comme elle, ne va pas au fond de l'eau ; mais elle en diffère parce que fon tiffu n'eft jamais fibreux comme celui de la pierre-ponce ; il y en a de diverfes couleurs.

(B) *Lave compacte.* Quoiqu'elle ne foit pas abfolument fans cavité, elle eft cependant beaucoup plus dure que la précédente, & elle eft même quelquefois fufceptible d'être polie, & peut faire feu avec le briquet. Sa caffure eft moins brillante qu'obfcure ; elle contient toujours des fubftances hétérogènes plus ou moins altérées par le feu, & des matières cryftallines, comme fchorls, grenats, &c. La lave compacte a une action marquée fur l'aiguille aimantée, ce qui indique la préfence du fer. Ses couleurs font affez variées ; il y en a de noire, de noirâtre, de grife, de cendrée, de bleuâtre, de verdâtre, de jaunâtre, de rougeâtre, de tachetée, comme la lave antique, qui est d'un gris noirâtre, parsemée de taches plus foncées.

(C) *Lave en stalactite*. Elle est de la même nature que les précédentes, & elle n'en diffère que par la forme, ainsi que les laves en cordes, en boules, &c., ou autrement figurées.

(D) *Lave vitreuse*. Cette lave a éprouvé une parfaite vitrification, & elle a été réduite en un verre martial, transparent quand il est en feuillet mince; c'est l'agathe noire d'Islande, la pierre obsidienne, la pierre de gallinace, &c. Elle fait feu avec le briquet; sa couleur ordinaire est d'un brun noir; on dit cependant qu'il s'en trouve de verte & de bleuâtre en Islande.

L'analyse a fait reconnoître que les laves font comme les cendres volcaniques composées de terre siliceuse, de terre argileuse, de terre calcaire & de fer.

§. CCLXXIX. F.

Produits volcaniques *terreux, d'origine incertaine*.

M. Bergman entend, par *produits d'une origine incertaine*, les substances volcaniques dont on ne peut décider jusqu'à présent si elles ont été produites par le feu du volcan, ou si elles existoient déjà toutes formées dans les entrailles de la terre, & qu'elles aient été seulement vomies dans les éruptions. C'est dans le Mémoire même de M. Bergman qu'il faut lire les raisons pour ou contre savamment discutées. Nous nous contenterons de dire qu'il place parmi les produits d'origine incertaine : 1°. les grenats & les schorls de volcans; 2°. les basaltes, qu'il regarde comme une matière suffisamment pénétrée & ramollie par de vapeurs humides, & qui, en se desséchant, s'est fendue en prismes & en sections horizontales. Tout porte à croire que la matière qui forme les basaltes n'a pas éprouvé une fusion complette; au contraire, l'analyse comparée du trapp des Suédois avec le basalte, semble indiquer que ces deux substances ont la plus grande analogie, & que les masses des basaltes ne font que des masses de trapp ou de roche argileuse amollie par les vapeurs humides des volcans, & desséchée lentement ensuite après leur extinction ou la cessation de ces vapeurs.

En général le *basalte* est d'un gris cendré, tirant plus

ou moins sur le noir, très-dur, & faisant feu au briquet, d'une opacité parfaite; sa poussière est d'un gris cendré, & sa cassure est grenue, parsemée de points brillans. Il est susceptible d'un beau poli; au feu il se fond de lui-même en un verre noir. L'analyse donne par quintal du basalte d'Islande, 56 parties de terre siliceuse, 15 d'argileuse, 4 de calcaire, & 25 de chaux de fer.

§. CCLXXIX. G.

PRODUITS VOLCANIQUES *d'un caractère salin.*

M. Bergman compte parmi les substances salines produites par la voie sèche, 1°. l'acide vitriolique phlogistiqué, dégagé du soufre par le feu du volcan: 2°. l'acide aérien dégagé des substances calcaires; 3°. du sel marin que l'on trouve dans le Vésuve, & qui s'effleurit au bout de quelques mois, lorsque par la fente des laves il reste à découvert. Il paroît n'avoir subi d'autres changement que la fusion; 4°. le sel ammoniac.

§. CCLXXIX. H.

PRODUITS PHLOGISTIQUÉS.

(A) Le *pétrole* peut se trouver dans les régions volcaniques & couler par la chaleur du volcan, sans cependant devoir pour cela être regardé comme produit volcanique.

(B) Le *soufre* se trouve très-abondamment dans les volcans, soit sublimé en fleurs, soit crystallisé. M. Bergman pense que le soufre a été séparé des différentes matières & sur-tout de pyrites qui peuvent se trouver dans les entrailles des volcans.

(C) L'*air inflammable* qui paroît résulter de la matière de la chaleur unie au phlogistique.

§. CCLXXIX. I.

PRODUITS MÉTALLIQUES.

Les métaux qui se trouvent ordinairement dans les volcans, sont ou calcinés ou pétrifiés, ou minéralisés; à peine en rencontre-t-on aucun de liquéfié & dans son état naturel.

(A) Le *fer* se trouve mêlé à toutes les productions volcaniques.

(B) Le *cuivre* ; on en trouve quelquefois, mais rarement dans les laves en chaux rouge mêlée de taches vertes que l'alkali volatil cauſtique change en bleu.

(C) L'*arſenic*, en réalgar, tranſparent ſouvent & cryſtalliſé ; quelques Auteurs ont cité de l'antimoine, du mercure, du biſmuth. *Voyez* Lettres de M. Ferber, ſur l'Italie, p. 225. Note.

§. C C L X X I X. K.

PRODUITS VOLCANIQUES PAR VOIE HUMIDE.

PRODUITS VOLCANIQUES *terreux*.

(A) *Incruſtations* calcaires ou ſiliceuſes produites autour des volcans, lorſqu'ils vomiſſent de l'eau qui tenoit en diſſolution de la terre. Il s'en forme de pareilles autour du Geyſer en Iſlande.

(B) *Zéolithes*. Si ces ſubſtances ſont produites par l'infiltration des eaux volcaniques à travers les laves & les baſaltes, on doit les rapporter ici.

§. C C L X X I X. L.

PRODUITS SALINS.

(A) L'*acide aërien* peut être dégagé non-ſeulement par la voie ſêche, mais encore par la voie humide de la pierre à chaux, de la magnéſie, de l'alkali minéral, même par l'acide vitriolique, qui a plus d'affinité avec ces ſubſtances.

(B) L'*alkali minéral* dégagé de l'acide marin.

(C) L'*alkali minéral vitriolé*, produit par la combinaiſon de l'acide vitriolique avec l'alkali minéral (B).

(D) La *magnéſie vitriolée*, *le gypſe* & *l'alun*, qui ſe rencontrent dans les volcans ont la même origine que l'acide vitriolique.

(E) Le *vitriol martial* qui naît de la décompoſition des pyrites.

§. C C L X X I X. M.

Produits phlogiſtiques & métalliques. Ils ſont très-rares par la voie humide dans les volcans, les eaux hépatiques, & l'éthiops martial ; s'ils ſe rencontroient dans les volcans, ils ſeroient dûs à ce moyen.

§. CCLXXIX. N.

Au chalumeau, fur le charbon, les cendres volcaniques, la pouzzolane, le tufa, le peperino, fe réduifent en fcories vitreufes noires; la pierre-ponce en fcories vitreufes grifes ou blanches & pleines de bulles d'air; les laves fpongieufes & compactes, la pierre obfidienne, la bafalte, en un verre noir. Avec le borax, les cendres volcaniques, la pouzzolane, le tufa, ne fe fondent pas parfaitement, mais cependant forment avec lui un verre verd & tranfparent; la pierre-ponce fe fond très-vîte & ne colore pas le verre; les laves & le bafalte difficilement & lentement; elles donnent un verre verdâtre plus ou moins foncé, fuivant la quantité de fer qui eft diffoute; le fel microcofmique a moins d'action en général, & forme prefque toujours un verre opaque; l'alkali les diffout avec plus ou moins d'effervef-cence.

F I N.

TABLE ALPHABÉTIQUE
DES MATIÈRES CONTENUES
DANS LE MANUEL DU MINÉRALOGISTE.

A.

ACIDES en général, §. 25.
Acide aérien, §. 37.
Acide arsenical, §. 31.
   Il sert de minéralisateur, *Introd.* lxxxij.
Acide de la chaux pesante, ou *Tungstène*, §. 33.
Acide de la molybdène, §. 32.
Acide muriatique ou marin, §. 29.
Acide nitreux, §. 28.
Acide phosphorique, §. 34.
Acide sédatif, §. 35.
Acide du succin, §. 36.
Acide spathique, §. 30.
Acide vitriolique, §. 27.
Acide aérien, §. 37.
Agaric minéral, §. 115, B.
Agathe, §. 127, F.
Aimant, §. 200.
Air fixe ou Acide aérien, §. 37.
Alkalis en général, §. 38.
Alkali minéral, §. 41.
Alkali minéral aéré, §. 55.
Alkali minéral muriatique, §. 49.
Alkali minéral muriatique, souillé de magnésie muriatique, §. 76.
Alkali minéral nitré, §. 48.

Alkali minéral, saturé par l'acide sédatif, §. 53.
Alkali minéral vitriolé, §. 47.
Alkali végétal, §. 40.
Alkali végétal aéré, §. 54.
Alkali végétal muriatique, §. 46.
Alkali végétal nitré, §. 45.
Alkali végétal vitriolé, §. 44.
Alkali volatil, §. 42.
Alkali volatil aéré, §. 56.
Alkali volatil muriatique, *sel ammoniac*, §. 52.
Alkali volatil nitré, §. 51.
Alkali volatil vitriolé, §. 50.
Alun, §. 67.
Alun de roche, §. 67, C.
Alun de plume, §. 67, D.
Alun de plume (faux), §. 73, B.
Alun natif, souillé de vitriol de cobalt, §. 79.
Alun natif, souillé de vitriol de Mars, §. 78.
Améthyste (fausse), §. 125, D.
Améthyste de Vic. §. 125, D.
Amiante, §. 107, H.
Antimoine ; ses qualités physiques & chimiques, §. 237.
Antimoine natif, §. 238.

Antimoine minéralisé par le soufre, §. 239.

Antimoine & arsenic minéralisé par le soufre, §. 240.

Ardoise, §. 118, G.

Ardoise friable, §. 108, A.

Argent; ses qualités physiques & chimiques, §. 153.

Argent natif, §. 153, C.

———— joint à l'or, §. 154.

———— joint au cuivre, §. 155.

———— joint à l'or & au cuivre, §. 156.

———— joint au fer, §. 157.

———— joint à l'arsenic, §. 158.

———— joint à l'antimoine, §. 159.

———— joint à l'arsenic & au fer, §. 160.

Argent minéralisé par les acides marin & vitriolique. *Mine d'argent corné*, §. 161.

Mine d'argent alkaline, §. 161, B.

Argent minéralisé par les acides muriatique & vitriolique & du soufre, §. 162.

Argent minéralisé par le soufre. *Mine d'argent vitreuse*, §. 163.

Argent & fer, minéralisé par le soufre. *Pyrite d'argent*, §. 164.

Argent & plomb, minéralisé par le soufre. *Galène*, §. 165.

Argent & arsenic, minéralisé par le soufre. *Mine d'argent rouge*, §. 166.

Argent avec fer & arsenic, minéralisé par le soufre. *Mine d'argent arsenicale*, §. 167.

Argent avec fer, arsenic & cobalt, minéralisé par le soufre. *Mine d'argent merde-d'oie*, §. 168.

Argent avec cuivre, fer & arsenic, minéralisé par le soufre. *Mine d'argent blanche & grise*, §. 169.

Argent avec cuivre, fer, arsenic & antimoine, minéralisé par le soufre, §. 170.

Argent avec fer, arsenic & antimoine, minéralisé par le soufre. *Federetz* des Allemands, §. 171.

Argent sous forme organique, §. 274.

Argile pure, §. 111, & ses combinaisons, §§. 113, 114, 115, 116, 117, 118, 119, 120, 121, 122.

Argile commune, §. 114, C.

Argile à porcelaine, §. 113.

Argile à poterie, §. 113, B.

Argile vitriolée. *Alun*, §. 67.

Argile sous forme organique, §. 270.

Arsenic; ses qualités physiques & chimiques, §. 219.

Arsen. natif uni au fer, §. 220.

———— uni à l'argent, §. 221.

Arsenic en chaux, privé simplement de son phlogistique, §. 122.

Arsenic avec fer, minéralisé par le soufre. *Pyrite arsenicale*, §. 224.

332   *TABLE*

Arfenic minéralifé par le fou-
fre. *Orpiment*, §. 223.
Arfenical (acide), §. 31.
Asbefte, §. 167, H.

B.

Basalte, §. 279, F.
Bifmuth; fes qualités phyfi-
ques & chimiques, §. 210.
Bifmuth natif, §. 211.
Bifmuth en chaux, §. 212.
Bifmuth minéralifé par le fou-
fre, §. 213.
Bifmuth avec fer, minéralifé
par le foufre, §. 214.
Bifmuth minéralifé par le fou-
fre & l'arfenic, §. 214, B.
Bitumes en général, §. 22.
Bitume avec bitume, §. 254.
———— avec métal, §. 255.
Blende, §. 236.
Bleu de montagne, §. 190, C.
Bleu de Pruffe natif, §. 206.
Bol, §. 114, A.
Borax, §. 53.
Brèche, §. 251, F.

C.

Cacholong, §. 126, G.
Caillou demi-tranfparent ou
pierre à fufil, §. 126, I.
Cailloux opaques à couches
concentriques, §. 126, L.
Calamine ou pierre calami-
naire, §. 233.
Calcédoine, §. 126.
Caractères extérieurs, (des)
§. 11.
Cendres volcaniques, §. 279,
D.

Chalumeau ; fa defcription
& fon ufage en Minéralo-
gie, Introd. lxxxij.
Chaux pure, §. 92.
Chaux aérée, *Terre calcaire*,
§. 56.
Chaux aérée fous forme or-
ganique, §. 269.
Chaux muriatique, §. 61.
Chaux pierre, §. 60.
Chaux faline fous forme or-
ganique, §. 267.
Chaux vitriolée. *Gypfe*, §.
59.
Chaux métalliques natives ;
comment elles fe forment,
§. 190, A.
Chaux d'arfenic, §. 222, B.
Chaux de bifmuth, §. 212.
Chaux de cobalt, §. 227, B.
Chaux de cuivre terreufe
rouge, §. 190, B.
Chaux de cuivre bleue, §.
190, C.
Chaux de cuivre verte, §.
190, D.
Chaux de fer, dépouillé fim-
plement de phlogiftique,
§. 202.
Chaux de manganèfe, §. 242.
Chaux de nickel, §. 217.
Chaux de plomb native, §.
187, B.
Chryfolithe ou Péridot, §.
119, I.
Chryfoprafe, §. 131.
Cinabre naturel, §. 176.
Cobalt; fes propriétés phy-
fiques & chimiques, §. 225.
Cobalt natif uni à l'arfenic,
§. 226.
Cobalt en chaux, §. 227.

Cobalt minéralisé par l'acide arsenical, §. 228.

Cobalt vitriolé, §. 72, B.

Cobalt & fer, fouillé d'acide vitriolique. *Mine de cobalt fulphureufe*, §. 229.

Cobalt avec fer & arfenic, minéralifé par le foufre. *Mine de cobalt blanche*, §. 230.

Cobalt avec fer, arfenic & nickel, minéralifé par le foufre, §. 231.

Cornaline, §. 126, H.

Craie, §. 94, E.

Craie de Briançon, §. 107, D.

Cryftal de roche, §. 125, D.

Cuir foffile, §. 107, H.

Cuivre; fes propriétés phyfiques & chimiques, §. 188.

Cuivre natif, §. 189.

Cuivre de cémentation, §. 189, A.

Cuivre vitriolé, §. 69.

Cuivre dépouillé fimplement de fon phlogiftique, §. 190.

Cuivre avec argile, minéralifé par l'acide marin, §. 191.

Cuivre minéralifé par l'acide aérien. *Malachite*, §. 192.

Cuivre minéralifé par le foufre, §. 193.

Cuivre avec un peu de fer, minéralifé par le foufre. *Mine de cuivre azurée*, §. 194.

Cuivre avec beaucoup de fer, minéralifé par le foufre. *Pyrite cuivreufe*, §. 195.

Cuivre avec fer & arfenic, minéralifé par le foufre. *Mine de cuivre grife*, §. 196.

Cuivre avec antimoine & arfenic, minéralifé par le foufre, §. 196, B.

Cuivre mêlé avec matière bitumineufe, §. 196, C.

Cuivre avec foufre, fer & terre argileufe, §. 196, E.

Cuivre fous forme organique. *Turquoife*, §. 276.

D.

Diaspro rosso, §. 127, B.

E.

Effervescence, (de l') §. 10, A.

Eifenman, ou mine de fer micacée grife, §. 202, E.

Eifentam, ou mine de fer micacée rouge, §. 202, E.

Emeraude, §. 119, C.

Emeraude, (fauffe) §. 125, D.

Emeril, §. 202, G.

Etain; fes qualités phyfiques & chimiques, §. 207.

Etain natif, §. 208.

Etain en chaux, mêlé de terre martiale, §. 209.

Etain avec une très-petite portion de cuivre, minéralifé par le foufre. *Etain fulphureux*, §. 209, D.

F.

FARINE fossile, §. 59, F.
Feld-spath, §. 130.
Fer; ses propriétés physiques & chimiques, §. 197.
Fer natif, §. 198.
——— mêlé d'arsenic. Mispikel, §. 199.
Mine de fer arsenicale de nature particulière. *Wolfram*, §. 199, C.
Fer jouissant de la propriété d'attirer un autre fer, §. 200.
Fer contenant assez de phlogistique pour obéir à l'aimant. *Mine de fer noirâtre*, §. 201.
Mine de fer crystallisée en octaèdre, §. 201, C.
Mine de fer micacée, §. 201, E.
Mine de fer spéculaire, §. 202, F.
Fer aéré. §. 71.
Fer vitriolé, §. 70.
Fer avec manganèse & terre calcaire, minéralisé par l'acide aérien. *Mine de fer blanche ou spathique*, §. 203.
Fer minéralisé par le soufre. *Pyrite*, §. 204.
Fer uni à un nouveau métal fragile ou à une modification particulière de fer, qui est cause qu'il casse à froid, §. 205.
Fer en chaux, phlogistiqué d'une manière particulière. *Bleu de Prusse natif*, §. 206.
Fer salin sous forme organique, §. 268.
Fer sous forme organique, §. 277.
Formation des minéraux, §. 6, B.

G.

GALENE d'argent, §. 165.
Galène de fer, §. 201, A.
Galène de plomb, §. 184.
Girasol, §. 126, D.
Gneis, §. 251, D.
Granit, §. 251, C.
Granitello des Italiens, §. 251, C.
Grenat, §. 120, B.
Grès, §. 125, F.
Gypse, §. 59.

H.

HÉMATITE, §. 202, E.
Hyacinthe, §. 119, G.
Hydrophane, §. 126, A.

I.

IMPRESSIONS des fossiles, §. 264.
Incrustations, §. 94, E.
Jade, §. 126, M.
Jaspe, §. 127.
Jaspes grammatiques, §. 127, B.

K.

KAOLIN, §. 113, A.
Kupfer-nickel, §. 218.

L.

Lave, §. 279, E.
Liège fossile, §. 107, H.
Lithomarge, §. 116, E.

M.

Magnésie pure, (de la)
§. 104, & de ses combi-
naisons, §§. 105, 106,
107, 108, 109.
Magnésie aérée, §. 66.
Magnésie muriatique, §. 65.
Magnésie nitrée, §. 64.
Magnésie vitriolée, §. 63.
Magnésie vitriolée, souillée
de vitriol de Mars, §. 77.
Malachite, §. 192.
Manganèse; ses qualités phy-
siques & chimiques, §. 241.
Manganèse en chaux, privée
de son phlogistique, §.
242.
Manganèse minéralisée par
l'acide aérien, §. 243.
Manganèse muriatique, §.
74.
Marbre, § 94, E.
Marne argileuse, §. 115.
Marne calcaire, §. 101.
Mercure; ses qualités phy-
siques & chimiques, §.
172.
Mercure natif, §. 173.
——————— uni à l'argent,
§. 174.
Mercure minéralisé par l'acide
muriatique & vitriolique,
ou *Mercure corné*, §. 175.
Mercure minéralisé par le
soufre. *Cinabre*, §. 176.

Mercure & fer, minéralisé
par le soufre, §. 177.
Mercure & cuivre, minéralisé
par le soufre, §. 178.
Mercure, argent, fer, cobalt,
arsenic & soufre, §. 178,
B.
Mercure sous forme organi-
que, §. 275.
Métal avec métal, §. 256.
Métaux en général, §. 23.
Métaux; leurs propriétés phy-
siques & chimiques, §.
143, A, B.
Mica, §. 122.
Mine d'alun de Rome, §.
Mine d'antimoine en plume,
117.
§. 239, A.
Mine d'antimoine grise, §.
239, A.
Mine d'antimoine & arsenic,
§. 240.
Mine d'argent cornée, §.
161, A.
Mine d'argent alkaline, §.
161, B.
Mine d'argent vitreuse, §.
163.
Mine d'argent rouge, §. 166.
Mine d'argent arsenicale, ou
Weiserz des Allemands,
§. 167.
Mine d'argent blanche, ou
Weissgulden des Allemands,
§. 169, B.
Mine d'argent grise, ou
Fahlerz des Allemands;
§. 169, C.
Mine d'argent merde-d'oie,
§. 168.

336 TABLE

Mine d'argent de Dahlie, §. 170.

Mine d'argent molle, §. 171, B.

Mine d'argent fabloneufe, §. 171, B.

Mine d'argent dans des pierres, §. 171, B.

Mine aurifère de Naggyac, §. 150.

Mine de bifmuth fulphureufe, §. 213, A.

Mine de cobalt fulphureufe, §. 229.

Mine de cobalt blanche, §. 230.

Mine de cobalt teftacée, §. 230, B.

Mine de cuivre vitreufe, §. 193.

Mine de cuivre azurée, §. 194.

Mine de cuivre jaune, §. 195, A.

Mine de cuivre grife, §. 196, A.

Mine de cuivre antimoniale, §. 196, C.

Mine de cuivre noire ou couleur de poix, §. 196, E.

Mine de cuivre fchifteufe, §. 196, F.

Mine de cuivre inflammable, §. 196, D.

Mine d'étain blanche ou fpathique, §. 209, B.

Mine d'étain commune, ou étain noir, §. 209, B.

Mine de fer blanche, (fauffe) §. 102, A.

Mine de fer en chaux, §. 202, B.

Mine de fer terreufe, §. 202, C.

Mine de fer de l'ifle d'Elbe, §. 202, D.

Mine de fer fpathique, §. 203, B.

Mine de fer en chaux. *Hématite*, §. 202, E.

Mine de fer cryftallifée en octaèdre, §. 201, C.

Mine de fer fpéculaire, §. 202, F.

Mine de Manganèfe cryftallifée, §. 243, B.

Mine de manganèfe folide, §. 243, B.

Mine de plomb pyriteufe, §. 181, A.

Mine de plomb blanche, §. 183, B.

——————— couleur brune rouge, approchante de la fleur de pêcher, §. 183, E.

Mine de plomb en chaux terreufe. *Maſſicot natif*, §. 183, F.

Mine de plomb noire, §. 183, C.

Mine de plomb verte, §. 183, D.

Mine de plomb rouge, §. 182, C.

Mine de plomb calcaire, §. 187, B.

Mine de zinc vitreufe, §. 234.

Mifpickel, §. 199.

Molybdène, §. 136. Son acide, §. 32.

Muriatique (acide) ou marin, §. 29.

N.

N.

Natron des anciens, §. 55.

Nickel ; ſes qualités phyſiques & chimiques, §. 215.

Nickel natif uni au fer & à l'arſenic, §. 216.

Nickel vitriolé, §. 72.

Nickel minéraliſé par l'acide aérien, §. 217.

Nickel avec fer, cobalt & arſenic, minéraliſé par le ſoufre. *Kupfer-nickel*, §. 218.

Nitre cubique, §. 48.

Nitre priſmatique, §. 45.

Nitreux, (acide) §. 28.

O.

Ochre martial, §. 202, B.

Œil de chat, §. 126, D.

Œil de poiſſon, §. 126, D.

Onix, §. 126, I.

Opale, §. 126, C.

Ophite, §. 251, F.

Or, §. 144 ; ſes propriétés phyſiques & chimiques, §. 144, A.

Or natif, §. 145.

——————— mêlé d'argent, *ibid.*

——————— mêlé de cuivre, §. 146.

——————— mêlé d'argent & de cuivre, §. 147.

——————— mêlé d'argent, de cuivre & de fer, §. 148.

——————— dans de la galène, §. 148, B.

Or minéraliſé par le ſoufre, au moyen du fer, §. 149.

Or mêlé d'argent, de plomb & de fer, minéraliſé par le ſoufre. *De Naggyac*, §. 150.

Orpiment natif. §. 223, B.

P.

Parangone nigro, §. 127, B.

Peperino des Italiens, §. 279, D.

Peridot, §. 119, I.

Pétrifications, §. 262.

Pétrole pénétrant des corps organiques, §. 273.

Petroſilex, §. 129.

Phoſphorique, (acide) §. 34.

Pierre des Amazones, §. 126, M.

Pierre d'azur, §. 121, B.

Pierre de lard, §. 107, F.

Pierre de porc, §. 95.

Pierres gemmes, §. 119.

Pierre hépathique, §. 90.

Pierre néphrétique, §. 126, M.

Pierre néphrétique ollaire, §. 107, G.

Pierre ollaire, §. 107.

Pierre peſante ou *Tungſtène*, §. 97.

Pierre-ponce, §. 279, D.

Platine ; ſes qualités phyſiques & chimiques, §. 151.

Platine native jointe au fer, §. 152.

Plâtre, §. 59, C.

Plomb ; ſes qualités phyſiques & chimiques, §. 179.

Plomb natif, §. 150.

338   *T A B L E*

Plomb minéralifé par l'acide vitriolique, §. 181.
Plomb & fer, minéralifé par l'acide vitriolique, §. 181, B.
Plomb minéralifé par l'acide phofphorique, §. 182.
———————— par l'arfenic, §. 182, C.
Plomb minéralifé par l'acide aérien, §. 183.
Plomb minéralifé par le foufre. *Galène*, §. 184.
Plomb avec argent, minéralifé par le foufre, §. 185.
Plomb avec argent & antimoine, minéralifé par le foufre, §. 187.
Plomb avec argent & fer, minéralifé par le foufre, §. 189.
Porphyre, §. 251, F.
Pouding, §. 251, F.
Prafe, §. 131, A.
Produits volcaniques, §. 279.
———————— par la voie fèche, §. 279, C.
———————— par la voie humide, §. 279. K.
Pyrite d'argent, §. 164.
Pyrite arfenicale, §. 224.
Pyrite aurifère, §. 149, B.
Pyrite cuivreufe, §. 195.
Pyrite martiale, §. 204.

Q.

Quartz, §. 125, 125, E.
Quartz métallique, §. 128, A.

R.

Réalgar natif, §. 223, C.

Roche ou pierre compofée, §. 251.
Roche de corne, §. 251, E.
Rubis, §. 119, F.
Rubis, (faux) §. 125, D.

S.

Saphir, §. 119, D.
Saphir du Puy, §. 125, D.
Sardoine, §. 126, K.
Schifte, §. 118, F.
Schifte alumineux, §. 118.
Schifte alumineux gras, noir ou brun. *Crayon noir*, §. 118, C.
Schifte alumineux magnéfien, §. 109, A.
Schorl, §. 120, C.
Sels en général, §. 20.
Sédatif, (acide) §. 35.
Sel admirable de Glauber, §. 47.
Sel ammoniac, §. 52.
Sel commun, §. 49.
Sel d'Epfom, §. 63.
Sel de Sylvius, §. 46.
Sel marin, §. 49.
Sels moyens métalliques, §. 68.
Sels moyens terreftres, §. 57.
Sels neutres en général, §. 43.
Sel fecret de Glauber, §. 50.
Sels triples, §. 75.
Serpentine, §. 107, A.
Sinople, §. 137, D.
Syftêmes de Minéralogie, (des) §. 3, A, & *Introd.* vilj.
Smectis, §. 116, D.
Spath calcaire, §. 94.
Spath fluor, §. 96.

Spath pesant, §. 89.
Spathique (acide), §. 30.
Stalactites, §. 94, B.
Stéatite, §. 107.
Substance saline avec substance saline, §. 247.
——————— avec terre,
  §. 248.
——————— avec bitu-
  me, §. 249.
——————— avec un mé-
  tal, §. 250.
——————— avec terre & bi-
  tume, §. 257.
——————— avec terre & mé-
  tal, §. 258.
——————— avec bitume & mé-
  tal, §. 259.
——————— avec terre, bitume
  & métal, §. 261.
Succin, (acide du) §. 36.

T.

Talc, §. 122.
Tartre vitriolé, §. 44.
Terres en général, §. 21.
Terre primitive, §. 83.
Terre avec terre. *Roche*,
  §. 251.
——————— avec bitume, §. 252.
——————— avec métal, §. 253.
——————— avec bitume & métal,
  §. 260.
Terre à foulons, §. 116,
  A.
Terre à pipe, §. 115, A.
Terre calcaire, (de la) §. 94,
  & de ses combinaisons, §§.
  95, 96, 97, 98, 99,
  100, 101, 102, 103.
Terre de Lemnos, §. 116.

Terre organique, §. 272.
Terre pesante pure, §. 87.
Terre pesante aérée, §. 88.
Terre pesante vitriolée, §.
  58.
Terre sigillée, §. 114, B.
Terre siliceuse, (de la) §. 123,
  & de ses combinaisons, §§.
  125, 126, 127, 128,
  129, 130, 131.
Terre siliceuse sous forme or-
  ganique, §. 271.
Topaze, §. 119, E.
Topaze de Bohême, §. 125,
  D.
Topaze enfumée, §. 125,
  D.
Tourmaline, §. 120, D.
Trichites, §. 78, B.
Tripoli, §. 118, D.
Tungstène, §. 97, A.
  Son acide, §. 33.
Tuf ou Tufa des Italiens,
  §. 279, D.
Turquoise, §. 276.

V.

Verd de montagne, §.
  190, D.
Vitriol de cuivre, §. 69.
Vitriol de cuivre, souillé de
  vitriol martial, §. 80.
Vitriol de cuivre, souillé par
  le vitriol de zinc, §. 80,
  B.
Vitriol de cuivre, souillé des
  vitriols de Mars & de zinc,
  §. 82.
Vitriol martial, §. 70.
Vitriol de fer, souillé de vi-
  triol de nickel, §. 81.

Vitriol de fer, souillé par le vitriol de zinc, §. 81 , B.

Vitriol de zinc, §. 73.

Vitriol de zinc, souillé par le vitriol de cuivre, §. 81, C.

Vitriolique, (acide) §. 27.

Wolfram, §. 199, C.

Z.

Zéolithe, §. 121.

Zinc ; ses qualités physiques & chimiques, §. 232.

Zinc en chaux, privé de son phlogistique. *Calamine,* §. 233.

Zinc vitriolé, §. 73.

Zinc minéralisé par l'acide aérien. *Mine de zinc vitreuse,* §. 234.

Zinc aéré mêlé de terre siliceuse, §. 235.

Zinc & fer, minéralisé par le soufre. *Pseudo-galène* ou *Blende,* §. 236.

Zinc sous forme organique, §. 272.

Fin de la Table des matières.

EXTRAIT des Regiſtres de l'Académie royale des Sciences, du 26 Août 1783.

NOUS avons été nommés par l'Académie pour examiner la Traduction d'un Ouvrage de M. Bergman, intitulé : *Sciagraphia*, qui lui a été préſentée par M. Mongez le jeune, Auteur du Journal de Phyſique.

La Sciagraphie eſt, comme ce titre le déſigne, l'eſquiſſe d'un tableau minéralogique, diſpoſé ſuivant les produits de l'analyſe des minéraux. M. Bergman dit, dans la Préface de cet Ouvrage, qu'il ne l'avoit fait que pour ſon ami, M. Ferber, qui l'avoit deſiré, & qui avoit enſuite déterminé l'Auteur à le faire imprimer, quoique fort incomplet. Mais on ne peut guère eſpérer qu'un ſeul homme puiſſe terminer un tableau de cette nature : le concours de pluſieurs Chimiſtes n'y ſuffiroit qu'avec beaucoup de temps.

Les genres établis par M. Bergman dans le ſyſtême minéralogique de ſa Sciagraphie, ont pour caractère la ſubſtance qui y domine, & les eſpèces ſont diſtinguées par les différences de leurs parties intégrantes. M. Bergman n'entre pas dans le détail des variétés de chaque eſpèce.

M. Bergman rapporte, dans ſa Préface, les produits de l'analyſe qu'il a faite de la mine d'étain ſulphureuſe, *ſtannum ſulphuratum*, qui ne lui eſt parvenue de Sibérie que dans le temps où il avoit envoyé le manuſcrit de la Sciagraphie à l'Imprimeur. Il diſtingue deux eſpèces de ce rare minéral ; l'une reſſemble à l'*aurum muſivum* ; elle contient environ $\frac{40}{100}$ parties de ſoufre, & l'autre eſpèce $\frac{20}{100}$: celle-ci a quelque reſſemblance avec l'antimoine ſulphureux, quoiqu'elle n'en contienne point : il y a un peu de cuivre dans l'une & dans l'autre eſpèce d'étain ſulphureux.

M. Bergman dit auſſi, dans ſa Préface, qu'il a reconnu depuis long-temps beaucoup de rapports entre la terre peſante & la chaux de plomb ; que depuis peu il a trouvé le moyen de la précipiter par l'alkali phlogiſtiqué, & qu'il la regarde comme vraiment métallique ; mais il n'a pas encore pu la réduire : tant que cette preuve manquera, M. Bergman placera la terre peſante avec les terres.

La Sciagraphie eſt diviſée eu quatre claſſes, qui comprennent les sels, les terres, les bitumes & les métaux: chaque classe est soudivisée en genres & en espèces. L'Ouvrage est terminé par deux Appendices, qui ne contiennent que des genres sans espèces, parce que l'Auteur regarde ces Appendices comme étrangers à son plan; il traite des minéraux mélangés dans le premier Appendice, & des pétrifications dans le second.

M. Mongez a beaucoup ajouté à la Sciagraphie de M. Bergman; c'est pourquoi il donne à l'Ouvrage qu'il présente à l'Académie, le titre suivant : *Manuel du Minéralogiste voyageur*, ou *Sciagraphie du règne minéral, distribué d'après l'analyse chimique, par M. Torbern Bergman, mise au jour par M. Ferber, traduite & augmentée de notes par M. Mongez.*

En effet, M. Mongez ajoute à la Sciagraphie, & l'exposition détaillée des variétés de chaque espèce, & l'analyse de plusieurs minéraux, faite par différens Chimistes & par lui-même. Il donne les caractères des minéraux, considérés dans leur état naturel, & il rapporte des notes historiques & des observations particulières. Cet ensemble fait un Ouvrage dans lequel on trouvera beaucoup de connoissances d'Histoire naturelle & de Chimie sur la Minéralogie. Nous pensons qu'il mérite d'être approuvé par l'Académie, & imprimé sous son privilège.

Au Louvre, ce 16 Août 1783.

Je certifie le présent Extrait conforme à l'original & au jugement de l'Académie. A Paris, ce 4 Novembre 1783.

Le Marquis DE CONDORCET.

EXTRAIT des Registres de l'Académie, du 16 Août 1783.

MESSIEURS Daubenton & Macquer ayant rendu compte d'une Traduction de la Sciagraphie de M. Bergman, par M. l'Abbé Mongez, Chanoine-Régulier, l'Académie a jugé cet Ouvrage digne de son Approbation & d'être imprimé sous son privilège : en foi de quoi j'ai signé le présent certificat. A Paris, le 20 Août 1783.

Le Marquis DE CONDORCET, *Secrétaire perpétuel.*

Nous, Abbé de Sainte-Geneviève de Paris, & Supérieur-Général des Chanoines-Réguliers de la Congrégation de France, vu l'approbation donnée par l'Académie royale des Sciences à l'Ouvrage de M. André Mongez le jeune, Chanoine-Régulier de notre Abbaye de Sainte-Geneviève, intitulé : *Manuel de Minéralogie*, avons permis & permettons audit Mongez de le faire imprimer. Donné en notre Abbaye de Sainte-Geneviève de Paris, le vingt-troisième jour du mois de Mars mil sept cent quatre-vingt-quatre.

DE GERY.

De par Mondit Révérendissime
Abbé Supérieur - Général,

NALY.

www.ingramcontent.com/pod-product-compliance
Lightning Source LLC
LaVergne TN
LVHW050953200726
843508LV00001B/42